人工智能通识数智融合精品教材

人工智能概论
面向通识课程

张娜娜　叶爱兵　陈馀娇　江　燕　编　著

电子工业出版社
Publishing House of Electronics Industry
北京·BEIJING

内 容 简 介

本书从实用性和先进性出发，较全面地介绍人工智能的发展脉络、基本理论以及现代人工智能新技术与应用案例。全书共7章，第1章绪论，介绍人工智能的概念和发展简史，当前发展方向、研究热点，基本研究内容、所采用的研究方法；第2章讨论传统经典人工智能的概念表示、知识表示、知识工程、知识图谱、搜索技术、群智能算法、专家系统和规划技术等基本知识，同时阐明人工智能研究中的数学基础和作用；第3章主要介绍实践人工智能应用的编程语言Python；第4章主要以Scikit-learn为基础介绍机器学习的基础知识和实践案例；第5章人工神经网络与深度学习，内容包括BP神经网络、卷积神经网络、循环神经网络以及生成对抗网络及其相关应用案例，并简单介绍深度学习工具；第6章讨论人工智能的应用领域，包括计算机视觉、自然语言处理、语音识别、专家系统、知识图谱、多智能体和智能机器人等；第7章新一代人工智能技术，对未来人工智能的发展方向和趋势进行展望，提出了当前面临的风险和挑战。本书提供配套的教学PPT、源代码等电子资源。

本书可作为高等学校非计算机专业人工智能通识课程的基础教材，也可供相关领域的工程技术人员、科技工作者学习参考。

图书在版编目（CIP）数据

人工智能概论：面向通识课程 / 张娜娜等编著.

北京 ： 电子工业出版社，2025. 6. -- ISBN 978-7-121

-50373-3

Ⅰ．TP18

中国国家版本馆 CIP 数据核字第 2025LW9902 号

责任编辑：孟　宇

印　　刷：三河市良远印务有限公司

装　　订：三河市良远印务有限公司

出版发行：电子工业出版社

　　　　　北京市海淀区万寿路 173 信箱　　　邮编：100036

开　　本：787×1 092　1/16　印张：14.75　　字数：371 千字

版　　次：2025 年 6 月第 1 版

印　　次：2025 年 6 月第 1 次印刷

定　　价：49.80 元

前　言

　　人工智能近年来成为发展最为迅速的新兴学科，也是当前许多高新技术产品不可或缺的核心技术。人工智能的发展不仅极大地促进了科学技术的发展，而且明显地加快了经济信息化和社会信息化的进程，其已经融入人们的日常生活中。同时，随着人工智能研究与应用热潮的到来，尤其是面对生成式人工智能的热潮，通用人工智能触手可及，社会各行各业对人工智能的通识认知有待提升，面向未来的人工智能人才培养也需要知识的大融通。因此，人工智能的通识教育在各国备受重视，显然具备人工智能的基础知识与应用能力已成为当今人才的基本素养之一。

　　人工智能作为一门综合性高技术前沿学科，其内容体系复杂庞大，与信息科学、生命科学、认知科学、心理学、思维科学、系统科学、生物科学等各个学科都有联系和交集。面对庞杂、迅猛发展的人工智能理论与方法，在大数据、互联网的促进下，人工智能在各个分支领域都取得了举世瞩目的成果，呈现出多元化发展方向。由于人工智能是模拟人类智能解决问题的方法，是解决复杂问题的重要工具，因此在大多领域都具有非常广泛和深入的应用，对于不同专业的本专科学生，无论是计算机类、自动化类、电气类、机械类，乃至设计类、经济金融类或其他人文类专业，都有开设人工智能通识课程的需求和必要性。通过多年的教学实践，编者深感人工智能通识课程教材的稀缺性。做到"无专业门槛，有学理深度"，既要内容比较基础、可读性好，又要适合初学者学习、适合教师讲授，照顾到诸多层面的学习者和使用者，是本教材一直努力的目标。通过准确浅显的语言、清晰明白的讲解，使得学生既学习到和掌握人工智能的基本概念与基本原理，又了解到当前人工智能的前沿研究内容和研究成果，与时俱进，拓展知识面，为后续从事人工智能的研究和应用筑牢基础。

　　在当下的移动互联网时代，掌握人工智能基础知识和应用技术已经成为人们，特别是青年一代必备的技能。

　　为了进一步加强人工智能通识教育教学工作，适应高等学校正在开展的课程体系与教学内容的改革，及时反映人工智能通识教育在计算机基础教学的研究成果，积极探索适应 21世纪人工智能人才培养的教学模式，我们编写了这本人工智能通识教材。

　　本教材有以下特色：

- 根据研究型教学理念，采用研究型学习的方法，即"提出问题—解决问题—归纳分析"的问题驱动方式，突出学生主动探究学习在整个教育教学中的地位和作用。
- 在内容及描述上，我们换位思考，站在非计算机专业学生的角度，阐述理论、概念等，避免堆砌大量非计算机专业学生用不到的专业词汇。
- 语言简明，可读性好。本教材尽量用通俗的语言深入浅出地介绍人工智能相关内容，使读者有兴趣、保持阅读的热情和耐心阅读本教材，从而领略人工智能之美。
- 注重将人工智能技术的最新发展适当地引入教学中，保持了教学内容的先进性。本教材源于人工智能通识教育的教学实践，凝聚了教学一线任课教师多年的教学经验与教学成果。

- 内容实用，注重应用。当前人工智能处于迅猛发展阶段，2024 年是大力提倡生成式人工智能应用落地元年。本教材在内容的选择上既考虑基本实用内容，又兼顾先进的人工智能方法，如深度学习、卷积神经网络、循环神经网络、生成对抗网络等，理论联系实际，引导学生应用所学理论动手实践以解决具体工程问题。
- 精选例题和习题，帮助学生掌握知识点。
- 编排醒目，形式上通过导读和章节总结协助学生掌握重要概念和方法。

通过学习本书，读者可以：

- 了解人工智能的概念和发展简史；
- 认识人工智能的研究目标，了解其研究路径和所需数学基础；
- 熟悉人工智能编程语言 Python；
- 在 Anaconda 环境下实现监督和非监督学习的多种机器学习案例；
- 通过各类在线平台体验人工智能应用案例；
- 自己动手实现计算机视觉、语音识别、目标检测等各种人工智能的应用场景；
- 进行简单的人工智能应用开发。

教师在教学过程中，可以根据教学对象和学时等具体情况对教材中的内容进行删减和组合，也可以进行适当扩展，参考学时为 32～64 学时。为适应教学模式、教学方法和手段的改革，本教材配有教学大纲、教学 PPT、习题解答及源代码，读者可登录华信教育资源网（http://www.hxedu.com.cn）注册后免费下载。

本书由上海建桥学院教材建设基金资助出版，第 1、7 章由张娜娜编写，第 2、5、6 章由叶爱兵编写，第 3 章由江燕、叶爱兵编写，第 4 章由陈馀娇编写。全书由张娜娜和叶爱兵统稿。在本书的编写过程中，上海建桥学院矫桂娥教授和上海海事大学韩德志教授提出了许多宝贵意见，在此一并表示感谢！

本书的编写参考了大量近年来出版的相关技术资料，吸取了许多专家和同仁的宝贵经验，在此向他们深表谢意。

由于人工智能技术发展迅速，编著者学识有限，难免挂一漏万，书中错漏之处在所难免，望广大读者批评指正。

编著者

2025 年 1 月

目　　录

第1章 绪 论

内容关键词：

- 人工智能的概念
- 人工智能发展历程中的三大学派
- 弱人工智能和强人工智能

自 2022 年 12 月 OpenAI 发布 ChatGPT 聊天机器人以来，人工智能领域再度掀起了一股研究热潮，其热度甚至超越了 2016 年 Google DeepMind 团队发布战胜围棋大师李世石的 AlphaGo 时所引发的轰动，这一浪潮不仅吸引了业界的广泛关注，更是在全球范围内各行各业中引发了极大的瞩目。短短六年时间，在海量数据、算力提升的支持下，人工智能不仅创造了一些新兴行业，也促进并赋能传统行业的变革。不仅推动了传统弱人工智能的发展和进步，更在通用人工智能乃至强人工智能的研究领域取得突破。

1.1 人工智能的概念

迄今为止，人工智能（Artificial Intelligence，AI）尚无严格意义上的精确定义。作为计算机科学的一个分支，人工智能试图通过了解智能的本质，产生出新的与人类智能相似的智能机器。在人工智能发展的近 70 年历史里，不同时期和不同学派的研究者给出过不同的定义，都推动过人工智能向前发展。

为了回答"什么是人工智能"，首先需要清晰界定"人工"与"智能"这两个基础概念。其中，"人工"一词，本质上指向的是人类的活动或创造，需要深入探讨人的本质，这是一个涉及哲学层面的议题。而"智能"的概念则更为复杂，它关联到思维（Mind）的运作、意识（Consciousness）的觉醒，以及自我（Self）的认知，这些要素共同构成了智能的多维度本质。因此，在探讨人工智能时，我们不仅要从哲学的角度审视人的本质，还要深入探索智能的这些深层次内涵。智能是高等生物解决复杂问题的基础，也是高等生命智慧的体现。智能高低表现为理解力、想象力和感知力，其产生的基本要素包括记忆的存储、加工整理及提取再现。一个普遍得到认同的观点是，作为高级生物的人类，其唯一能了解的智能是人本身的智能。那么人类是否可以创造出具有人类智能的机器呢，或者说，机器是否能具备人的智能呢？这是人工智能的研究者们从一开始就思考的问题。

对人类而言，影响智能提高的两大要素分别为学习和思考，学习的本质是记忆与感知结合的过程。在学习过程中，对新的知识概念进行记忆，在感知的基础上去理解知识的含义，最后明白并记住了知识点。思考的本质就是想象力的扩展与运用，而思考过程就是对记忆信息的理解、分析、加工整理、整合创造过程。人的智慧是基于记忆功能存储基础信息，借助感知系统理解明白信息，通过想象分析处理信息并且整理创造信息的能力。因此能否让机器也像人类一样学习和思考，显然是一条朴素的可行之路。

　　不管怎样，所有的专家和学者都不否认，人工智能是研究和开发用于模拟、延伸、扩展人的智能的理论、方法、技术及应用系统的一门跨领域跨学科的技术科学。

　　人工智能从诞生以来，理论和技术日益成熟，应用领域也不断扩大，可以设想，未来人工智能带来的科技产品，将会是人类智慧的"容器"。人工智能是对人的意识、思维的信息加工过程的模拟。人工智能不完全是人的智能，但能像人那样思考，也可能超过人的智能。

　　人工智能是一门极富挑战性的科学，从事这项工作的人必须懂得计算机知识、心理学和哲学。它包括十分广泛的科学，由不同的领域组成，如机器学习、计算机视觉等，总体来说，人工智能研究的一个主要目标是使机器能够胜任一些通常需要人类智能才能完成的复杂工作。不过，不同的时代、不同的人对这种"复杂工作"的理解是不同的。

1.2　人工智能的发展简史

　　人工智能是一门通过计算机程序来模拟和展现人类智能的技术，其开创历史可以追溯到1956年的达特茅斯会议。此后60多年时间里，人工智能的发展有过低谷也有过崛起，直到2014年高德纳咨询公司发布技术成熟曲线，表明人工智能技术已经进入发展高峰期，各项技术应用将引起颠覆性深远影响。

　　1950年，图灵（图1-1）提出了著名的图灵测试，用以判断一台机器是否具有智能（如果一台机器能够与人类展开对话而不能被辨别出其机器身份，那么称这台机器具有智能）。尽管《人有人的用处：控制论与社会》的作者诺伯特·维纳（控制论的发明者）早在1943年和一位数理逻辑学家以及一位工程师一道发表了《行为、目的和目的论》的论文，提出了控制论概念，阐述了机器与生物之间关系，把机器看成了某种形式的生命体，但1956年，约翰·麦卡锡（图1-2）在达特茅斯学院组织的名为"达特茅斯人工智能夏季研究项目"会议，并没有邀请维纳参会，主因是这个研讨会反对控制论。在达特茅斯会议上，约翰·麦卡锡第一次提出了"人工智能"一词，后来被人们看作人工智能正式诞生的标志。达特茅斯会议主旨在于奠定符号信息处理学科，即人工智能的基础应该是数理逻辑，这自然导致了两个不同人工智能学派的产生（图1-3）。在此之后，人工智能进入了发展的第一个高潮。1956年，奥利弗·萨尔夫瑞德研制出第一个字符识别程序；1959年，阿瑟·塞缪尔研制的具有学习功能的西洋跳棋程序，已经可以击败他本人，三年后又击败美国一个州的跳棋冠军；1963年，詹姆斯·斯拉格发表了一个符号积分程序SAINT，输入一个函数表达式，该程序就能自动输出这个函数的积分表达式，4年后推出的升级版SIN已经可以达到专家级水准。在这段长达10余年的时间里，计算机被广泛应用于数学领域，用来解决代数、几何问题，并相继取得了一批令人瞩目的研究成果，如机器定理证明、跳棋程序，这让很多研究者看到了机器向人工智能发展的信心和前景，这一时期可称为起步发展期。

　　在发展期一些突破性的进展可能提升了研究者对人工智能的期望，20世纪70年代，人们开始尝试更具挑战性的任务，并提出了一些不切实际的研发目标，遗憾的是，接二连三的失败和预期目标落空，使人工智能的发展走入低谷。在当时，有三个难以解决的技术瓶颈：一是计算机性能不足，导致早期很多程序无法在人工智能领域得到应用；二是早期人工智能程序主要用于解决特定的问题，可一旦问题上升维度，程序立马就无法执行；三是在当时没有找到足够大的数据库来支撑程序进行深度学习。因此，人工智能项目停滞不前。引人瞩目的是1973年英国著名数学家莱特希尔向其政府提交了一份关于人工智能的研究报告，指出了机器人、自然语言处理（Natural Language Processing，NLP）和图像识别技术这些宏伟目标无法实现，其研究也完全失败，批评了人们对人工智能的过度夸大。显然，人工智能的研究者低估了其难度，尤其是其后美国国防高级研究计划局合作计划的失败，让人们对人工智能的前景产生了怀疑，导致各类对人工智能的资金支持大幅度削减。这一时期，可以称为人工智能发展过程中的反思期。

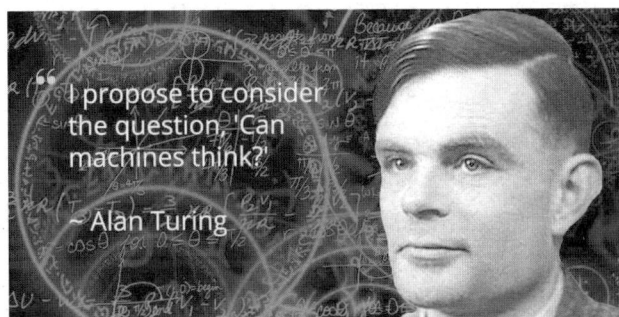

图 1-1　图灵的自问自答

图 1-2　1958 年麦卡锡和他的小伙伴们在达特茅斯学院

图 1-3　50 年后达特茅斯会议者再聚首（2006 年）
左起：摩尔、麦卡锡、明斯基、赛弗里奇、所罗门诺夫

　　在 20 世纪 70 年代初到 80 年代中期，尽管人工智能处于低谷期，但仍然出现了一些探索性的成就，如 1968 年美国斯坦福研究所（SRI）研发了首台人工智能机器人 Shakey，可以自主感知、分析环境、规划行为、执行任务，初步具有了类似于人类的触觉和听觉。20 世纪 80 年代出现了以卡内基梅隆大学研制的 XCON 为代表的专家系统，可以用来模拟人类专家的知识和经验解决特定领域的问题，实现了人工智能从理论研究走向实际应用、从一般推理策略探讨转向运用专门知识的重大突破。专家系统在医疗、化学、地质等领域取得成功，推动人工智能走入应用发展的新高潮。这一时期，可以称为人工智能的应用期。

　　随着人工智能的应用规模不断扩大，专家系统存在的应用领域狭窄、缺乏常识性知识、知识获取困难、推理方法单一、缺乏分布式功能、难以与当时同时期的现有数据库兼容等问题逐渐暴露出来。命运女神又一次给人工智能的发展浇了一盆冷水。专家系统中人工智能知识库（Knowledge Base）维护和更新的不方便、烦琐，使得其应用上也遇到了麻烦，许多应用专家系统的企业无法继续接受它的不方便和烦琐，乃至弃用。人们开始认为，人工智能应该具有自己的感知系统，能自主学习，实现真正的智能化，才算真正的人工智能，而当时的专家系统显然不大符合这样的认知，导致了很多人失去了对人工智能的兴趣。因此这一时期，即 20 世纪 80 年代中期到 90 年代中期可算第二次低迷寒冬期。

　　20 世纪 90 年代，随着人工智能技术尤其是神经网络技术的逐步发展：从明斯基（Minsky）的单层感知机（1957—1969）到 1974 年保罗·韦伯斯提出神经网络反向传播（Back Propagation，BP）算法，再到 1980 年福岛邦彦提出卷积神经网络（Convolutional Neural Netwrok，CNN）、1982 年霍普菲尔德模拟退火新一代神经网络、1986 年鲁梅尔·哈特并行 BP 算法和大卫·齐普泽的自动编码器、1995 年万普尼克的支持向量机网络、1997 年霍克莱特和施米德·胡贝提出长短期记忆神经网络（Long Short Term Memory，LSTM）（注：LSTM 是一种用于手写识别和语音识别的递归神经网络，对后来的人工智能研究产生了深远影响），人们对人工智能开始抱有客观理性的认知，人工智能技术开始进入平稳发展时期。1997 年，IBM 的计算机系统"深蓝"战胜了国际象棋世界冠军卡斯帕罗夫，又一次在世界范围内引发了人工智能话题的热烈讨论，这是人工智能发展的一个重要里程碑。

　　进入 21 世纪，尤其是互联网技术的高速发展和逐步普及，上网人数越来越多，互联网上的可用数据量剧增，数据驱动方法的优势变得越来越明显。此时，深度学习泰斗 Geoffrey Hinton 在神经网络的深度学习领域取得突破，人类又一次看到机器赶超人类的希望，这也是标志性的技术进步。2011 年，IBM 开发的人工智能程序"沃森"参加了一档智力问答节目并战胜了两位人类冠军。2016 年，谷歌公司的 AlphaGo（阿尔法围棋）赢了韩国棋手李世石，再度引发人工智能研究热潮。2017 年，AlphaGo Zero（谷歌下属公司 DeepMind 的新版围棋程序)在无任何数据输入的情况下,开始自学围棋,三天后便以 100∶0 横扫了第二版本的"旧狗"，学习 40 天后又战胜了在人类高手看来不可企及的第三个版本"大师"。可以说，从 2011 年至今，随着云计算、大数据、物联网等信息技术的高速发展，高速图像处理器（General Processing Unit，GPU）和人工智能芯片等硬件在计算算力上的强有力支持，以深度学习神经网络为代表的人工智能技术大幅度跨越了科学与应用之间的技术鸿沟，人工智能开始在图像识别、目标检测、语音自动识别、知识问答、人机对弈、无人驾驶等多个领域实现了从"不能用""不好用"到"可以用"的技术突破，使得人工智能迎来了蓬勃发展时期。需要补充的是，尽管深度学习作为一种机器学习方法当前在人工神经网络领域从研究到应用都非常热，但其实早在 1965 年乌克兰数学家阿列克谢·伊瓦克年科（Alexey Ivakhnenko）和拉帕（V. G. Lapa）创建了首个多层深度学习网络（8 层），并首次将理论和想法应用到实践上。2022 年 11—12 月，OpenAI 发布的基于大语言模型（Large Language Model，LLM）的聊天机器人 ChatGPT 横空出世，震撼了全世界。

在我国，2017 年 12 月人工智能入选"2017 年度中国媒体十大流行语"。2021 年 9 月 25 日，为促进人工智能健康发展，《新一代人工智能伦理规范》发布。随着 ChatGPT 的到来，国内互联网企业也纷纷布局，未来以自然语言处理（NLP）应用为目标场景的人工智能或将迎来暴发式增长新高潮。

1.3　人工智能的发展方向

目前，人工智能领域研究的重点是深度学习、计算机视觉、自然语言处理、跨媒体分析推理、自适应学习、群体智能、自主无人系统、智能芯片和脑机接口等关键技术。细分的领域主要有深度学习、计算机视觉、智能机器人、虚拟个人助手、自然语言处理与语音识别、通用自然语言处理、实时语音翻译、情境感知计算、手势控制、视觉内容自动识别、推荐算法引擎等。

人工智能的产业链条分为三个层次，即基础层、技术层、应用层。

基础层：包括芯片、大数据、算法系统、网络等多项基础设施，为人工智能产业奠定网络、算法、硬件铺设、数据获取等基础。

技术层：包括计算机视觉、语音语义识别、机器学习、知识图谱等。

应用层：包括金融、安防、智能家居、医疗、智能机器人、智能驾驶、新零售等。

近年来，由于大数据的积累、理论算法的革新、计算能力的不断提高以及网络设备的不断完善，人工智能的研究与应用已经进入了一个崭新的发展阶段，未来将可能掀起一场新的工业革命。由此可见，人工智能的市场发展潜力十分巨大，人工智能的产业链条如图 1-4 所示。

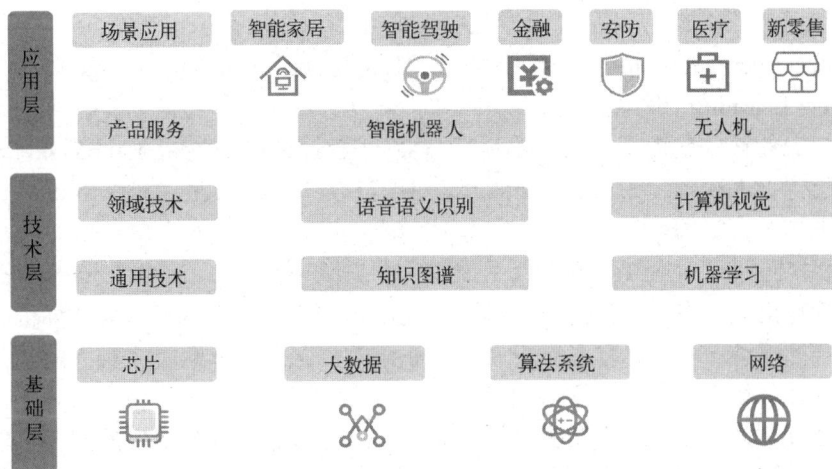

图 1-4　人工智能的产业链条

1.4　人工智能的研究内容和研究方法

　　人工智能尽管至今没有非常明确的定义，主要是因为"智能"没有明确定义，但通常认为人类智能是知识和智力的总合，是人的大脑思维活动的表现，因此让机器具有人类的智能是人工智能研究长期追求的目标，也是一个共识。

1．人工智能的学科范畴

　　当前人工智能已构成信息技术领域的一个重要学科。由于该学科研究的是如何使计算机具有智能，或者说是如何利用计算机实现智能的理论、方法和技术，因此当前的人工智能既属于计算机科学技术的一个前沿领域，同时也属于信息处理和自动化技术的一个前沿领域。因为研究内容涉及"智能"，所以除了包含计算机、信息和自动化学科，还涉及智能科学、认知科学、心理科学、人脑及神经科学、生命科学、语言学、逻辑学、行为科学、教育科学、系统科学、数理科学、控制论、哲学、统计学乃至经济学等众多学科领域，实际上人工智能是一门综合性的交叉学科和边缘学科。

2．人工智能的基本研究内容

　　作为计算机科学的一个分支，人工智能研究、开发应用于模拟、延伸和扩展人的智能的理论、方法、技术及应用系统。它企图了解人类智能的本质，并生产出一种能以人类智能相似的方式做出反应的智能机器。人工智能是否具有独立意志，即能否在设计的程序范围外自主决策并采取行为，以此作为依据可以将人工智能分为弱人工智能和强人工智能（也称为通用人工智能）。

　　让机器看起来像人所表现的智能或模拟人的各种能力的智能，都称为弱人工智能，人工智能当前研究的主要内容均属于弱人工智能，大体上分为以下几类。

　　（1）模拟人的感知能力，主要研究内容为计算机视觉（Computer Vision，CV）、自动语音识别（Automatic Speech Recognition，ASR）等。

　　（2）模拟人的学习能力，主要内容包括监督学习（Supervised Learning）、弱监督学习（Weakly-Supervised Learning）、无监督学习（Unsupervised Learning）和强化学习（Reinforcement Learning）等。

　　（3）模拟人的认知能力，主要内容涵盖自然语言处理（National Language Processing，NLP）、知识表示（Knowledge Presentation）、知识获取（Knowledge Acquisition）、知识推理、专家系统、规划及决策等。

　　强人工智能最早于20世纪80年代由约翰·罗杰斯·希尔勒（John Rogers Searle），一个根本不相信计算机能够像人一样思考的哲学家提出来的。强人工智能认为计算机不仅是用来研究人的思维的一种工具，计算机本身就是有思维的。它主要分两类：类人的人工智能（机器的思考和推理就像人的思维一样）、非类人的人工智能（机器产生了和人完全不一样的知觉和意识，使用和人完全不一样的推理方式）。对于强人工智能，它要解决的问题显然是计算机最困难的问题，也是人工智能中的核心问题，被称为"人工智能完备"（AI-Complete）或"人工智能困境"（AI-Hard），主要包括计算机视觉、自然语言理解，以及处理现实世界中各种意外情况。由此可见，弱人工智能显然是强人工智能的必经之路。

因此人工智能研究的基本内容可以归纳为：知识表示、知识获取、知识应用与推理、知识图谱、搜索与求解、规划方法、机器学习、认知科学、专家系统与知识工程、计算机视觉（图像处理、模式识别等）、自然语言处理（含自然语言理解与机器翻译、自然语言人机交互技术、语音识别、智能问答）、定理机器证明、博弈、机器人、数据挖掘与知识发现、多 Agent 系统、复杂系统等。

3. 人工智能的研究方法和策略

人工智能学科的研究策略是先部分或某种程度地实现机器的智能，并运用智能技术解决各种实际问题特别是工程问题，从而使现有的计算机更灵活、更好用、更有用，成为人类的智能化信息处理工具，从而逐步扩展和不断延伸人的智能，逐步实现智能化。人工智能的研究途径与方法如下。

（1）心理模拟，符号推演：以智能行为的心理模型为依据，将问题或知识表示成某种逻辑网络，采用符号推演的方法，模拟人脑的逻辑思维过程，实现人工智能。这是人工智能研究中最早使用的方法之一，从而形成了符号主义学派。

（2）生理模拟，神经计算：在人脑的生理层面，从工作机理和微观结构入手，采用数值计算的方法，以智能行为的生理模型为依据，模拟脑神经的工作过程，从而实现人工智能，这也是以人工神经网络（Artificial Neural Network，ANN）为特征的连接主义学派（又称为仿生学派、生理学派）的由来。

（3）行为模拟，控制进化：一种基于感知-行为模型的研究途径和方法，即模拟人和动物在与环境的交互、控制过程中的智能活动和行为特性来研究和实现人工智能，强调智能系统与环境的交互，智能行为可以不需要知识，即无表示、无推理的智能，而通过与环境交互实现进化，这是行为主义学派的特征。

（4）群体模拟，仿生计算：一种模拟生物群落的群体智能行为而实现人工智能的方法，即模拟生物种群有性繁殖、自然选择现象的遗传算法，发展为进化计算、模拟蚂蚁群体觅食活动过程的蚁群算法、模拟鸟类飞翔的粒群算法等在解决组合优化问题中表现出卓越的性能，统称为仿生计算方法。其成果可直接付诸应用，解决工程中的实际问题。

（5）自然计算：一种模拟自然智能的方法，如从热力学和统计物理学所描述的高温固体材料冷却时原子排列结构与能量关系中得到启发，提出"模拟退火算法"，成为有效解决优化搜索问题的著名算法之一，另外还有量子聚类算法、DNA 分子计算方法等，都是模仿和借鉴自然界的某种机理而涉及计算模型，是传统计算的扩展，也是自然科学和计算科学交叉产生的研究领域。

（6）原理分析，数学建模：一种通过对智能本质和原理的分析，直接使用某种数学方法来建立智能行为模型的方法，如概率统计原理（尤其如贝叶斯定理）处理不确定性信息和知识，建立统计模式识别、统计机器学习和不确定性推理的一系列原理方法，又如采用数学中距离、空间、函数、变换等概念和方法实现几何分类、支持向量机等模式识别和机器学习的原理和方法。这是一种纯粹用人的智能去实现机器智能的方法。

1.5 本 章 小 结

本章从人工智能的概念出发，按照时间线索，分段回顾了人工智能跌宕起伏的发展沿革和演进历程；阐述了人工智能目前研究方向的重点为深度学习、计算机视觉、自然语言处理、跨媒体分析推理、自适应学习、群体智能、自主无人系统；简要介绍了细分领域，说明了人工智能产业链条在基础层、技术层和应用层三个层次下的内容。通过弱人工智能和强人工智能的分类，引出了人工智能研究的基本内容，通过研究方法和策略的差异，简要介绍了符号主义学派、连接主义学派、行为主义学派及其他研究方法的特点。

习　题　1

一、单选题

1. 下列选项中_____最准确地描述了人工智能。
　　A．人工智能是一种能够完全模仿人类思维的机器
　　B．人工智能是研究和开发用于模拟、延伸和扩展人的智能的理论、方法、技术以及应用系统的一门跨领域跨学科的技术科学
　　C．人工智能完全是人的智能
　　D．人工智能只能用于解决特定的问题

2. 人工智能诞生于_____。
　　A．伦敦　　　　　　B．纽约　　　　　　C．拉斯维加斯　　　　D．达特茅斯

3. 深度学习领域的泰斗 Geoffrey Hinton 在_____取得了使人类再次看到机器赶超人类希望的突破。
　　A．21 世纪早期　　B．20 世纪末　　　C．19 世纪　　　　　　D．21 世纪晚期

4. 图灵测试的核心思想是_____。
　　A．通过观察机器的外观来判断其智能程度
　　B．通过机器与人类进行对话，由人类评判者判断机器是否能表现出与人类相似的智能水平
　　C．通过计算机器解决问题的速度来评估其智能
　　D．通过分析机器的内部算法来判断其智能程度

5. 谷歌公司的 AlphaGo 在_____赢了韩国棋手李世石。
　　A．2015 年　　　　B．2016 年　　　　C．2017 年　　　　　　D．2018 年

6. 2022 年 11—12 月，_____发布了基于大语言模型（Large Language Model，LLM）的聊天机器人 ChatGPT，这一发布震撼了全世界。
　　A．谷歌（Google）　　　　　　　　B．微软（Microsoft）
　　C．亚马逊（Amazon）　　　　　　　D．OpenAI

7. 1997 年，_____战胜了国际象棋世界冠军卡斯帕罗夫，这一事件在世界范围内引发了人工智能话题的热烈讨论，并被视为人工智能发展的一个重要里程碑。
　　A．苹果的 Siri　　　　　　　　　　B．IBM 的"深蓝"
　　C．谷歌的 AlphaGo　　　　　　　　D．微软的 Cortana

8. 当前人工智能领域的研究热点不包括_____。
　　A．自然语言处理　　　　　　　　　B．计算机视觉
　　C．量子计算　　　　　　　　　　　D．机器人技术

9. _____是人工智能研究的一种主要途径与方法，它强调通过模拟人脑的生理层面和工作机理，采用数值计算的方法来实现人工智能。

  A．心理模拟，符号推演   B．生理模拟，神经计算

  C．行为模拟，控制进化   D．群体模拟，仿生计算

10. _____不是人工智能的基本研究内容。

  A．知识表示   B．推理与规划

  C．机器学习   D．软件开发

二、填空题

1. 智能高低表现为理解力、_____和感知力。

2. 人工智能的开创历史可以追溯到 1956 年 8 月 31 日发起的_____。

3. 在达特茅斯会议上，约翰·麦卡锡第一次提出了"_____"一词，后来被人们看作人工智能正式诞生的标志。

4. 20 世纪 70 年代，由于_____、问题维度上升导致程序无法执行以及缺乏足够大的数据库支撑深度学习，人工智能的发展走入低谷。

5. 1968 年美国斯坦福研究所（SRI）研发了首台人工智能机器人_____，可以自主感知、分析环境、规划行为、执行任务。

6. 20 世纪 80 年代出现了以卡内基梅隆大学研制的_____为代表的专家系统，推动了人工智能从理论研究走向实际应用。

7. 从人脑的生理层面入手，采用数值计算的方法模拟脑神经的工作过程，这是以_____为特征的连接主义学派。

8. 一种基于感知-行为模型的研究途径和方法，即模拟人和动物在与环境的交互过程中的智能活动和行为特性，这是_____学派的特征。

9. 人工智能的仿生计算方法包括模拟生物种群有性繁殖、自然选择现象的遗传算法，发展为进化计算、模拟蚂蚁群体觅食活动过程的蚁群算法、模拟鸟类飞翔的_____等。

10. 人工智能的基础层包括芯片、大数据、_____、网络等多项基础设施。

三、简答题

1. 简要解释人工智能（AI）的定义，并结合生活实际，谈谈人工智能有哪些具体的应用实例。

2. 解释人工智能的基本研究内容，并举例说明一种常见的人工智能研究方法。

3. 你认为人工智能的哪些研究内容可以与你就读的专业结合？

第 2 章　经典人工智能及数学基础

内容关键词：

- 经典人工智能的研究内容
- 经典人工智能的研究目标与研究方法
- 人工智能所涉及的数学基础

经典人工智能也就是人们日常所讨论三大学派的传统人工智能。回顾人工智能的发展历程，尽管连接主义学派和行为主义学派也在探索前行，直到 20 世纪 90 年代中期，人工智能研究的主流仍然主要以符号主义学派为主。究竟是模拟神经系统，还是模拟心智（Mind），在人工智能发展史上一直存在"结构与功能"的路线之争。

2.1　经典人工智能的研究内容

人工智能包括经典人工智能（传统人工智能）和现代人工智能两部分。

人工智能经历了从最初的问题求解程序到对人工神经网络和人工生命的研究，经历了从符号计算到神经计算和进化计算的倡导和实施，从最初的符号主义到连接主义再到行为主义的工作范式及其相互转换。这三个范式的竞争和转换的根源，都是由于"智能的本质就是计算"这一基石受到了不同程度的挑战。思维是探究、解释、理解智能的过程，要形成当前操控载体的一个智能行为。除直觉外，可先根据一个实际问题的认知模型，转变为算法，再变为程序让机器执行，即计算。传统人工智能基于知识的演绎学习，可利用归结原理、谓词演算和启发式搜索进行由上而下的推理，完成符号问题求解、定理证明和数值计算。基于案例的归纳学习带有不确定性，可利用人工神经网络模型，进行深度学习或强化学习，通过算法、大量的人工标注数据和算力，由下向上地完成分类和识别或者完成数据挖掘和知识发现。一般而言，传统人工智能带着特殊预设目的，向机器强制地集中性注入一个或多个专门领域的计算智能，是一次性设计而成的，而现代人工智能具有传承学习、自主学习、监督学习、无监督学习等学习范式，能与环境交互认知才能习得知识。因此机器学习、深度学习、遗传算法和强化学习是现代人工智能的主要分支，主要解决分类、回归、聚类、关联和生成等问题。而经典人工智能主要解决问题求解、博弈和谓词逻辑等问题，是基于符号推理、白盒推理、小样本学习的传统人工智能技术。其重要性主要体现在三个方面：①算法比较成熟、可靠并有效，比现代人工智能方法的复杂且成本高昂，但更为高效；②传统人工智能是现代人工智能方法的基础，如 AlphaGo 的基础部分依然是博弈算法；③白盒推理能使得学习者知其然更知其所以然。

2.2　经典人工智能的研究目标与研究路径

如前所述，人工智能就是让机器具有人类的智能，这是人们一直以来追求的目标。由于人类对于什么是"智能"并没有给出明确定义，尽管一般都认为人工智能是知识和智力的总和，与大脑的思维活动有关，但人们对于人类智能的机理依然知之甚少，也没有通用的理论来指导如何构建一个传统意义上的人工智能系统。因此研究者开始将研究重点从知识和推理方式转向让计算机从数据中自行学习，在人工智能的萌芽阶段，存在一些研究团队尝试这一方法，即让计算机自己自动学习，称为机器学习（Machine Learning，ML）。

2.2.1 概念表示

知识由概念组成，人类依靠概念来正确理解世界，在人工智能里，如何表示概念从而表达知识是非常重要的。在经典概念理论里，可以给出一个命题来表达概念的精确定义，它由概念名、概念的**内涵表示**、概念的**外延表示**组成。概念名是一个词语，属于符号世界或认知世界；概念的**内涵表示**是通过命题表达的，反映和解释概念的本质属性，是人类主观世界对概念的认知，属于人类的内心世界，或者称为心智世界；概念的**外延表示**指概念的具体实例，是由满足概念的内涵表示的对象构成的经典集合，是可观可测的。这里命题是指非真即假、非黑即白的陈述句，因此概念的**内涵表示**是通过数理逻辑来进行计算的，而**外延表示**则通过集合论来进行计算。

数理逻辑不同于形式逻辑，是使用人工语言和数学方法将逻辑应用到数学领域，它既属于逻辑学又属于数学，以演绎逻辑为主要对象，研究的是某种特殊函数关系，是数学化的逻辑系统，即通过数学化的方法将逻辑形式化、符号化，注重逻辑的精确性和计算性。数理逻辑通过对自然语言中的命题以否定联结词（Γ）、合取联结词（$\wedge$）、析取联结词（$\vee$）以及蕴涵联结词（$\rightarrow$）进行符号化，通过定义逻辑联结词和将命题符号化，然而命题逻辑并不总是能处理人们日常的简单推理问题，因为简单命题并非最终的基本单位，还需要进一步分解为谓词逻辑，在命题范围内进行知识推理和演算，即当概念的内涵表示为命题时，概念之间的组合运算可通过数理逻辑进行。

概念的**内涵表示**由一个命题表示，**外延表示**则由一个经典集合表示，这是概念的经典理论假设，并非所有的概念都能由此表示，概念的现代表示理论基于 L. A. Zadeh（模糊数学之父，著名学者，UC Berkeley 自动控制专家，美国工程科学院院士）提出的模糊集合论，来表达经典集合论不能表达的概念内涵，可能是原型表示、样例表示、知识表示或认知表示（在人心智中的表示）。

2.2.2 知识表示

人类的智能活动主要是获取并运用知识，作为智能的基础，知识需要使用适当的模式有效地表示并存储在计算机中并由其组织、处理和运用。常见的知识表示方法有以下几种。

（1）命题逻辑表示法：使用谓词逻辑来表达对象之间的关系。

（2）语义网络表示法：通过节点和边构成的网络来表示实体和实体之间的关系，适合表达概念之间的关系。

（3）框架表示法：使用框架来表示概念的属性和它们之间的关系。

（4）本体表示法：本体是形式化的知识表示方法，用于描述特定领域内的概念、属性和关系，常用于语义网和知识图谱。

（5）规则表示法：使用条件-动作对来表示知识，适用于基于规则的专家系统。

（6）决策树表示法：通过树状结构来表示决策过程中的各种可能性和结果。

（7）贝叶斯网络表示法：利用概率图模型来表示变量之间的概率关系，适用于处理不确定知识。

（8）**神经网络表示法**：通过人工神经网络的结构和权重来隐式表示知识，常用于机器学习和深度学习。

（9）**图表示法**：将知识表示为图结构，可以是无向图、有向图或多图，适用于复杂关系和模式的表示。

（10）**知识图谱**：结合图数据库和语义网络的特点，用于存储和查询大量的实体、概念和它们之间的关系。

每种表示方法都有其优势和局限性，适用于不同的应用场景。选择合适的知识表示方法取决于特定任务的需求、知识的特性及系统的其他要求。

2.2.3 知识工程

知识工程（Knowledge Engineering）是经典人工智能的一个分支，它涉及知识获取、表示、组织、管理和应用的整个过程。知识工程的目标是创建能够模拟人类专家决策和解决问题能力的智能系统。最早于 1977 年由斯坦福大学计算机科学家费根鲍姆教授（E. A. Feigenbaum）在第五届国际人工智能会议上提出。知识工程是人工智能的原理和方法，对那些需要专家知识才能解决的应用难题提供求解的手段。恰当运用专家知识的获取、表达和推理过程的构成与解释，是设计基于知识的人工智能系统的重要技术问题。至此，围绕着开发专家系统而开展的相关理论、方法、技术的研究形成了知识工程学科。知识工程的研究使人工智能的研究从理论转向应用，从基于推理的模型转向基于知识的模型，这也是人工智能发展中一个里程碑式的成就。

2.2.4 知识图谱

知识工程是符号主义人工智能的典型代表，近年来越来越火的知识图谱（Knowledge Graph）则是新一代的知识工程技术。知识图谱是一种结构化的语义知识库，它通过图的形式存储和表示实体（Entities）、概念（Concepts）、属性（Attributes）及它们之间的关系（Relationships）。

传统知识工程到 20 世纪 80 年代就销声匿迹了，在互联网应用催生大数据时代知识工程的背景下，知识图谱通过大数据技术使得计算机能够更好地大规模获取、理解和推理知识成为可能，在这样一个知识规模上的量变带来了知识效用的质变，因此广泛应用于搜索引擎、推荐系统、自然语言处理等领域。

知识图谱的构建步骤主要有以下 9 步。

（1）数据收集：收集相关领域的数据，包括文本、数据库、API 等。

（2）实体识别：从数据中识别出实体，并进行标准化。

（3）关系抽取：确定实体之间的语义关系。

（4）属性分配：为实体分配相应的属性。

（5）本体构建：设计和构建本体，定义概念、属性和关系的框架。

（6）知识融合：整合来自不同数据源的知识。

（7）知识推理：利用逻辑和推理规则发现新的知识。

（8）知识更新和维护：定期更新知识图谱，修复错误和过时的信息。

（9）可视化和查询：提供可视化工具和查询接口，使用户能够探索和检索知识图谱。

知识图谱的构建和应用是一个复杂的过程，需要跨学科的知识和技术支持。

2.2.5　搜索技术

人类的思维过程可以看作一个搜索的过程。在人工智能领域，搜索技术是解决问题和做出决策的关键工具。常用的搜索技术如下。

1．深度优先搜索

深度优先搜索（Depth-First Search，DFS）是一种盲目搜索策略，从起点开始，沿着一条路径尽可能深地搜索，直到无法继续或找到目标。

2．广度优先搜索

广度优先搜索（Breadth-First Search，BFS）是另一种盲目搜索策略，从起点开始，探索所有相邻节点，然后是下一个层次的节点，以此类推。

3．统一代价搜索

统一代价搜索（Uniform-Cost Search，UCS）是扩展所有代价相同的节点，然后按代价递增的顺序探索下一个节点。

4．启发式搜索

启发式搜索（Heuristic Search）是使用启发式函数估计从当前节点到目标节点的距离，引导搜索朝着目标前进。

5．A*搜索算法

A*搜索（A-Star Search）算法结合了实际代价和启发式估计，是一种效率很高的启发式搜索算法。

6．贪婪最佳优先搜索

贪婪最佳优先搜索（Greedy Best-First Search）只考虑启发式估计，忽略实际代价，选择启发式值最小的节点进行扩展。

7．迭代加深深度优先搜索

迭代加深深度优先搜索（Iterative Deepening Depth-First Search，IDDFS）是深度优先搜索的改进版本，通过逐步增加搜索深度来平衡搜索深度和广度。

8．双向搜索

双向搜索（Two-Way Search）是从起点和目标同时进行搜索，可以加快找到解的速度。

9．D*Lite 算法

D*Lite 算法用于动态环境中的路径规划，能够快速适应环境变化。

10．IDA 算法

IDA（Iterative Deepening A）算法解决了 A*搜索算法在深度较大时的内存问题，通过迭代加深的方式来进行搜索。

11．蒙特卡罗树搜索

蒙特卡罗树搜索（Monte Carlo Tree Search，MCTS）是在不确定的环境中使用随机抽样来评估节点，广泛应用于游戏。

12．遗传算法

遗传算法（Genetic Algorithm，GA）是一种启发式搜索算法，通过模拟自然选择的过程来解决优化问题。

13．模拟退火

模拟退火（Simulated Annealing，SA）是一种概率型启发式搜索算法，用于近似求解大规模的优化问题。

14．局部搜索

局部搜索（Local Search）是从当前解开始在邻域内搜索更优的解，常用于组合优化问题。

15．分支限界

分支限界（Branch and Bound）是一种在解空间树中系统地搜索所有可能解的方法，通过限界来剪枝。

16．动态规划

动态规划（Dynamic Programming，DP）通过分解问题并存储子问题的解来避免重复计算，适用于具有重叠子问题和最优子结构的问题。

17．分层任务网络

分层任务网络（Hierarchical Task Network，HTN）是一种用于复杂任务分解的规划方法，将复杂任务分解为更小的子任务。

这些搜索技术在人工智能的不同领域中都有应用，包括路径规划、游戏 AI、优化问题、规划和调度等。选择合适的搜索算法通常取决于问题的特性、搜索空间的大小、可用的计算资源及是否需要启发式信息。

2.2.6　群智能算法

群智能（Swarm Intelligence，SI）算法是一类受自然界中动物群体行为启发的算法，这些算法模拟了如蚂蚁、蜜蜂、鱼和鸟等生物的集体行为。群智能算法通常具有分布式、自组织和适应性的特点，被广泛应用于优化问题和搜索任务。以下是一些典型的群智能算法。

1．粒子群优化

粒子群优化（Particle Swarm Optimization，PSO）算法模拟鸟群觅食行为，通过个体（粒子）在搜索空间中的运动来寻找最优解。

2．蚁群优化

蚁群优化（Ant Colony Optimization，ACO）算法模拟蚂蚁寻找食物的路径选择行为，通过信息素的沉积和挥发来引导搜索过程。

3．人工蜂群算法

人工蜂群（Artificial Bee Colony，ABC）算法模拟蜜蜂的觅食行为，包括雇佣蜂、观察蜂和侦察蜂的角色，用于解决优化问题。

4．鱼群搜索算法

鱼群搜索（Fish School Search，FSS）算法模拟鱼群的聚集和觅食行为，通过模拟鱼群的社会互动行为来搜索解空间。

5．猫群优化算法

猫群优化（Cat Swarm Optimization，CSO）算法模拟猫科动物的狩猎行为，通过模拟捕食者和猎物之间的动态关系来优化问题。

6．狼群优化算法

狼群优化（Wolf Pack Optimization，WPO）算法模拟狼群的狩猎策略，包括追踪、包围和攻击猎物的行为。

7．细菌觅食优化算法

细菌觅食优化（Bacterial Foraging Optimization，BFO）算法模拟细菌在营养梯度中的运动，通过趋化、游走和繁殖等行为来搜索最优解。

8．社交蜘蛛优化算法

社交蜘蛛优化（Social Spider Optimization，SSO）算法模拟蜘蛛在构建蜘蛛网时的社会行为，通过合作和竞争来优化问题。

9．火烈鸟优化算法

火烈鸟优化（Flamingo Optimization，FO）算法模拟火烈鸟的群体行为，通过群体的协作来寻找最优解。

10．群体觅食算法

群体觅食算法（Swarm Foraging Algorithm，SFA）模拟不同种类动物的觅食行为，通过群体合作来搜索解空间。

11．人工免疫系统算法

人工免疫系统（Artificial Immune System，AIS）算法模拟人体免疫系统的识别和响应机制，用于模式识别和优化问题。

群智能算法的优势在于它们能够处理复杂的优化问题，尤其是在解空间很大或问题很难用传统数学方法描述时。这些算法通常不需要问题的具体信息，只需要适应性地更新个体的行为，通过群体的协作来提高搜索效率和解的质量。

群智能算法已经被应用于各种领域，包括工程优化、路径规划、调度问题、神经网络训练、图像处理等。随着研究的深入，这些算法也在不断发展和完善，以适应更广泛的应用场景。

2.2.7 专家系统

专家系统是传统人工智能中最重要的也是最活跃的一个应用领域，它实现了人工智能从理论研究走向实际应用，从一般推理策略探讨转向运用专门知识的重大突破。专家系统是早期人工智能的一个重要分支，它可以看作一类具有专门知识和经验的计算机智能程序系统，一般采用人工智能中的知识表示和知识推理技术来模拟那些领域专家才能解决的复杂问题。

作为符号主义学派的典型代表，专家系统出现于 20 世纪 60 年代初。1965 年，费根鲍姆等人在总结通用问题求解系统的成功与失败经验的基础上，结合化学领域的专门知识，研制了世界上第一个专家系统 Dendral。在随后的 20 多年里，随着知识工程的研究深入，专家系统的理论和技术不断发展，应用渗透到几乎各个领域，不少专家系统在功能上已达到甚至超过同领域中人类专家的水平，并在实际应用中产生了巨大的经济效益。

专家系统的发展已经历了 3 个阶段，正向第四代过渡和发展。1971 年前为初创期，1971—1977 年为成熟期，以 MYCIN 系统应用于诊断和治疗感染性疾病的医疗专家系统为标志，该系统不仅能够做出专家水平的诊断和治疗选择，而且便于使用、理解和扩充；1978 年到 20世纪 90 年代中期，面向对象、神经网络和模糊技术等新技术的迅速崛起，从为专家系统注入了新的活力，是专家系统的黄金期。

专家系统通常由人机交互界面、知识库、推理机、解释器、综合数据库、知识获取 6 个部分构成。其中尤以知识库与推理机相互分离而别具特色。专家系统的体系结构随专家系统的类型、功能和规模的不同而有所差异。

专家系统按照发展过程可分为基于规则的、基于框架的、基于案例的、基于模型的、基于 Web 的等不同类型。它们分别代表了专家系统在知识表示、推理策略和应用领域的多样化发展。

尽管专家系统在现代人工智能领域中发挥着重要作用，但它们也面临着一些挑战，如知识获取的困难、推理方法的局限性，以及对特定领域知识的依赖等。随着机器学习、大数据、知识图谱、自然语言处理和深度学习技术的发展，现代专家系统需要不断适应新的应用需求和环境变化，改进其智能性和适应性。现代人工智能技术的快速发展为专家系统的改进提供了新的途径。

2.2.8 规划技术

在人工智能领域，规划（Planning）是指使用算法生成一个逐步的计划或序列，以实现特定目标或一系列目标。规划是解决问题和决策制定过程中的一个重要环节，特别是在需要考虑多个步骤和长期目标的场景中。规划技术起源于 20 世纪 60 年代，是人工智能的一个重要领域。规划技术的研究有两大任务：一个是问题描述，即如何方便、紧凑地表示规划问题；另一个是问题求解，即如何高效地求解规划问题，实际等价于一个搜索问题。规划技术被广泛应用于智能机器人、网络服务、自动驾驶等领域。

人工智能规划起源于状态空间搜索、定理证明和控制理论的研究，以及机器人技术、调度和其他领域的实际需要。由于动作的种类繁多，因此存在多种形式的规划，如路径和运动规划、感知规划和信息收集、导航规划、通信规划、社会与经济规划等。

规划方法一般分为领域限定（针对具体领域专门设计的特定规划方法）、领域无关（不针对具体领域的通用规划方法）和可配置规划。人工智能领域通常关注的是更加基本和通用的领域无关和可配置规划。

规划问题非常复杂，经典规划（Classical Planning）关注于生成一个操作序列，使得初始状态通过这些操作能转换为目标状态，虽然做了很多简化，但复杂性还是很高，在实际应用中很难直接使用，而且现实不可避免具有不确定性，体现在信息不完全性、不可预测性、行动不确定性等，使得规划的执行可能对应于多条不同的执行路径，需要规划算法能高效地分析所有动作各种可能的执行效果。对不确定性或意外，通常采取两种方法：重规划和条件规划，即在策略中处理每种可能的事件。

规划技术已广泛应用于路径规划、航空航天、机器人控制、后勤调度、游戏角色设计和系统建模等多个领域，取得了比较丰硕的成果，应用最广的当属地图寻路导航应用。除了民用，规划技术在现代军事实战中也有深入应用。

2.3　数　学　基　础

2.3.1　人工智能必备的数学基础

人工智能的研究，无论从符号主义学派、连接主义学派还是行为主义学派，显然都离不开数学的支持。而数学往往成为大部分入门学习和研究人工智能从业者必须逾越的门槛，数学也使得许多其他行业有志于从事人工智能工作的人望而却步。本部分内容并非详尽无遗地介绍与人工智能紧密相关的所有数学知识，而是侧重从人工智能领域实际需求的角度出发，阐述数学知识所发挥的关键作用。附录 B 详细列出了机器学习的数学基础所包含的知识点，供有兴趣深入学习的学生参考，以便对照数学教材进行复习与巩固。

人工智能必备的数学基础有主要有高等数学（微积分）、线性代数、形式逻辑、概率论与数理统计、最优化理论、组合数学、矩阵分析、信息论、博弈论等。

人工智能取得诸多重大进步的背后，是数学。线性代数、微积分、博弈论、概率、统计、高级逻辑回归和梯度下降等概念都是数据科学的主要基础。自动驾驶中的目标识别即识别视频图像中的物体和人，其背后有数学形式的最小化程序和反向传播算法，显然数学有助于帮助解决具有挑战性的深层次抽象问题。有专家强调，构成人工智能蓬勃发展的数学三个主要分支是线性代数、微积分和概率论。

2.3.2　数学在人工智能中的作用

数学在人工智能中扮演着至关重要的角色，为各种算法和模型提供了坚实的理论基础和工具支持。数学在人工智能中的应用广泛，涵盖了从数据表示、算法设计到模型优化的各个方面。

1. 高等数学

高等数学中的微积分是人工智能技术中最基础的数学知识之一。微积分提供了一种方法，可以对复杂的函数进行分析和优化。人工智能中机器学习训练模型的过程实质上是寻找一组参数（如神经网络的权重和偏置），使得损失函数达到最小值。这通常涉及求导（计算梯度）和积分。例如，梯度下降算法通过计算损失函数的梯度，并沿着梯度的负方向更新参数，逐步减小损失函数的值，从而达到优化模型的目的，即微积分多用于人工神经网络（ANN）算法优化等领域。

2. 线性代数

线性代数是人工智能技术中最重要的数学学科之一，属于应用数学领域，是人工智能专家离不开的学科，正如思凯勒·斯皮克曼所言：线性代数是 21 世纪的数学。线性代数提供了一种方法，可以将复杂的数据结构转换成简单的数学形式。它用标量、向量、张量、矩阵、集合和序列、拓扑、博弈论、图论、函数、线性变换、特征值和特征向量的概念来建立模型，主要用于图像处理、自然语言处理等领域。又如，在线性规划中，向量用于处理不等式和方程组。人工智能科学家使用不同的向量技术来解决回归、语音识别和机器翻译等问题。这些概念也被用来存储人工智能模型的内部表示，如线性分类器和深度学习网络。本质上，线性代数是将具体的事物抽象为数学对象，并描述其静态或动态特性。在人工智能领域，计算机处理现实生活中的事物采用的面向对象方法就是将具体事物抽象化。

3. 矩阵理论

在科幻电影中通常会看到，通过矩阵执行一些类似于神经系统的计算结构，就能产生一个神经网络，神经网络生成神经元之间的连接，以匹配人类大脑的推理方式。在神经网络中，矩阵被用来表示输入层、隐藏层、输出层之间的权重和偏置。神经网络可以通过形成三层人工神经元来实现非线性假设，即输入层、隐藏层、输出层。

通过矩阵运算和矩阵乘法，可以对神经网络中各个节点进行计算，从而实现模型的训练和预测。人工智能科学家根据神经网络的隐藏层数量及其连接方式通过矩阵运算结果来对其进行分类。

另外，矩阵分解是高等代数中常用的技术，对于处理大规模矩阵和高维数据具有重要意义，通过矩阵分解可以将原始矩阵拆分为多个低秩矩阵，简化计算和存储，提高计算效率。

4. 微积分

微分学、多元微积分、积分学、梯度下降法的误差最小化和最优化、极限、高级逻辑回归都是数学建模中用到的概念。例如，一个精心设计的微积分数学模型被用于生物医学领域，以高保真度来模拟人类健康和疾病的复杂生物学过程。

再如，硅模型是人工智能方法在生物医学中的应用，是一种完全自动化的模型，不需要人体样本、动物实验、临床试验或实验室设备。模型中使用了一个微分数学方程来检验新的力学假设和评估新的治疗靶点。它是用最便宜最方便的方法来研究人类生理学、药物反应。由此可见微积分在人工智能中使用的普遍性。

5. 统计学

统计学和概率论是数据驱动的基石，尤其是在机器学习和深度学习中。统计学提供了一种方法，可以从数据中提取有用的信息，并为人工智能算法提供基础，为数据分析和模式识别提供了科学方法。通过对大量数据的收集、清洗、分析和建模，人工智能能够发现数据中的隐藏规律，从而实现预测、分类、聚类等任务。统计学可以用于数据建模、数据挖掘、机器学习等领域。

6．概率论

概率论是人工智能技术中最基础的数学学科之一。在人工智能的世界里有很多抽象的问题，可能会遇到各种形式的不确定性和随机性。概率论提供了理解和处理不确定性、随机事件的工具。为了分析一个事件发生的频率，可以使用概率的概念，它被定义为一个事件发生的机会。概率论通过提供一种方法，可以对不确定性进行建模和分析。在人工智能的多个分支中，概率论都发挥着举足轻重的作用。例如，概率论可以用于决策树、贝叶斯网络等领域。又如，当控制一个机器人时，机器人只能向前移动一定的时间，但不能移动一定的距离。为了让机器人前进，科学家们在它的程序设计中使用了离散随机变量、连续随机变量。而贝叶斯公式和归一化是概率论的一些概念，它们与线性代数的其他概念一起用于机器人导航和移动。其实，数学和机器人是值得讨论的一个比较广泛的领域。

7．信息论

信息论是人工智能技术中最重要的数学学科之一。信息论提供了一种方法，对信息数据中包含的不确定性、噪声和冗余进行有效处理，对传输、存储信息和数据进行分析和优化，从而提高性能和准确性。例如，信息论可以用于压缩算法、编码解码算法等领域。

8．图论

图论是人工智能技术中最重要的数学学科之一。图论在人工智能中扮演着至关重要的角色，它通过研究节点和边组成的网络结构，为人工智能领域提供了强大的工具来处理和分析复杂的关系和数据结构。图论提供了一种对复杂关系网络进行依赖性分析和优化的方法。例如，图论可以用于社交网络分析、路径规划、知识图谱、推荐系统等复杂数据结构领域。

9．最优化理论

最优化理论又称为统筹学，是人工智能技术中最重要的数学学科之一。最优化理论在人工智能中的应用主要体现在提高算法效率、优化资源配置、增强机器学习模型表现、自动化决策制定及网络优化等。其中增强机器学习模型表现是尤为重要的一个应用点。通过设计和应用高效的最优化算法，可以大幅度提高机器学习模型训练的速度和质量，从而使得模型更加准确识别模式，做出预测和决策，这对实现更加智能的人工智能应用起到至关重要的作用。此外，最优化理论还可以用于线性与非线性规划等领域。

10．离散数学

离散数学是计算机科学和人工智能技术中最基础的数学学科之一。离散数学是研究离散对象及其关系的数学分支，它提供了一种理论基础和工具方法，为人工智能算法和技术的设计与应用提供了丰富的数学模型和算法解析，也为人工智能算法中离散的数据结构进行分析和优化。

11．形式逻辑

理想的人工智能应该具有抽象意义的学习、推理和归纳的能力。这需要一个认知的过程，如果我们将认知的过程定义为对符号的逻辑运算，那么形式逻辑就是人工智能的基础。形式逻辑是逻辑学的分支，其理论基础使得计算机能够通过机械化方式计算标准的逻辑门范式来解答问题。在人工智能中，形式逻辑作为知识表示的方法之一，与数据结构和处理算法共同构成完整的知识表示体系，这种体系使得具备抽象能力的系统能够产生智能行为。当代的形式逻辑提供了从已有知识获取新知识的推理工具，因此成为人工智能最合适的逻辑工具。

12. 数理统计

数理统计着重研究的对象是未知分布的随机变量，是逆向的概率论，对于人工智能而言，能够对未知分布的随机变量进行研究分析，是非常重要的内容。

总之，线性代数处理如何将研究对象形式化，概率论解决如何描述统计规律，数理统计针对如何以小见大，最优化理论用于实现如何找到最优解，信息论是如何定量度量不确定性的科学分支，形式逻辑用于实现如何抽象推理和演绎，以及具有抽象意义的学习、推理和归纳能力。

总体来说，数学对人工智能技术发展的作用是至关重要的。没有数学的支持，人工智能技术就无法取得现在的成就和发展。随着数学理论的不断深入和发展，人工智能技术也将不断地发展和完善。

2.3.3　数学在人工智能中的支撑作用

数学在人工智能技术中起着非常重要的支撑作用。在人工智能技术的发展过程中，完全离不开数学模型和算法的支持，数学为其提供了理论基础和方法论指导。思考机器背后的想法和模仿人类行为的可能性是在数学概念的帮助下完成的。人工智能和数学犹如同一棵树的两个分支，正如伽利略所言："数学是上帝书写宇宙的语言。"

人工智能是如何与数学联系在一起的呢？我们知道，人工智能问题一般分为两大类：搜索问题和表示问题。这两大类问题涉及相互关联的模型和工具，如规则、框架、逻辑和网络，这都是非常数学化的主题。而为实现智能决策和推断能力，数学为其提供了数学工具和思维框架。人工智能的主要目的是为人类的理解创造一个可接受的模型。这些模型可以用数学各个分支的思想和策略来构建。数学为人工智能技术提供了建模和优化的方法。人工智能技术涉及大量的数据处理和分析，数学提供了统计学和概率论的方法，用于对数据进行建模和分析，数学模型还可以描述和预测人工智能系统的行为和性能，从而进行优化和改进。数学的建模方法也为人工智能技术的应用提供了理论指导，如在机器学习中，数学模型可以描述学习算法的目标函数和优化方法，从而实现模型的训练和推断。

数学为人工智能技术提供了理论基础和计算方法。人工智能中常用的算法如神经网络、决策树、支持向量机（Support Vector Machine，SVM）等，都是基于数学理论和数学方法的。尤其是神经网络作为人工智能技术的核心算法之一，其设计和训练都依赖于数学中的线性代数和概率论。决策树和支持向量机等算法，也都是基于数学模型和优化方法的。数学为这些算法提供了理论基础和计算方法，使其能够在大规模数据上高效地进行学习和推断。

数学是人工智能技术推理和决策的基础。人工智能的目的之一是实现智能决策和推断能力，这种能力是基于数学推理和逻辑推断的。数学中的逻辑学和推理理论为人工智能提供了思维模型和推断方法，使得人工智能系统能够通过对已有知识的推理和逻辑推断，得出新的结论和决策。数学的推理方法也为人工智能中的自动推理和证明提供了理论基础和算法支持。

数学在人工智能技术中还有许多具体的应用，如在图像和语音识别中，提供信号处理和模式识别的方法，使得人工智能系统能够从复杂的感知数据中提取有用的信息。在自然语言处理中，数学提供了语言模型和文本分析方法。在机器人（Robotics）中，数学提供了运动规划和控制的方法，使得人工智能系统能够实现灵活和高效的运动能力。

总之，数学在人工智能技术中扮演着极为重要的角色，不仅提供了理论基础和方法论指导，为其建模、优化、推理和决策等各个方面提供数学工具和思维框架，而且数学的应用也贯穿于人工智能技术的各个领域，为其实现机器智能化提供了关键的支持。随着数学的不断发展和进步，相信它将继续为人工智能的发展和创新提供更多的支撑。

2.4　本　章　小　结

本章主要围绕符号主义学派的核心观点，深入介绍经典人工智能的研究范畴，该学派认为机器智能的本源是要模拟人的心智，从而解决问题求解、博弈和谓词逻辑等问题。这一理念基于符号推理、白盒推理、小样本学习的传统人工智能技术，也是现代人工智能研究内容即机器学习、深度学习、遗传算法和强化学习的研究基础。本章简要介绍传统人工智能从萌芽到 20 世纪 90 年代中期作为人工智能主流发展时期所涉及的内容及研究方法；最后阐述了人工智能研究所必备的数学基础，并简要说明了各个数学分支在推动人工智能研究与发展中所扮演的重要支撑角色。

习　题　2

一、单选题

1．人工智能主要包括_____两部分。
　　A．机器学习与深度学习　　　　　　B．经典人工智能与现代人工智能
　　C．符号主义与联结主义　　　　　　D．行为主义与进化计算

2．_____不是传统人工智能的主要推理手段。
　　A．归结原理　　　B．谓词演算　　　C．启发式搜索　　D．强化学习

3．现代人工智能主要解决_____问题。
　　A．符号问题求解和定理证明　　　　B．博弈和谓词逻辑
　　C．分类、回归、聚类等　　　　　　D．小样本学习

4．在人工智能的发展过程中，_____强调了通过大量的人工标注数据和算力来完成分类和识别。
　　A．符号推理　　　B．启发式搜索　　C．深度学习　　　D．博弈算法

5．AlphaGo 的基础部分主要依赖_____。
　　A．深度学习　　　B．博弈算法　　　C．强化学习　　　D．遗传算法

6．传统人工智能主要基于_____进行学习。
　　A．归纳学习　　　B．演绎学习　　　C．强化学习　　　D．遗传学习

7．_____能让学习者知其然更知其所以然。
　　A．符号推理　　　B．黑盒推理　　　C．白盒推理　　　D．连接主义推理

8．在经典概念理论中，概念的内涵表示是通过_____进行计算的。
　　A．集合论　　　B．数理逻辑　　　C．模糊集合论　　D．语义网络

9．_____常用于表达概念之间的关系。

    A．命题逻辑表示法　　　　　　　　B．语义网络表示法

    C．框架表示法　　　　　　　　　　D．决策树表示法

10．下列_____不属于常见的知识表示方法。

    A．决策树表示法　　　　　　　　　B．贝叶斯网络表示法

    C．神经网络表示法　　　　　　　　D．模糊集合论

11．知识工程的目标是创建能够模拟_____的智能系统。

    A．人类感知　　　　　　　　　　　B．人类运动

    C．人类专家决策和解决问题　　　　D．人类情感

12．_____搜索算法模拟了蚂蚁寻找食物的路径选择行为。

    A．深度优先搜索　　　　　　　　　B．蚁群优化

    C．启发式搜索　　　　　　　　　　D．A*搜索算法

13．专家系统的_____用于存储领域专家的知识。

    A．人机交互界面　　　　　　　　　B．知识库

    C．推理机　　　　　　　　　　　　D．解释器

14．_____不是规划技术的应用领域。

    A．智能机器人　　B．网络服务　　C．天气预报　　D．自动驾驶

15．在人工智能中，_____是通过让计算机从数据中自行学习来模拟人类智能的。

    A．命题逻辑表示法　　　　　　　　B．神经网络表示法

    C．语义网络表示法　　　　　　　　D．框架表示法

16．_____在研究人工智能时不需要数学基础的支持。

    A．符号主义学派　　　　　　　　　B．连接主义学派

    C．行为主义学派　　　　　　　　　D．唯心主义学派

17．数学在人工智能技术中的主要作用是_____。

    A．提供硬件支持

    B．提供理论基础和方法论指导

    C．仅用于数据处理

    D．仅为人工智能提供算法

18．_____不是数学在人工智能技术中的应用。

    A．提供统计学和概率论方法进行数据分析

    B．为神经网络提供设计和训练的理论基础

    C．为机器人技术提供电源管理方案

    D．在自然语言处理中提供语言模型和文本分析方法

19．_____的设计和训练主要依赖于数学中的线性代数和概率论。

    A．决策树　　　　B．支持向量机　　　C．神经网络　　　D．规则框架

20．在人工智能技术的两大问题类别中，_____与数学模型和工具的使用更为紧密。

    A．逻辑问题　　　　　　　　　　　B．搜索问题和表示问题

    C．编码问题　　　　　　　　　　　D．传输问题

二、填空题

1．传统人工智能基于知识的_____学习，进行由上而下的推理。

2．现代人工智能具有传承学习、自主学习、_____、无监督学习等学习范式。

3．经典人工智能主要解决问题求解、_____和谓词逻辑等问题。

4．在传统人工智能中，_____能使得算法更加成熟、可靠并有效。

5．传统人工智能可利用归结原理、谓词演算和_____，进行由上而下的推理。

6．_____是现代人工智能的主要分支之一，它通过使用算法和大量的人工标注数据来训练模型。

7．在人工智能中，概念的内涵表示通常是通过_____来表达的。

8．知识图谱通过_____技术使得计算机能够更好地大规模获取、理解和推理知识。

9．深度优先搜索（DFS）是一种_____搜索策略，从起点开始，沿着一条路径尽可能深地搜索。

10．蚁群优化（ACO）是模拟_____寻找食物的路径选择行为的。

三、简答题

1．知识图谱的构建步骤有哪些？

2．专家系统由哪些部分构成？

3．简述数学在人工智能技术中的几个主要支撑作用。

第 3 章 人工智能编程基础

内容关键词：

- Python 语言特点、主流编程环境
- Anaconda 环境、平台搭建
- Python 语法、基本数据类型、组合数据类型、变量、运算符、输入和输出、流程控制、自定义函数、类和对象、文件操作
- 模块、包、第三方库

3.1 人工智能编程环境

Python 语言如今成为使用最广泛、最受欢迎的编程语言之一。它是由荷兰人吉多·范罗苏姆（Guido van Rossum）于 1989 年发明的。Python 具有丰富和强大的库，它能够将由其他语言开发的各种模块连接在一起，因此 Python 语言也称为"胶水语言"。Python 2.0 于 2000 年 10 月正式发布，解决了解释器和运行环境中的诸多问题，使得 Python 语言迅速流行，并得到广泛应用。2008 年，Python 开发者推出了 Python 3.0 版本，引入了更多的新特性和优化，该版本与 Python 2.x 不兼容，意味着原本在 Python 2.x 下运行的应用程序如果不经修改，将无法在 Python 3 环境下运行。如今，Python 3.x 已成为 Python 编程语言的主流版本，截至本书撰写时，版本已到 3.12。Python 2.x 最新版本为 2.7，已停止维护。

Python 语言是一种高级通用的脚本语言，具有解释性、语法简洁、易读、易维护等特点，是一种完全面向对象的编程语言，并拥有良好的可扩展性和可移植性。用户编写的 Python 程序（如果避免使用依赖于特定系统的特性），无须修改就可以在不同的平台上运行，即具有跨平台的特性。此外，Python 还配备了强大的标准库和丰富的第三方库，这些特性极大地提升了 Python 的灵活性和功能可扩展性。

在 Python 代码编辑环境方面，主流工具有 Anaconda、PyCharm、VSCode（Visual Studio Code）、Sublime Text 等。这些工具各自拥有独特的优点和特性，如 Anaconda 提供了科学计算和数据科学领域的全面解决方案，是数据科学一站式平台；PyCharm 则是知名的 JetBrains 公司打造的专业 Python IDE，提供了丰富的编码辅助功能和项目管理工具；Microsoft 的 VSCode 以其轻量级和高度可定制性和丰富的插件受到广大开发者的喜爱；而 Sublime Text 则以其轻量、快速的启动速度和强大的文本处理能力赢得了不少用户的青睐。开发者可以根据自己的需求和偏好选择合适的工具来编辑和调试 Python 代码。

Anaconda 提供了全面的科学计算库和便捷的环境管理工具，非常适合数据科学、机器学习等领域的开发与学习。本书选择使用 Anaconda 环境来运行 Python 代码。

3.2　Anaconda 环境的搭建

Anaconda 是一个打包了 Python 最新稳定版本且包含非常丰富的第三方 Python 功能库的一站式平台，集成了科学计算工具包，包括 NumPy 和 Pandas 等 150 多个工具包及其依赖项。它不仅包含了 Python 解释器本身，还集成了大量的科学计算、数据分析和机器学习相关的第三方库，并具有强大的包管理和环境管理的功能。在多个项目要求不同的开发应用场景下，开发者还可以使用 Anaconda 创建不同的虚拟环境隔离各个项目所需要不同 Python 版本的开发环境。同时，Anaconda 还附带捆绑了 Spyder 和 Jupyter Notebook 等优秀的交互性代码编辑软件，也可以通过其 Navigator 工具，安装 PyCharm 及 IBM 等公司的人工智能工具。由于集成第三方包导致下载的安装文件非常大，下载速度会比较慢，可以选择国内镜像站点下载，或者下载官网提供的 Miniconda 极简版，自行安装所需的第三方库。

在当今多元化和跨平台的软件开发环境中，无论是在 Windows 的图形化操作界面、Linux 的灵活性和定制性环境下，还是在 macOS 的优雅与稳定上，构建一个高效、统一且易于管理的人工智能编程环境都显得尤为重要。

3.2.1　Windows 下 Anaconda 环境的搭建

在 Windows 系统下搭建 Anaconda 环境是一个简单且高效的过程，因为 Anaconda 不仅集成了 Python 解释器，还包含 conda 包管理器以及众多常用的科学计算和数据分析库。搭建步骤如下。

1. 下载 Anaconda 安装包

打开浏览器，访问 Anaconda 的官方网站。单击官网的 Download 链接，官网会提供最新的稳定版本，单击"Download"按钮即可。如需历史版本，可以考虑选择国内镜像站点（如清华大学镜像站点）下载。单击 Python 3.12 版本对应的链接，如图 3-1 所示。

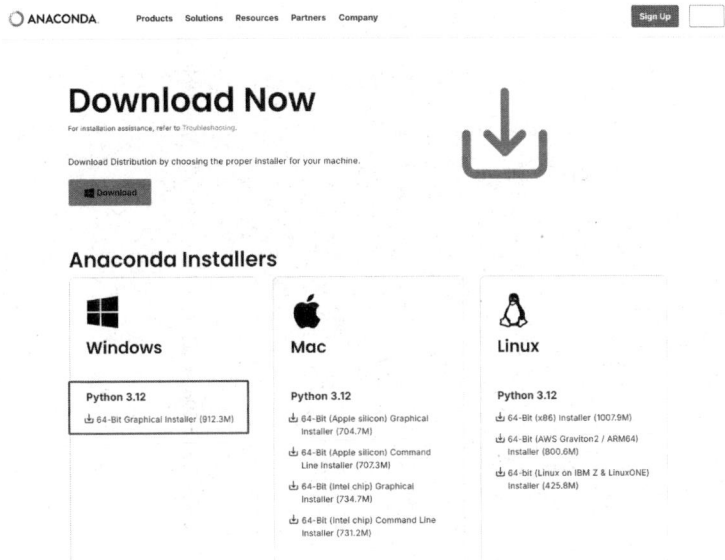

图 3-1　Anaconda 下载页面

2．安装 Anaconda

下载完成后，双击安装包启动安装程序，如图 3-2 所示。

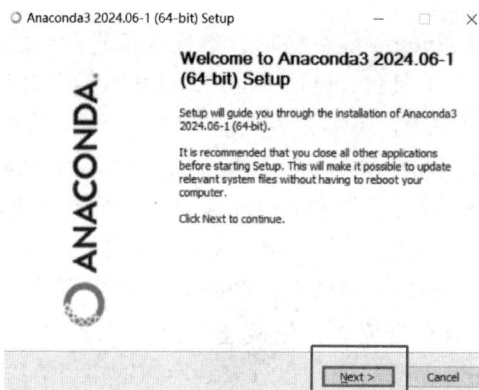

图 3-2　Anaconda 安装窗口

单击"Next"按钮，在权限窗口单击"I Agree"按钮，如图 3-3 所示。

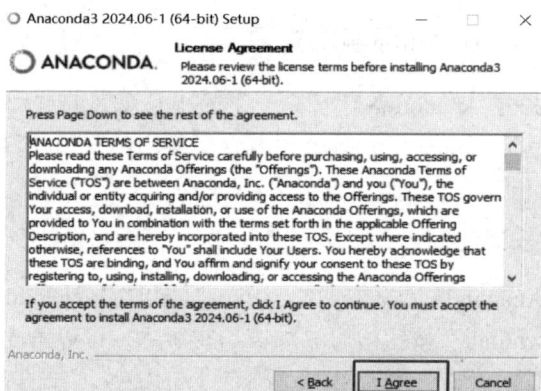

图 3-3　Anaconda 权限窗口

设置安装目录，采用默认路径，单击"Next"按钮，如图 3-4 所示。

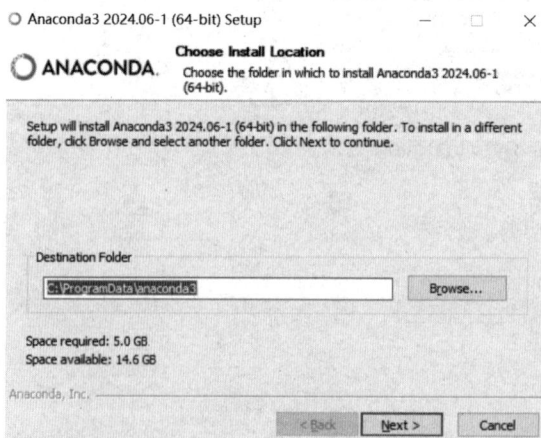

图 3-4　Anaconda 安装路径

在安装 Anaconda 时，是否选中"高级安装"选项中的 3 个子选项（创建仅支持的包快捷方式、注册 Anaconda 3 作为系统 Python 3.12、推荐使用其他程序如 VSCode 和 PyCharm 等）取决于自己的具体需求和偏好，如图 3-5 所示。

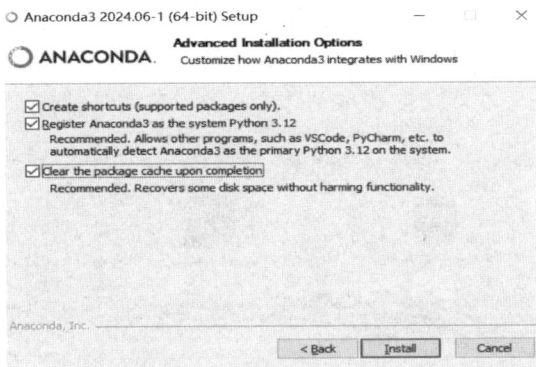

图 3-5　"高级安装"选项

单击"Install"按钮，开始安装 Anaconda，安装过程可能需要一些时间，具体取决于计算机性能和所选安装包的大小，如图 3-6 所示。

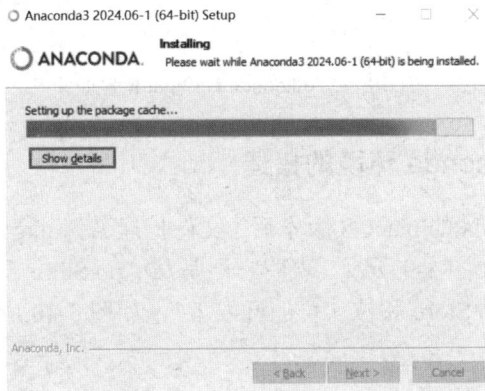

图 3-6　Anaconda 安装进度

安装完成后，单击"开始"菜单，可以看到已经安装 Anaconda Navigator、Anaconda Prompt、Jupyter Notebook、Spyder 等多个平台，如图 3-7 所示。

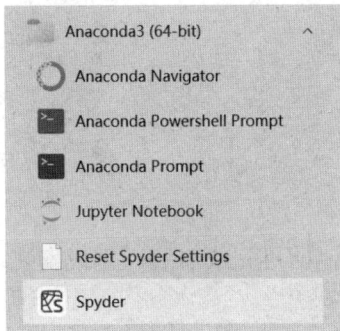

图 3-7　平台菜单选项

Anaconda Navigator 是 Anaconda 发行版中包含的一个桌面图形用户界面，它允许用户在不使用命令行命令的情况下启动应用程序，并轻松管理 conda 包、环境和通道。单击"Anaconda Navigator"按钮，加载完成后，可以看到如图 3-8 所示的界面。

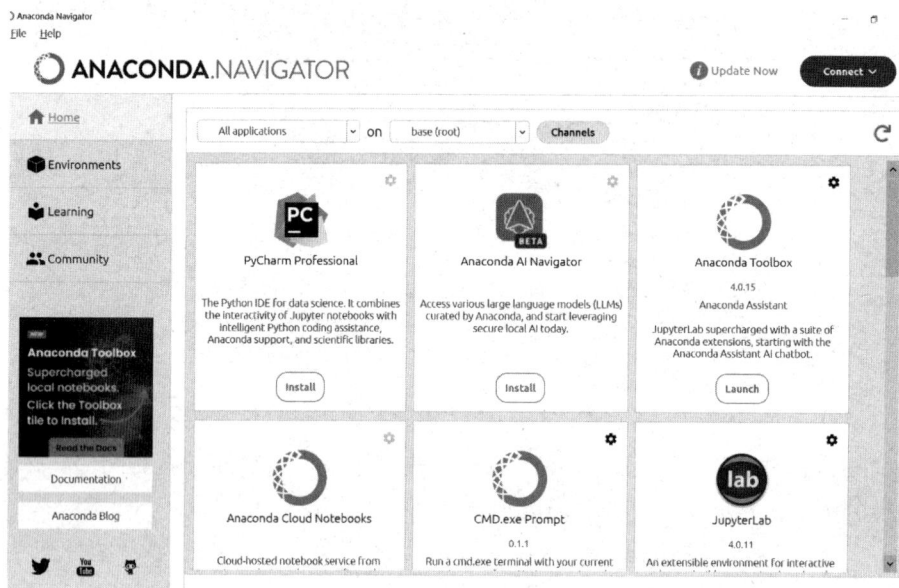

图 3-8　Anaconda Navigator 界面

3.2.2　macOS 下 Anaconda 环境的搭建

在官网下载好 Anaconda 的 macOS 版本后（文件扩展名为 pkg），直接单击"安装"按钮。

如果提示无法打开，如图 3-9 所示，表明它不是从 App Store 下载的，可在设置里面找到隐私与安全性，改成"App Store 和被认可的开发者"，如图 3-10 所示。

图 3-9　无法安装

图 3-10　隐私与安全性设置

按照默认的安装引导器指引，即可完成安装。完成安装之后需要配置环境变量，打开终端，输入编辑文件：

```
nano ~/.bash_profile
```

　　然后把 conda 的安装路径加到代码里面，安装时如果没有更改安装路径，则 Anaconda
安装在用户目录下，如图 3-11 所示，图中的 xxxxx 是用户名。

```
# >>> conda initialize >>>
# !! Contents within this block are managed by 'conda init' !!
_conda_setup="$('/Users/matt/anaconda3/bin/conda' 'shell.bash' 'hook' 2> /dev/null)"
if [ $? -eq 0 ];
then    eval "$_conda_setup"
else    if [ -f "/Users/xxxxx/anaconda3/etc/profile.d/conda.sh" ];
        then    . "/Users/xxxxx/anaconda3/etc/profile.d/conda.sh"
        else    export PATH="/Users/xxxxx/anaconda3/bin:$PATH"
        fi
fi unset _conda_setup
# <<< conda initialize <<<
```

图 3-11　修改环境变量

更改完成，保存之后，激活环境需要输入如下命令：

```
% source ~/.bash_profile
```

测试环境是否安装成功的命令：

```
% conda list
```

　　若输出很多 package 包名和版本，共 3 列信息，则代表安装成功，这样就可以正常使用
Anaconda 提供的各种工具了。

3.2.3　Linux 下 Anaconda 环境的搭建

　　Linux 系统的分发版本比较多，对于 Linux 系统熟练使用者而言，对命令行（Command
Line）方式一般比较熟悉，下载和安装 Anaconda 也相对简单。本节以比较通用的 Ubuntu Linux
为例，假定使用者为刚刚入门的初学者。Ubuntu Linux 操作系统下，打开浏览器，在地址栏
输入 Anaconda 的官网网址，其下载 Anaconda 的方法，与 macOS 类似，选择首页顶端的"Free
Download"按钮，不用提供 E-mail，单击 Submit 绿条下一行的"Skip registration"按钮，在
刷新的新页面中就可以看到绿色背景，带有与操作系统相匹配 Logo 图标的 Download。由于
Anaconda 官网能自动检测访问者的操作系统，因此直接单击"Download"按钮，就会下载与
之相配的安装文件。

　　Linux 系统的安装文件名会带有最新发布的年月日时间，如 Anaconda3-2024.06-1-Linux
-x86_64.sh。打开 Terminal 终端（组合键为 Ctrl+Alt+T），进入安装文件所在的目录（这里的
下载就是目录名，如果使用的是英文 Linux，其目录名为 Downloads）：

```
$ cd 下载
$ ll Anaconda*.sh      （这里确认目录里是否有这个安装文件）
$ sh Anaconda3-2024.06-1-Linux-x86_64.sh    （用 sh 命令安装该软件）
```

　　前面会有"请看 License 约定"的提示，按回车键即可，后面一直按空格键，它会将软
件安装到 Linux 操作系统的/home/xxx/anaconda3 目录里（这里的 xxx 是操作系统的用户名），
然后等待出现提示"Thank you for installing Anaconda3（感谢你安装 Anaconda3）"，至此就可
以使用 Anaconda 软件了，其软件入口可以直接通过命令行进入，也可通过 Ubuntu 的开始菜
单运行 Navigator、Jupyter Notebook 和 Spyder。

　　由于 Linux 与 MacOS 操作系统一样，都自带 Python 2.7 版本用于系统管理与更新，因此

在打开终端窗口运行 Python 时，会显示 Python 的版本为 2.7。在安装好 Anaconda 之后，Anaconda 也带有最新的 Python 版本，并一站式地设置了相关环境变量，以方便使用。此时打开终端，在命令提示符前面会比没有安装 Anaconda 前多一个"（base）"字符串。

安装过程如图 3-12 和图 3-13 所示。

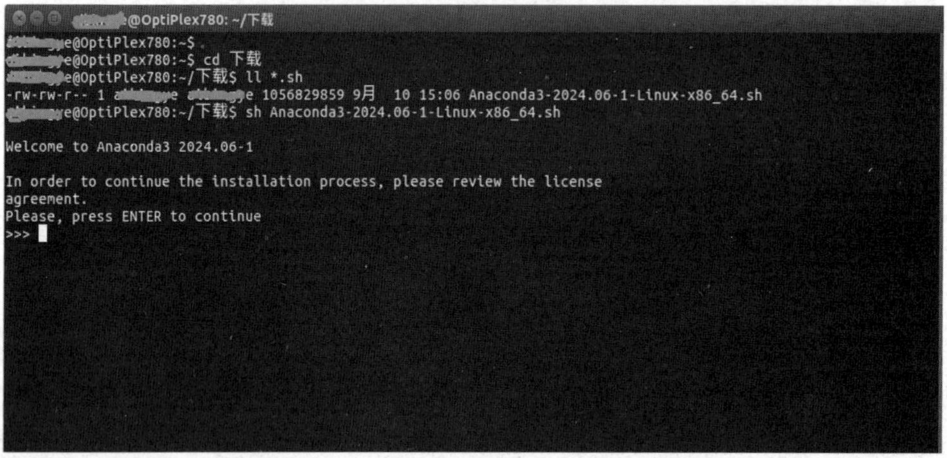

图 3-12　使用 sh 命令安装 Anaconda

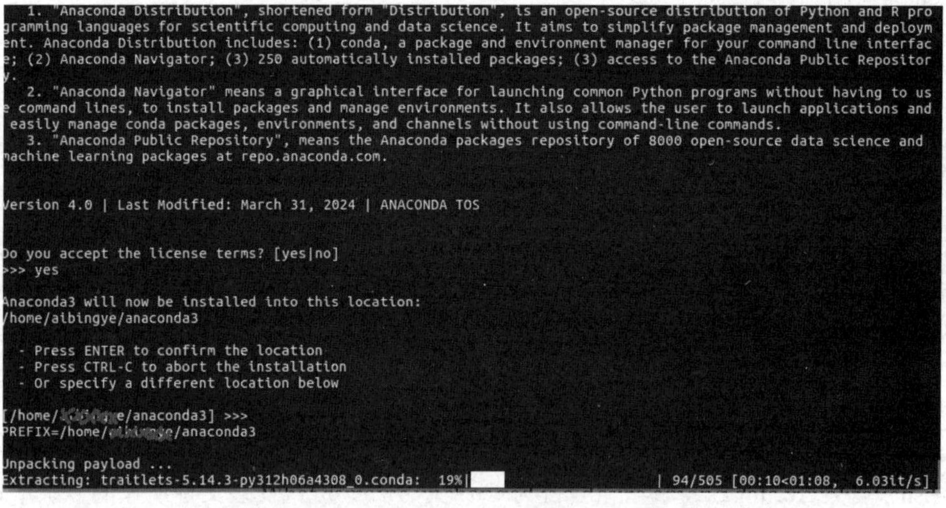

图 3-13　阅读 License 之后按回车键确认安装路径的安装过程

进入 Anaconda 下的 Python 环境，如图 3-14 所示，可以看到 Anaconda 所打包自带的 Python 版本为 3.12.4，以及 Anaconda 的发布时间为 2024 年 6 月 18 日。如果不写完整的 Python 程序代码，仅仅学习 Python 语法，在 Python 命令行下不失为非常方便快捷的环境。

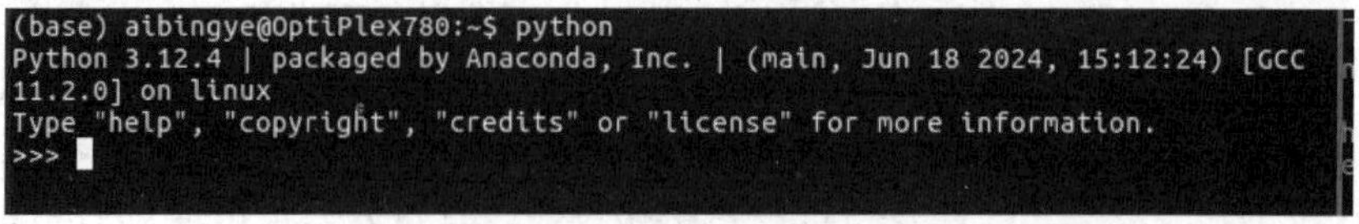

图 3-14　Python 命令行

3.3 Python 语法基础

在人工智能领域，Python 是最常用的编程语言之一，因其拥有丰富的库和框架支持，如 TensorFlow、PyTorch、Scikit-learn 等，这些库和框架为开发者提供了强大的工具来构建和训练机器学习模型。Python 的简单易学、开发效率高、可移植性强等特点也使其成为人工智能开发的首选语言。

3.3.1 Python 语言的特点

Python 是一门简单且非常容易入门的高级语言。它有一套极其简单的语法体系，易于学习，并且能够专注于解决问题的方案，而不是语言本身。Python 具有以下特点。

1．自由开放

Python 允许使用者自由分发它的软件，阅读它的源代码，甚至对它做出修改。它基于分享知识的社区理念而创建，并持续改进至今。

2．Python 是高级语言

任何使用 Python 编写程序的人，不必考虑程序如何使用计算机内存和其他硬件资源等底层细节。

3．跨平台性

Python 基于开放源码的特性，已经被移植到绝大多数现有平台，只要小心避开对系统依赖的特性，所有的 Python 程序不必做出任何改动就可以在任何一个平台上运行工作。

4．解释性

Python 只需要直接从源代码运行程序，不必担心如何编译程序，如何保证适当的库被正确地链接并加载等步骤，完整的 Python 程序只需要复制到另一台计算机就可以让它立即开始工作。在命令行，给一条 Python 语句，按回车键就可以得到结果。

5．面向对象

Python 既支持面向过程编程，又支持面向对象编程。面向过程的编程方式，意思是程序由子程序与函数所构建起来。面向对象编程方式，程序是由结合了数据与功能的对象所构建起来的。Python 相较于其他大型语言，具有特别的、功能强大又简单的方式来实现面向对象编程，让人更容易理解面向对象编程。

6．可扩展性

Python 可将其他语言编写的程序功能，运用于 Python 环境中来调用，因此也称为胶水语言。

7．可嵌入性

可以在 C 或 C++程序中嵌入 Python 代码，从而提供脚本功能。

8．丰富的库

Python 除本身提供规模非常庞大的标准库外，还可以通过库索引引入许多其他高质量的第三方库。标准库提供的功能包括正则表达式、文档生成、单元测试、多线程、数据库访问、网页浏览器、CGI、FTP 等与网络有关的功能、邮件、加密解密、图形用户界面等。

总之，Python 是一门令人激动且强大的语言，兼顾了性能与语言功能，使得编写 Python 程序既简单又充满乐趣。

3.3.2　Python 编程第一步

如何在 Python 中运行一个传统的"Hello Python World"的程序呢？有以下两种方法。

（1）使用如图 3-14 所示的命令行，称为交互式解释器提示符（三个大于符号>>>状态）。

（2）直接运行一个 Python 源代码文件，即扩展名为.py 的文本文件。

1．使用解释器提示符

在启动 Python 后，会出现>>>（称为 Python 解释器提示符），在其后输入如下代码。

```
print("Hello Python World")
```

Python 会立即输出一行结果，Hello Python World 文本出现在屏幕上。

```
F:\>python
Python 3.12.2 (tags/v3.12.2:6abddd9, Feb  6 2024, 21:26:36) [MSC v.1937
64 bit (AMD64)] on win32
Type "help", "copyright", "credits" or "license" for more information.
>>> print("Hello World")
Hello World
>>>
```

退出解释器环境，可以输入 exit()或按 Ctrl+Z 组合键。

2．选择编辑器

选择一款趁手、合适的编辑器，用于编写完整的、多行 Python 源程序，能够让编写 Python 程序的体验更有趣、更容易。3.1 节已经介绍了编写 Python 源代码文件的编辑环境，如 Anaconda 上的 Spyder、PyCharm、VScode、Sublime Text。其具体的下载网址名称见附录 A。

对一款源代码编辑器，只要打开一个新文件，将该新文件名命名为形如"hello.py"，内容输入为 print("hello world!")，即可运行得到前面解释器环境下同样效果的输出内容。

3.3.3　Python 基本语法

1．语句书写规则

语句是程序最基本的执行单位，Python 语句需要遵守以下书写规则。

（1）Python 语言通常一行一条语句。

（2）顶格书写，前面不能有多余空格，因为 Python 是通过缩进来组织代码的。

（3）当复合语句的第一行以冒号结尾时，其后面行的内容要缩进一个制表符（Tab 键，表示 4 个空格）。

（4）如果语句太长，可以使用反斜杠（\）来换行。

（5）分号（ ; ）可以用于一行书写多条语句，Python 规范尽管支持该语法，但并不建议使用，因为不便于程序的阅读。

2. 注释

注释是任何存在于#符号右侧的文字，主要用于提高代码的可读性和可维护性。因此它是一种辅助性文字，用于对程序工作过程的说明，在程序运行时会被自动忽略。

（1）单行注释

Python 使用"#"符号表示单行注释，Python 会识别并跳过"#"后面的内容。

（2）多行注释

Python 程序中需要实现多行注释，则可以使用三引号对（单、双引号都可以，但不能混用）表示多行注释。

```
def  powered(x, y):
    """
        计算并返回 a 的 b 次幂，
    其中 a 和 b 都是正整数。
    三引号实现多行注释
    """
    return x ** y
```

总之，代码会告诉你做什么，注释会告诉你为什么这么做，以避免日后再读代码忘记当时这么写的初衷。

3. 标识符

在介绍标识符之前，需要了解 Python 程序里会出现的一些概念与元素，如前面讲到的注释符号"#"，单引号、双引号、三引号等。第一个概念是字面常量。一个字面常量的例子是形如 5、1.23 这样的数字，或者是"这是一串文本"或"this is a string"这样的文本。之所以称为字面常量，是因为它代表的就是它字面意义上的值或内容，而非其他含义，是一个固定不变的内容，称为常量，统称为字面常量。第二个概念是数字，数字主要分为两种类型：整数和浮点数，浮点数就是带小数点的数。第三个概念是字符串，即字符的序列。在 Python 中，如何标识这些概念以及表示数值和文本的量呢？这就涉及标识符了，通俗点讲就是给这些概念、表示量的元素取个名字。标识符是用来为常量、变量、函数、类、模块等对象命名的一种自定义名称。常量、变量（可以变化的量）、函数、类、模块等的命名需要遵循标识符的相关规则，规则如下。

（1）标识符可以由字母、数字、汉字和下画线组成，但不能用数字开头命名，如 ab、ab123、ab_123 等都是合法的 Python 标识符，2ab、$abc 则不是合法的 Python 标识符。

（2）标识符区分英文字母大小写。Python 区分英文字母大小写（又称为英文字母大小写敏感），所以 Hello 和 hello 是不同的标识符，可以标识两个不同的量。

（3）不能使用 Python 的关键字（Keywords）做标识符。Python 中有特殊含义的命名，如 if、in、for 等都是 Python 的关键字，不能作为自定义标识符。

4．关键字

Python 中具有特殊功能和含义的标识符称为关键字。可以在 Python Shell（Python 交互式解释器环境）下，使用如下方法进行查阅。

```
>>> help()
help> keywords

Here is a list of the Python keywords.  Enter any keyword to get more help.

False           class           from            or
None            continue        global          pass
True            def             if              raise
And             del             import          return
As              elif            in              try
Assert          else            is              while
Async           except          lambda          with
Await           finally         nonlocal        yield
Break           for             not

help>
```

3.3.4 基本数据类型

Python 的基本数据类型有数字型、文本型、布尔型和组合型。数字型包括整型（int）、浮点型（float）和复数类型（complex）三种，文本型即字符串（string），布尔型为表示逻辑真假的类型（bool），组合型包括列表（list）、元组（tuple）、集合（set）和字典（dictionary）。

1．整型

整型可以用 4 种进制表示，分别为十进制、二进制、八进制和十六进制。默认情况下采用十进制，非十进制要添加引导符号加以区别，如 0b1010（二进制）、0o407（八进制）、0x4e（十六进制）。

2．浮点型

浮点型数据可以用小数和科学记数法表示。注意在 Python 中要求浮点数必须带有小数部分，小数部分可以是 0，如 24.0（小数）、3.14（小数）、3e2（科学记数法）。

3．复数类型

Python 支持复数类型，并且支持复数计算。复数由实数（real）部分和虚数（image）部分构成，如 4.2+3.6j。

4．字符串

一串字符串是字符的序列，要注意的是，Python 允许使用汉字作为字符串的内容。对英文字符串，是区分大小写的，即 abc 和 Abc 是两个不同的字符串。以英文单引号、双引号作为字符串的边界符号，一对三引号也可以，不过三引号多用来指定多行字符串。示例如下：

```
'我是单引号指定的字符串'
"What's your name?"
"双引号指定的字符串"
'''   三引号表示的
    多行字符串
'''
```

需要注意的是，字符串一旦创建，就不能再改变它，若要改变，就得重建。

5. 布尔型

布尔型数据只有两个：True 和 False，表示真和假。注意，首字母大写。以 True 和 False 为值的表达式称为布尔表达式，用于表示某种条件是否成立，是选择和循环控制中必不可少的条件判断表达式。例如，9>8 的结果为 True。

对于字符串，以及组合数据类型中的列表、元组、集合、字典，由于涉及面向对象的概念，故我们在后面的章节中再详细介绍。

3.3.5　变量

在 Python 中，变量是指可以改变的量。变量的名称只要见名知意即可，不需要提前说明它是什么数据类型，赋予它什么数据，它就是什么数据类型，因此 Python 又被称为动态语言。给变量赋值的符号为"="，称为赋值运算符，每个变量在使用前都必须先赋值，其基本形式如下。

```
变量=表达式
```

该形式的含义是将表达式计算出的值赋给命名的变量。

由于变量的值是可以变化的，因此变量的类型也就随着赋予不同的值而改变。在给变量赋值时，系统会自动为该变量分配内存空间，我们不需要关心它放在哪里。如果想知道系统到底是怎么存放变量或常量的，可以使用 id() 函数来显示内存地址，不过，这个内存地址是封装过的，仅可以看到一个较长的十进制数字符串。示例代码如下。

```
>>> age=23              #创建变量 age，类型为整型，因为赋值符号右边是整数 23
>>> type(age)           #通过 type() 函数查看变量 age 的类型
<class 'int'>
>>> id(age)             #通过 id() 函数查看本机封装的内存地址
                        # (不同的机器，地址也不一样)
140721103844976
>>> age='Hello,同学们！' #创建字符串变量 age
>>> type(age)           #type() 函数显示 age 的数据类型为 string
<class 'str'>
>>> id(age)             #age 被重新赋值为字符串后，新的封装内存地址
1866660297648
```

type() 函数用于获取任何对象的数据类型。当将一个对象作为参数传递给 type() 函数时，它会返回该对象的类型。返回结果中的 class，即为一种面向对象的类的表达。

需要记住的是，Python 将程序中的任何内容统称为对象（Object）。对于有一定面向对象编程语言基础的用户而言，Python 是强面向对象的，即所有的一切都是对象，包括数字、字

符串与函数。后面章节会单独阐述。

编写、保存和运行 Python 程序的标准步骤如下。

（1）打开 IDE 环境（PyCharm 或 VScode 或 Sublime Text 或 Spyder）。

（2）根据给定的文件名创建新文件。

（3）输入下面案例中给出的代码。

（4）按 Ctrl+S 组合键保存（或在菜单中选择保存文件命令），菜单中选择"运行"命令来运行当前文件。

最后这一步的程序执行，也可以通过命令行，输入"python 文件名.py"来运行程序。

【例 3-1】使用变量与字面常量。

输入并运行以下程序。

```python
# 文件名: my_var.py
num = 5
print(num)
num = num + 1
print(num)
s = '''This is a multi-line string.
This is the second line.'''
print(s)
```

输出结果如下。

```
5
6
This is a multi-line string.
This is the second line.
```

这个示例程序的工作原理是：首先，使用赋值运算符（=）将字面常量数值 5 赋值给变量 num。这一行被称为声明语句，即将变量名 num 与值 5 相连接。其次，通过 print 语句来打印变量 num 所声明的内容，即打印到屏幕上。再次，第三行将 1 加到 num 变量所存储的值中，并将得到的结果重新存储到 num 这一变量中。最后将结果继续打印出来，并期望得到的值应为 6。

类似地，后面的程序将字面文本赋值给变量 s，并将其打印到屏幕上。

在上面的完整代码里，所有的代码都是顶格书写的，这是因为空白区在 Python 中十分重要，即空白区在每行代码的开头非常重要，这就是常说的"缩进"（Indentation）。在逻辑行的开头留下空白区用以确定各逻辑行的缩进级别，这种级别可用于确定语句的分组。意思是放置在一起的语句必须拥有相同的缩进，每组这样的语句被称为块（Block），这是 Python 组织代码的方式，所以非常重要。如果无意中在代码行的行首添加了空格，则会导致出现错误"unexpected indent"。Python 使用 4 个空格来缩进，一般，良好的 IDE 环境或编辑器会自动完成这项工作。

3.3.6 运算符与表达式

大多数 Python 语句都包含表达式（Expression）。一个表达式的简单例子如 5+6。表达式可以拆分成运算符（Operators）与操作数（Operands）。

运算符是进行某种操作的符号，如加（+）、减（−）、乘（*）、除（/）等，其操作的对象是数据，这些数据就被称为操作数。在上面的例子中 5 和 6 就是加法操作符（+）的操作数。

Python 提供了丰富的运算符，包括算术运算符、关系运算符、赋值运算符、逻辑运算符等。

1．算术运算符

Python 中的算术运算符用于执行基本的数学运算，如加法、减法、乘法、除法等。算术运算符及其用法如表 3-1 所示。

表 3-1　算术运算符及其用法

运　算　符	描　　述	示　　例
+、−	加、减	8+2 的结果为 10 8−2 的结果为 6
*、/	乘、除	8*2 的结果为 16 8/2 的结果为 4.0
**	乘方（求幂）	8**2 的结果为 64
//	整除	8//2 的结果为 4
%	取模（求余数）	8%2 的结果为 0 −25.5%2.25 的结果为 1.5
<<	左移	2<<2 的结果为 8
>>	右移	11>>1 的结果为 5
&	按位与	5&3 的结果为 1
|	按位或	5|3 的结果为 7
^	按位异或	5^3 的结果为 6
~	按位取反	~5 的结果为−6

2．关系运算符

在 Python 中，关系运算符（也称为比较运算符）用于比较两个值的大小是否相等，并返回一个布尔值（True/False，真/假），一定要注意的是"相等"运算符"=="和赋值运算符"="的区别。Python 中主要的关系运算符及其用法如表 3-2 所示。

表 3-2　关系运算符及其用法

运　算　符	描　　述	示　　例
==	等于	8==2 结果为 False
!=	不等于	8!=2 的结果为 True
>、>=	大于，大于或等于	8>2 的结果为 True 8>=2 的结果为 True
<、<=	小于，小于或等于	8<2 的结果为 False 8<=2 的结果为 False

3．赋值运算符

赋值运算符用于给变量赋值或更新变量的值。Python 提供的赋值运算符和复合赋值运算符如表 3-3 所示，需要特别说明的是，除第一个"="赋值运算符外，其他将运算符和赋值运算符结合起来的赋值语句称为复合赋值语句，复合赋值语句可以简化代码，提高书写代码的效率。

表 3-3　赋值运算符和复合赋值运算符

运 算 符	描 述
=	将右边数据对象赋值给左边的变量
+=	x+=y 等价于 x=x+y
—=	x—=y 等价于 x=x—y
*=	x*=y 等价于 x=x*y
/=	x/=y 等价于 x=x/y
//=	x//=y 等价于 x=x//y
%=	x%=y 等价于 x=x%y
**=	x**=y 等价于 x=x**y

4．逻辑运算符

逻辑运算符用于组合条件语句，以便在满足一个或多个条件时执行代码块。逻辑运算符主要有与（and）、或（or）、非（not）3 个，表 3-4 所示为逻辑运算的真值表。

表 3-4　逻辑运算的真值表

x	y	x and y	x or y	not x
False	False	False	False	True
False	True	False	True	True
True	False	False	True	False
True	True	True	True	False

5．运算符优先级

Python 运算符的优先级决定了表达式中各个部分的执行顺序。当表达式包含多个运算符时，Python 会按照预定的优先级从高到低的顺序进行计算。如果运算符具有相同的优先级，那么按照从左到右的顺序进行计算。表 3-5 所示为 Python 中运算符的优先级。

表 3-5　运算符的优先级

级 别	运 算 符	描 述
高 ↓ 低	**	幂运算
	*、/、%、//	乘、除、求余、取整除
	+、−	加、减
	<、>、<=、>=	关系运算符
	==、!=	等于运算符
	=、+=、−=、*=、/=、//=、%=、**=	赋值运算符
	and、or、not	逻辑运算符

当然，不需要死记硬背 Python 运算符的优先级顺序，因为 Python 总是优先执行括号里的运算，我们总可以通过括号来显式地改变运算的优先级。

【例 3-2】运算符与表达式。

将文件保存为 expression.py。

```
length = 5
breadth = 2
area = length * breadth
print('面积为', area)
print('周长为', 2 * (length + breadth))
```

在 IDE 编辑器的菜单上单击"运行（Run）"查看结果。或者在命令行上运行：

```
C:\Users\Administrator>python expression.py
```

输出结果如下。

```
面积为 10
周长为 14
```

案例解释：矩形的长度（length）与宽度（breadth）存储在以各自名称命名的变量中。它们借助表达式来计算矩形的面积（area）与周长。表达式 length*breadth 的结果赋值给变量 area 并将其通过 print 函数打印出来。在第二个 print 函数中，则直接使用了表达式 2 * (length + breadth)的值。这里的运算顺序是优先进行加法运算，再进行乘法运算，然后将结果 14 由 print 函数输出到屏幕上。

3.3.7　控制流

程序设计中代码都有三种结构形式，分别为顺序、分支和循环结构。顺序结构即程序由上至下按照顺序逐行执行。分支结构表示程序按顺序执行到某一行后需要根据条件做出决定，即依据不同的情况去完成不同的事情。循环结构是当满足某种情况时要重复做某一件事情。在 Python 中，这是通过控制流语句来实现的，有三种控制流语句：if、for 和 while。其中 if 为条件语句，for 和 while 为循环语句。

1．条件语句 if

if 语句是 Python 中用于进行条件判断的一种流程控制结构。它用以检查条件：若条件为真（True），则执行一个语句块（称之为 if 块）；若条件为假，则运行另一个语句块（称为 else 块）。以下是 if 语句的语法格式。

```
if 判断条件:
    语句块一
else:
    语句块二
```

当判断条件为 True，执行语句块一；反之，执行语句块二。if 语句执行流程如图 3-15 所示。

这里语句块一和语句块二均有一级缩进，表示隶属于前一条以冒号结尾的语句。同一层次的语句必须要有相同的缩进。在比较友好的编辑环境中编写 Python 代码时，输入冒号并按回车键后，编辑器会自动确定缩进的位置。

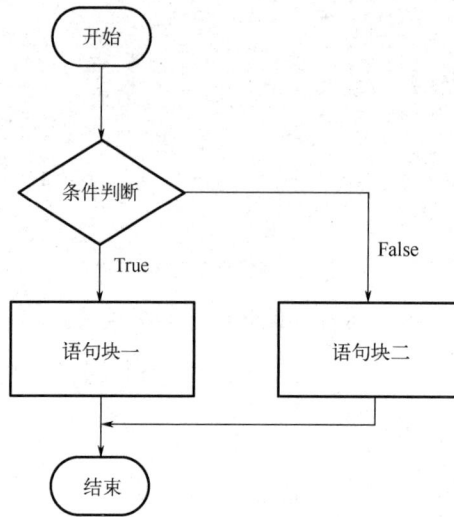

图 3-15　if 语句执行流程

【**例 3-3**】判断用户输入的整数是偶数还是奇数。
在 IDE 编辑器上，保存文件名为 if.py。

```
x=int(input("请输入一个整数给 x:"))
if x%2==0:
    print("x 为偶数。")
else:
    print("x 为奇数。")
```

在 IDE 编辑器的菜单上单击"运行（Run）"按钮查看结果。或者在命令行上运行：

```
C:\Users\Administrator>python if.py
```

输出结果如下。

```
请输入一个整数给 x: 15
x 为奇数。
```

需要说明的是，if 的条件判断也可以没有 else 块，若并不关心条件为假的情况，就可以忽略 else 块。反过来，else 块中也可以继续有 if 语句出现，即"语句块二"里面嵌套了 if 语句，这个嵌套的 if 语句，其"语句块一"和"语句块二"，要有二级缩进，若里面再嵌套，则以此类推。Python 为了让代码简洁易读，将二级缩进的代码进行逻辑合并为 if-elif-else 形式，语句格式如下：

```
if 判断条件一:
    语句块一
elif 判断条件二:
    语句块二
elif 判断条件三:
    语句块三
...
```

```
else:
    语句块四
```

【例 3-4】 判断数字为正数、负数还是零。

在 IDE 编辑器上，保存文件名为 judge.py。

```
x=int(input("请输入一个整数："))
if x > 0:
    print("您输入的是正数。")
elif x < 0:
    print("您输入的是负数。")
else:
    print("您输入的是零。")
```

在 IDE 编辑器的菜单上单击"运行（Run）"按钮查看结果。或者在命令行上运行：

```
C:\Users\Administrator>python judge.py
```

输出结果如下。

```
请输入一个整数：0
您输入的是零。
```

【例 3-5】 猜数字。

在 IDE 编辑器上，保存文件名为 guess.py。

```
number = 23
guess = int(input('请输入一个整数 : '))
if guess == number:
        #新块从这里开始
        print('恭喜你，你猜对了！')
        print('(但没有奖金哟!)')
        #新块在这里结束
elif guess < number:
        #另一个语句块
        print('No,没猜中，还要大一些。')
        #你可以在此做任何你希望在该语句块内进行的事情
else:
        print('No,比你猜的要小一些。')
        #你必须通过猜测一个大于（>）设置数的数字来到达这里
print('Done')
#这最后一条语句不在 if 语句内，因为它没有缩进
#它将在 if 语句执行完毕后执行
```

这个代码的运行与输出，请结合前面的示例，动手练一练。

注意，Python 中所有出现冒号的地方，表示接下来会有语句块，因此就会缩进。所有的缩进应符合"缩进一致"的原则。

2．循环语句

（1）while 循环

while 循环是在条件为真的前提下重复执行某语句块，直到条件为假才结束执行。while 循环语句是循环语句的一种，其同样可以拥有 else 子句作为可选项。while 循环的基本语法如下。

```
while 循环条件:
    语句块
else:
    语句块
```

while 循环语句执行流程如图 3-16 所示。

【例 3-6】使用 while 循环语句计算从 2 到 10（包括 2 和 10）之间所有偶数的和。

在 IDE 编辑器上，保存文件名为 while_evens.py。

```
sum=0
i=2
while i<=10:
    sum=sum+i
    i=i+2
print("2 到 10 偶数的和为:",sum)
```

在 IDE 编辑器的菜单上单击"运行（Run）"按钮查看结果。或者在命令行上运行：

```
C:\Users\Administrator>python while_evens.py
```

输出结果如下。

```
2 到 10 偶数的和为: 30
```

例 3-5 的猜数字游戏，每次运行只能猜一次。如要想多次猜数字，可以使用 while 循环来实现。

【例 3-7】继续猜数字游戏。

在 IDE 编辑器上，保存文件名为 while_guess.py。

```
number = 23
running = True

while running:
    guess = int(input('请输入一个整数 : '))

    if guess == number:
        print('恭喜你，你猜中了！')
        running = False
        #这将导致 while 循环终止
    elif guess < number:
        print('No，没猜中，猜小了一些。')
```

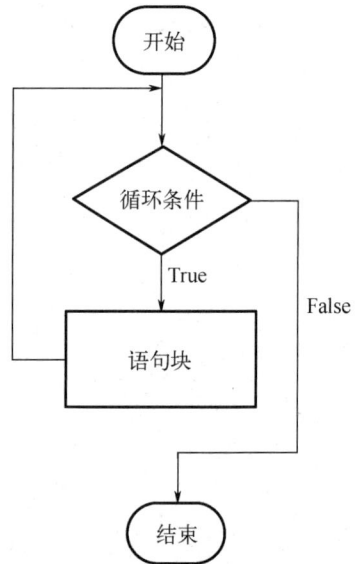

图 3-16　while 循环语句执行流程

```
    else:
        print('No，比你猜的要小一些。')
else:
    print('While 循环结束了。')
        #在这里你可以做你想做的任何事情

print('Done。')
```

在 IDE 编辑器的菜单上单击"运行（Run）"按钮查看结果。或者在命令行上运行：

```
C:\Users\Administrator>python while_guess.py
```

输出结果如下。

```
请输入一个整数 :50
No，比你猜的要小一些。
请输入一个整数 :22
No，没猜中，猜小了一些。
请输入一个整数 :23
恭喜你，你猜中了！
While 循环结束了。
Done。
```

（2）for 循环

Python 语法中有一种非常优雅的循环语句：for…in 语句，其特点是会在一系列对象上进行迭代（Iterates），意思是它会遍历序列中的每一项（在后面的序列 Sequences 章节中了解其更多内容）。你可以理解所谓的序列就是一系列元素的有序集合，for 循环会依次访问序列中的每个元素，并对每个元素执行相应的操作。其语法格式如下。

```
for 变量 in 可迭代对象：
        语句块
else：
        语句块
```

【例 3-8】打印整数 1~4。

在 IDE 编辑器上，保存文件名为 for.py

```
for i in range(1, 5):
        print(i)
else:
        print('The for loop is over')
```

在 IDE 编辑器的菜单上单击"运行（Run）"按钮查看结果。或者在命令行上运行：

```
C:\Users\Administrator>python for.py
```

输出结果如下。

```
1
2
3
```

```
4
The for loop is over
```

在这个程序中，打印了一个序列的数字。它是通过 Python 内置的函数 range()生成这一数字序列的。range()函数的语法格式如下。

```
range([start,]stop[,step])
```

range()函数的三个参数分别为：start（起始值，默认为 0）、stop（结束值，但不生成该值）、step（步长，默认为 1）。step 为可选参数，不给这个参数时，默认为 1，如 range(1,5)将输出序列 1,2,3,4，即它输出的数字序列是一个右开区间，先产生数值 1，然后以默认的增量 1，加到前一个数值上，得到第二个数值，直到 5 的前一个数。若提供 step，如 range(1,5,2)，它会输出 1,3。需要说明的是，range()函数每次只会生成数字序列，若希望获得完整的数字列表，还需要调用 list()函数，如 list(range(1,5))，它才会返回[1,2,3,4]列表。关于列表的详细解释将会在组合数据类型章节介绍。

下面是几个 range()函数的例子。

range(10)的输出序列为 0，1，2，3，4，5，6，7，8，9。

range(2,10)的输出序列为 2，3，4，5，6，7，8，9。

range(2,10,2)的输出序列为 2，4，6，8。

for 循环的 else 部分是可选的。当它存在时，总会在 for 循环结束后开始执行，除非程序遇到了 break 语句。

【例 3-9】使用 for 语句实现 1 到 10 的累加。

在 IDE 编辑器上，保存文件名为 for_sum.py。

```
sum=0
for i in range(1,11):
    sum=sum+i
print("1 到 10 的累加和为:",sum)
```

在 IDE 编辑器的菜单上单击"运行（Run）"按钮查看结果。或者在命令行上运行：

```
C:\Users\Administrator>python for_sum.py
```

输出结果如下。

```
1 到 10 的累加和为: 55
```

3．break 和 continue 语句

break 和 continue 语句用于控制循环的执行流程，两者有微妙差异。

break 语句用以立即中断并终止循环语句的执行，并且跳出到循环体外，即使循环条件仍然成立。有一点尤其需要注意，如果中断了一个 for 或 while 循环，任何相应循环中的 else 块都将不会被执行。

【例 3-10】用 break 语句控制循环的实例。

在 IDE 编辑器上，保存文件名为 break.py

```
i=0
while i<10:
```

```
        i=i+1
        if i==6: #检查 i 是否等于 6，当等于则执行 break 语句，否则终止循环
            break
        print("i=",i)
print("Done!")
```

在 IDE 编辑器的菜单上单击"运行（Run）"按钮查看结果。或者在命令行上运行：

```
C:\Users\Administrator>python break.py
```

输出结果如下。

```
    i=1
    i=2
    i=3
    i=4
    i=5
    Done
```

此段代码中 while 循环是遍历一个从 1 开始到 9（不包括 10）的数字序列，但它输出数字 1 到 5 后就会停止，是因为在循环体中有一个条件判断语句 if，判断当 i 等于 6 时，就执行 break 语句，终止循环，因此不会输出 i=6 或更大的值，而输出循环体外的打印语句 Done 字符串。

continue 语句用于告诉 Python 跳过当前循环块中的剩余语句，并继续该循环的下一次迭代。

【例 3-11】用 continue 语句控制循环的实例。

在 IDE 编辑器上，保存文件名为 continue.py。

```
i=0
while i<10:
    i=i+1
    if i==6: #检查 i 是否等于 6，若是则跳过本轮循环体的后面代码
        continue
    print("i=",i)
print("Done")
```

在 IDE 编辑器的菜单上单击"运行（Run）"按钮查看结果。或者在命令行上运行：

```
C:\Users\Administrator>python continue.py
```

输出结果如下。

```
    i= 1
    i= 2
    i= 3
    i= 4
    i= 5
    i= 7
    i= 8
    i= 9
```

```
i= 10
Done
```

此代码的功能是输出变量 i 的值，从 1 开始，直到 i 的值达到 9（循环条件 i<10）。当 i 的值等于 6 时，执行 continue 语句，跳过本次循环的剩余部分（跳过 print 语句），回到循环的开始，因此不会输出 i=6。

3.3.8　数据结构

数据结构（Data Structure）是一种将数据组织、存储并聚合起来的结构，即用来存储一系列相关数据的集合。

Python 中有 4 种内置的数据结构：列表（List）、元组（Tuple）、集合（Set）和字典（Dictionary）。加上前面讨论过的字符串，一起称为组合数据类型。

组合数据类型是由基本数据类型或其他组合数据类型组合而成的复杂数据结构。可以应用于表示一组数据的场合。其中序列对象包括字符串、元组和列表。除序列外的组合数据类型有无序集合和字典类型。

1. 列表

列表是一种用于保存一系列有序项目的集合，由一系列按特定顺序排列的元素组成，可以创建包含任意元素的列表，如字母表中的字母、数字 0～9、家庭成员姓名，或者任何其他数据。列表中的元素可以是任何数据类型，并且它们之间不需要有特定关系。

在 Python 中，用方括号"[ ]"表示列表，并用逗号来分隔其中的元素。一旦创建了一个列表，就可以添加、移除或搜索列表中的元素，因此列表是一种内容可变（Mutable）的数据类型。

【例 3-12】列表示例。

在 IDE 编辑器上，保存文件名为 mylist.py。

```
#这是我的购物列表
shoplist = ['apple', 'mango', 'carrot', 'banana']
print('我有', len(shoplist), '种水果要购买。')
print('这几种水果是:', end=' ')
for item in shoplist:
    print(item, end=' ')
print('\n 我还要买大米。')
shoplist.append('rice')
print('我的购物清单现在变成了这样: ', shoplist)
print('把购物清单排序。')
shoplist.sort()
print('升序排序后的清单: ', shoplist)
print('第一项要买的物品是: ', shoplist[0])
olditem = shoplist[0]
del shoplist[0]
print('我买好了: ', olditem)
print('我的购物清单现在变成了: ', shoplist)
```

在 IDE 编辑器的菜单上单击"运行（Run）"按钮查看结果。或者在命令行上运行：

```
C:\Users\Administrator>python mylist.py
```

输出结果如下。

```
我有 4 种水果要购买。
这几种水果是：apple mango carrot banana
我还要买大米。
我的购物清单现在变成了这样：['apple', 'mango', 'carrot', 'banana', 'rice']
把购物清单排序。
升序排序后的清单：['apple', 'banana', 'carrot', 'mango', 'rice']
第一项要买的物品是：apple
我买好了：apple
我的购物清单现在变成了：['banana', 'carrot', 'mango', 'rice']
```

以上列表是如何工作的？程序中变量 shoplist 是一个前往超市的购物清单列表，只存储了一些字符串，即需要购买的物品的名称，也可以向列表中添加任何类型的对象，包括数字，甚至是其他列表或组合数据类型。

程序中使用 for…in 循环来遍历列表中的每个项目。这里要注意循环体中的 print 函数，使用了一个 end 参数，它通过一个空格来结束输出，而不是通常的换行。然后通过列表对象的 append() 方法向列表中添加一个'rice'字符串对象，再简单地传递给 print 打印到屏幕上，以此来检验项目是否真的添加进列表中了。

列表的 sort() 方法对列表元素进行排序，并改写列表本身，这与字符串的方法不一样，即所谓列表是可变的，而字符串是不可变的。下面介绍字符串的方法时再来对比。本例中，shoplist.sort() 就是 shoplist 列表通过调用 sort() 方法升序排列 shoplist 的元素，所以再打印 shoplist 时，结果为升序后的元素。

列表是有序的集合，因此要访问列表的任何元素，只需将该元素的位置或索引告诉 Python 即可，请记住 Python 总是从 0 开始计数。对列表 shoplist，排序后元素顺序为['apple', 'banana', 'carrot', 'mango', 'rice']，访问该列表的第一个元素是通过列表名，再指出元素的位置（或索引号），并放在紧跟列表名的方括号内，即 shoplist[0]，表示访问第一个元素'apple'，以此类推。同时，Python 也提供从尾部访问列表元素的方法，其索引号（或位置）从-1 开始，表示最后一个元素，然后逐次减一，直到第一个元素，因此 shoplist[-1] 表示的是最后那个元素'rice'。显然，要修改列表的某一个元素，只需给它赋值即可，如想将 shoplist 的第二个元素修改为 pineapple，则可令 shoplist[1]=pineapple。

在上面的编程示例中，还使用了 Python 内建的删除命令 del，当然，列表也有自己的删除元素的方法，若想了解列表对象的所有方法，可以在 Python 解释器的命令提示符下，通过 help(list) 来了解更多细节。表 3-6 仅罗列了一些列表对象常用的方法。

表 3-6　列表对象常用的方法

操　作	方　法	描　述
添加元素	L.append(x)	将元素 x 添加到列表的末尾
	L.extend(iterable)	将可迭代对象（如另一个列表）中的所有元素添加到列表的末尾
	L. insert(i, x)	在列表的指定位置 i 插入元素 x

续表

操　作	方　法	描　述
删除元素	L. remove(x)	删除列表中第一个值为 x 的元素，不返回内容
	L. pop([i])	删除索引号为 i 的元素，并返回该元素。默认是最后元素
	L. clear()	删除列表中的所有元素，使 L 变为空列表
计数和查找	L. count(x)	统计 x 元素在列表中出现的次数
	L.index(x,start,[stop]])	找出列表中 x 元素第一次出现的索引位置。如果指定了 start 和 stop 参数，那么只在指定的范围内搜索
排序和反转	L. sort()	对列表中的元素进行升序排序
	L. reverse()	将列表中元素的顺序颠倒
复制列表	L. copy()	返回从 L 复制的新列表

2．元组

元组是一种特殊的列表。Python 将不能修改的值称为不可变的（Immutable），在组合数据类型里，元组和字符串就是这种不可变的数据类型。元组使用圆括号来标识，而不是方括号。定义元组后，就可以使用如列表一样的索引来访问其元素了，就像访问列表元素一样，如下例。

选择 Anaconda 菜单中的 Anaconda Prompt，输入 Python，进入 Python 解释器命令状态。

```
>>>dimensions=(100,50)    #将(100,50)一个二元组赋值给 dimensions
>>>dimensions[0]          #访问 dimensions 这个二元组的第一个元素
100
>>>dimensions[1]          #访问第二个元素
50
>>>dimensions[0]=200      #更改 dimensions 元组的第一个元素为 200
 Traceback (most recent call last):
  File "<stdin>", line 1, in <module>
TypeError: 'tuple' object does not support item assignment
```

当给元组 dimensions 的第一个元素赋值为 200 时，程序报错。这是因为元组是不可变的，不能通过这种访问单个元素赋值的方式来改变元组。如要改变元组，必须整体改变，重新完整赋值。下面介绍的字符串也具有元组同样的特性，也是不可变的。

元组对象的常用方法如表 3-7 所示，t 表示一个元组对象。

表 3-7　元组对象的常用方法

方　法	描　述
t.count(x)	统计 x 元素在元组中出现的次数
t.index(x, [start, [stop]])	查找元组中 x 元素首次出现的位置。若指定了 start 和 stop 参数，则只在指定的范围内搜索

【例 3-13】元组示例。

在 IDE 编辑器上，保存文件名为 mytuple.py。

```
#圆括号用来指明元组的开始与结束
#Python 提倡：明了胜过晦涩，显式优于隐式。
zoo = ('python', 'elephant', 'penguin')
print('动物园里的动物种类有：', len(zoo))
```

```
new_zoo = 'monkey', 'camel', zoo
print('新动物园里的笼子个数: ', len(new_zoo))
print('新动物园里的所有动物: ', new_zoo)
print('来自旧动物园的动物: ', new_zoo[2])
print('旧动物园里的最后一个动物是: ', new_zoo[2][2])
print('新动物园里的动物个数: ',len(new_zoo)-1+len(new_zoo[2]))
```

在 IDE 编辑器的菜单上单击"运行（Run）"按钮查看结果。或者在命令行上运行：

```
C:\Users\Administrator>python mytuple.py
```

输出结果如下。

```
动物园里的动物种类有:  3
新动物园里的笼子个数:  3
新动物园里的所有动物:  ('monkey','camel',('python','elephant','penguin'))
来自旧动物园的动物:  ('python', 'elephant', 'penguin')
旧动物园里的最后一个动物是:  penguin
新动物园里的动物个数:  5
```

这个示例中，zoo 是一个元组，有三个元素，故称为三元组。Python 内建 len 函数用来获取元组的长度（元素个数）。new_zoo 也是一个三元组，尽管在赋值语句的右边是以逗号分隔的 3 个元素，但这是元组赋值的另外一种形式。需要注意的是，它的第三个元素，竟然是元组 zoo，这里可以看到元组的元素组成，也像列表一样，可以是任意的不同数据类型，甚至可以是元组本身。

由于 new_zoo[2]是 zoo 组成的，因此 new_zoo[2][2]就相当于 zoo[2]一样，即访问的是元组 zoo 的最后一个元素。

3．字典

字典是一种类似于通过联系人的身份证号码查找联系人家庭住址的地址信息簿，即把键（某人的身份证号码）和值（某人的详细家庭住址）联系在一起的一种数据组织形式，称为"键值对"数据。注意，这里的键必须是唯一的，因为只有唯一，才能找到它对应的值。具体形式如下。

```
d = {key1:value1, key2:value2, key3:value3...}
```

即字典数据是用花括号括起来的，每个元素均由键值对组成，键和值之间用冒号分隔，元素之间以逗号分隔。

字典是无序的组合数据类型，即它不关心元素的顺序，若想要一个特定的顺序，则需要在使用前自行对它的键进行排序。需要注意的是，只能使用不可变的对象，如字符串、数字、布尔值或元组来作为字典的键，但字典值，可以是任意数据类型，可以是列表、元组甚至是字典。

创建字典命令行示例如下。

```
#花括号用来指明字典的开始与结束
>>>my_dict = {'name': 'Alice', 'age': 20, 'city': '上海'}
>>>another_dict = dict()          #通过 dict 函数产生一个空的字典
>>>my_dict['name']                #访问字典 my_dict 中的'name'键，返回其值
```

```
'Alice'
>>>my_dict['age']=21                #修改 my_dict 中'age'键对应的值为 21
>>>my_dict                          #查看修改后的字典 my_dict
{'name': 'Alice', 'age': 21, 'city': '上海'}
>>>my_dict['gender'] = 'female'     #在字典 my_dict 中添加新键值对
>>>another_dict['aeinstein'] = {'first': 'albert',
                                'last': 'aeinstein',
                                '坐标': '普林斯顿大学',
                                'title': '物理学家'}
```

上面语句的功能是在 another_dict 空字典中添加新的键值对，显然，这个新键值对的值是一个字典。当然也可以根据所表示数据的需要，是列表或元组等其他数据类型。

```
>>>del my_dict['age']                #删除键'age'及其对应的值
>>>#与之等价的删除键值对方法
>>>removed_age = my_dict.pop('age')  #删除键'age'及其对应的值，并返回被删除的值
```

与列表一样，字典也有一些常用的方法，如表 3-8 所示，其中 d 为一个字典对象。

表 3-8　字典常用方法

方　　法	描　　述
d. clear()	清除字典中所有的键值对
d. copy()	创建一个具有相同键值对的新字典
d.get(key[, default])	返回指定键的值，若字典中没有该键，则返回 default，若没有提供，则不返回
d.keys()	返回字典中所有的键序列
d. values()	返回字典中所有的值
d.items()	返回一个可迭代对象，其中包含字典中所有的键值对。每个键值对都以元组的形式存在
d.pop(key)	删除指定的键值对，返回指定键对应的值
d.update([other])	使用另一个字典的键值对来更新当前字典。若键已经存在，则对应的值会被替换；若键不存在，则会在当前字典中添加该键值对

【例 3-14】字典示例。

在 IDE 编辑器上，保存文件名为 mydict.py。

```
#花括号用来指明字典的开始与结束
#"ab"是地址（Address）簿（Book）的缩写
ab = {
    'Charles': 'charles@abc.com',
    'Larry': 'larry@wall.org',
    'Watson': 'watz@qq.com',
    'Holmes': 'holmes@hotmail.com'
}
print("Charles's 邮件地址为: ", ab['Charles'])
#删除一个键值对
del ab['Larry']
print('\n 现在邮件地址簿里有 {} 个联系方式\n'.format(len(ab)))
for name, address in ab.items():
```

```
        print('联系 {} AT {}'.format(name, address))
#添加一个键值对
ab['Guido'] = 'guido@python.org'
if 'Guido' in ab:
    print("\nGuido's 邮件地址为: ", ab['Guido'])
```

在 IDE 编辑器的菜单上单击"运行（Run）"按钮查看结果。或者在命令行上运行：

```
C:\Users\Administrator>python mydict.py
```

输出结果如下。

```
Charles's 邮件地址为: charles@abc.com

现在邮件地址簿里有 3 个联系方式

联系 Charles AT charles@abc.com
联系 Watson AT watz@qq.com
联系 Holmes AT holmes@hotmail.com

Guido's 邮件地址为: guido@python.org
```

上例中，打印语句使用了字符串的格式化输出，在后面的字符串部分再详细讲解。

4. 序列

列表、元组和字符串都可以被看作序列（Sequence）的某种表现形式，究竟什么是序列，它又有什么特别之处？

序列的主要功能是成员测试（Membership Test）（ in 与 not in 表达式）和索引操作（Indexing Operations），通过这两个功能，能够允许用户直接获取序列中的特定项目。上面所提到的序列的 3 种表现形式有列表、元组与字符串，同时还拥有一种切片（Slicing）运算符功能，即允许在序列中切出某个片段，即获取序列中的一部分。

【例 3-15】切片示例。

在 IDE 编辑器上，保存文件名为 using_slicing.py。

```
#以列表和字符串为例，来演示序列的索引和切片
shoplist = ['apple', 'mango', 'carrot', 'banana']
name = 'Sherlock Holmes'
#索引或下标操作符
print('Item 0 is:', shoplist[0])
print('Item 1 is:', shoplist[1])
print('Item 2 is:', shoplist[2])
print('Item 3 is:', shoplist[3])
print('Item -1 is:', shoplist[-1])
print('Item -2 is:', shoplist[-2])
print('name 中的 0 号字符: ', name[0])
# 在列表中切片
print('Item 1 to 3 is:', shoplist[1:3])
print('Item 2 to end is:', shoplist[2:])
```

```
print('Item 1 to -1 is:', shoplist[1:-1])
print('从头切片到尾: ', shoplist[:])
# 从某一字符串中切片 #
print('characters 1 to 3 is:', name[1:3])
print('characters 2 to end is:', name[2:])
print('characters 1 to -1 is:', name[1:-1])
print('字符串从头切片到尾: ', name[:])
```

在 IDE 编辑器的菜单上单击"运行（Run）"按钮查看结果。或者在命令行上运行：

```
C:\Users\Administrator>python using_slicing.py
```

输出结果如下。

```
Item 0 is apple
Item 1 is mango
Item 2 is carrot
Item 3 is banana
Item -1 is banana
Item -2 is carrot
name 中的 0 号字符: S
Item 1 to 3 is ['mango', 'carrot']
Item 2 to end is ['carrot', 'banana']
Item 1 to -1 is ['mango', 'carrot']
从头切片到尾: ['apple', 'mango', 'carrot', 'banana']
characters 1 to 3 is he
characters 2 to end is erlock Holmes
characters 1 to -1 is herlock Holme
字符串从头切片到尾: Sherlock Holmes
```

我们已经了解了如何通过使用索引来获取序列中的各个项目（也称为元素）。这也称为下标操作。即在序列变量紧跟一对方括号中指定一个数字，Python 将获取序列中与该位置编号相对应的项目（请记住 Python 从 0 开始计数）。因此 shoplist[0]获取 shoplist 列表中的第一个元素，shoplist[3]将获取第四个元素。索引号也可以使用负数，在这种情况下，位置计数将从序列的末尾开始，因此 shoplist[-1]指获取最后一个元素，shoplist[-2]指倒数第二个元素，以此类推。

切片操作是在序列名称后的方括号中，使用冒号分隔两个数字来表示从序列中获取一部分元素的功能。冒号前面的数字表示 start 位置，后面的数字表示 end 位置。这里冒号是必须的，才表示切片，冒号前后的数字是可选的。冒号前的数字省略，表示从序列的第一个元素开始，冒号后面的数字省略，表示取到末尾结束。需要再次强调的是，切片是返回从 start 位置开始，到 end 前面的位置结束为止的部分，但不包括 end 所在的结束位置元素。shoplist[1:3]获取的是两个项目，即 shoplist[1]和 shoplist[2]，并不包括 shoplist[3]。但 shoplist[:]返回的是整个列表，这和 shoplist 本身会有什么差别？对比将 shoplist 赋值给新的列表 mylist 和将 shoplist[:]赋值给 newlist，对它们进行增加、修改和删除时，shoplist 是否有改变，思考并动手实践一下可以看到 shoplist[:]其实是对 shoplist 的一次克隆，是完全独立的另外一个列表。而 mylist=shoplist，被称为引用，即两者是同一个对象。请看下面的示例。

【例 3-16】列表引用示例。

在 IDE 编辑器上，保存文件名为 using_ref.py。

```
#以列表为例，演示引用和切片的差别
print('简单赋值')
shoplist = ['apple', 'mango', 'carrot', 'banana']
#mylist 只是指向同一对象的另一种名称
mylist = shoplist
#我购买了第一项内容，所以我将其从列表中删除
del shoplist[0]
print('shoplist is: ', shoplist)
print('mylist is: ', mylist)
#注意，shoplist 和 mylist 二者都
#没有 'apple' 这一项的列表，以此可以确认
#它们指向的是同一个对象
print('通过全切片产生的一个列表副本')
#通过生成一份完整的切片制作一份列表的副本
#先重新复原最初的 shoplist
shoplist = ['apple', 'mango', 'carrot', 'banana']
newlist = shoplist[:]
#删除第一个项目
del newlist[0]
print('shoplist is: ', shoplist)
print('newlist is: ', mylist)
#注意到 shoplist 保持原样，但 newlist 被删除了'apple'
```

在 IDE 编辑器的菜单上单击"运行（Run）"按钮查看结果。或者在命令行上运行：

```
C:\Users\Administrator>python using_ref.py
```

输出结果如下。

```
简单赋值
shoplist is:  ['mango', 'carrot', 'banana']
mylist is:  ['mango', 'carrot', 'banana']
通过全切片产生的一个列表副本
shoplist is:  ['apple', 'mango', 'carrot', 'banana']
newlist is:  ['mango', 'carrot', 'banana']
```

在切片操作中，还可以提供第三个参数，称为"步长"，也需要用冒号隔开。在没提供第三个参数时，默认这个步长为 1，示例如下。

进入 Python 解释器，输入如下命令。

```
>>> shoplist = ['apple', 'mango', 'carrot', 'banana']
>>> shoplist[::1]
['apple', 'mango', 'carrot', 'banana']
>>> shoplist[::2]
['apple', 'carrot']
```

```
>>> shoplist[::3]
['apple', 'banana']
>>> shoplist[::-1]
['banana', 'carrot', 'mango', 'apple']
```

这种在 Python 解释器中交互地尝试不同的切片方式的组合可以立即看到结果，这种使用方式，同样适用于元组和字符串。

5. 集合

集合是没有顺序的简单对象的聚集，与数学上的集合含义一致。它和字典类似，不关心顺序，只关心 in 和 not in。集合中的元素不允许重复。

创建集合的方法也是使用花括号，和字典不一样的地方在于其元素是简单对象，每个元素不是键值对。也可以使用 set() 函数，将其他序列对象转换为集合，因其数学特性不允许重复，可以起到去重复元素的功能。示例如下。

进入 Python 解释器，输入如下命令。

```
>>>myset = {1,2,3,4,5}                          #使用花括号产生一个集合
>>>secondset = set(['brazil', 'russia', 'india'])   #使用 set() 函数
>>> 'india' in secondset
True
>>> 'usa' in secondset
False
>>> oneset = secondset.copy()
>>> oneset.add('china')
>>> oneset.issuperset(secondset)       #判断 oneset 是 secondset 超集
True
>>> secondset.remove('russia')         #删除 secondset 中的元素
>>> oneset & secondset                 #或者 secondset.intersection(oneset)
{'brazil', 'india'}
```

这里的操作与数学上集合的操作完全一致。

6. 字符串

在前面章节，已经讨论和使用过字符串，显然，字符串是 Python 中一种非常常用的数据类型之一，常用于表示和存储文本信息。我们知道，和元组一样，字符串也是不可变的，这意味着一旦创建了字符串，就不能更改里面的字符，如果对字符串中某个字符进行修改就会报错。

字符串作为字符序列，也和列表一样，可以进行切片操作。字符串作为一种对象，也有自己的很多方法来处理字符，如取子串，字符大小写变换，去掉字符串中的空格等，要想获得这些方法的完整清单，可在 Python 命令解释器环境下，通过 help(str) 来查阅。

（1）字符串的创建。在 Python 中使用一对单引号（'）、一对双引号（"）或一对三引号（'''）来创建字符串。单引号和双引号标识字符串的用法完全相同，三引号适合多行字符串。另外，如果字符串本身包含表示字符串边界的引号，可以使用不同类型的引号来避免冲突，或者在其前面添加转义字符（\）。

进入 Python 解释器，输入如下命令。

```
>>> s1='Hello Python!'        #使用单引号创建字符串
>>> s1
'Hello Python!'
>>> s2="Hello world!"         #使用双引号创建字符串
>>> s2
'Hello world!'
>>> s3='She said,"Yes"'
>>> s3
'She said,"Yes"'
>>> s4='It\'s fine!'          #使用转义字符创建字符串
>>> s4
"It's fine!"
```

（2）字符串的基本操作。字符串支持多种操作，如字符串连接、重复、索引及切片等，如表 3-9 所示。

表 3-9　字符串的基本操作

操　　作	描　　述
s1+s2	连接字符串 s1 和 s2
s*n	返回重复 n 次 s 后的字符串
s[n]	获取字符串 s 中索引号为 n 的字符
s[m:n]	截取字符串 s 中索引号从 m 到 n–1 的子串
s1 in s	判断 s 中是否存在 s1 元素

① 连接和重复。使用"+"连接两个字符串，使用"*"重复字符串指定次数。代码如下。

进入 Python 解释器，输入如下命令。

```
>>> s1='Hello'
>>> s2='world'
>>> s1+s2     #连接字符串 s1 和 s2
'Helloworld'
>>> s='Hello'
>>> s*3       #字符串 s 重复 3 次
'HelloHelloHello'
```

② 子串是否在字符串中存在。Python 中的 in 运算符（成员运算符）用于判断一个子字符串是否存在于指定字符串中。如果存在则返回 True，否则返回 False。代码如下。

进入 Python 解释器，输入如下命令。

```
>>> s='python'
>>> 'on'in s
True
```

③ 索引。字符串的索引是一种访问字符串中单个字符的方式。字符串是一个序列对象，每个字符都有相应的索引号。Python 支持正索引和负索引两种方式，与列表、元组的索引方式一致，正索引从 0 开始，即第一个字符的索引是 0，第二个字符的索引是 1，以此类推，直

到字符串的最后一个字符。而负索引是从字符串的末尾开始反向计数，-1 表示最后一个字符，-2 表示倒数第二个字符，以此类推，直到第一个字符。

④ 切片。字符串切片是指截取字符串的子字符串，其形式如下。

```
s[start: end: step]
```

获取的是索引号从 start 到 end-1、步长为 step 的子字符串。这里的 start、end、step 三个参数都是可选的。若无 start，则表示从索引号 0 开始切片；若无 end 参数，则表示切片到最后一个字符；若无 step，则第二个冒号也可以省略，表示步长为 1。

进入 Python 解释器，输入如下命令。

```
>>> s='Make progress!'
>>> s[2:4]
'ke'
>>> s[:5]
'Make '
>>> s[5:]
'progress!'
>>> s[-2:]
's!'
>>> s[-7:-4]
'ogr'
>>> s[::]
'Make progress!'
>>> s[::-1]
'!ssergorp ekaM'
```

（3）字符串方法。字符串方法是指 Python 中字符串对象处理字符串的一系列函数，也称为方法。在比较好用的 IDE 环境下编写 Python 代码时，当输入字符串对象后输入英文的点，IDE 环境有智能感知功能，会显示字符串对象的所有方法列表，可单击所需方法，也可用方向键向下选择所需方法。表 3-10 所示为字符串的常用方法，表中 s 为字符串对象。

表 3-10　字符串的常用方法

功　能	方　法	描　述
查找和替换	s.find(x)	查找 x 在字符串中首次出现的位置
	s.replace(old,new)	将字符串中的旧子串替换为新子串，s 对象不变
大小写转换	s.lower()	将字符串中的所有大写字符转换为小写字符，s 对象不变
	s.upper()	将字符串中的所有小写字符转换为大写字符，s 对象不变
	s.capitalize()	将字符串的首字母转换为大写字符，s 对象不变
分割与合并	s.split()	根据指定的分隔符将字符串分隔成列表，若不指定分隔符则默认按空白字符分隔
	s.join(iterable)	使用指定的分隔符将列表（或其他可迭代对象）中的字符串元素合并成一个新的字符串
去除	s.strip()	去除字符串两端的空白字符，s 对象不变
统计	s.count(x)	统计 x 在字符串中出现的次数

【例 3-17】字符串对象方法示例。

在 IDE 编辑器上，保存文件名为 str_methods.py。

```
#这是一个字符串对象
name = 'This is a String Object.'
if name.startswith('This'):
    print('是的，这个字符串的开始串是："This"')
if 'a' in name:
    print('是的，它包含字符串："a"')
if name.find('war') != -1:
    print('No, 它里面没有字符串 "war"')
delimiter = '_*_'
mylist = ['Brazil', 'Russia', 'India', 'China']
print(delimiter.join(mylist))
```

在 IDE 编辑器的菜单上单击"运行（Run）"按钮查看结果。或者在命令行上运行：

```
C:\Users\Administrator>python str_methods.py
```

输出结果如下。

```
是的，这个字符串的开始串是："This"
是的，它包含字符串："a"
Brazil_*_Russia_*_India_*_China
```

另外通过 Python 命令行验证 str 对象各类方法的示例如下。

进入 Python 解释器，输入如下命令。

```
>>>s=" hello world "
>>>s1=s.strip()                   #去除字符串左右两端的空白字符
>>>s1
'hello world'
>>>s                              #s 对象本身不变
' hello world '
>>>s1.capitalize()               #将字符串的首字母转换为大写字符
'Hello world'
>>>s1.upper()                    #将字符串中的所有字符都转换成大写字符
'HELLO WORLD'
>>>s1.lower()                    #将字符串中的所有字符都转换成小写字符
'hello world'
>>>s1.count("o")                 #统计"o"出现的次数
2
>>>s1.find("w")                  #查找"w"在字符串中首次出现的位置
6
>>>s1.replace("hello","hi")      #将字符串"hello"替换成"hi"字符串
'hi world'
>>>s1.split()                    #将字符串分隔成列表
['hello', 'world']
```

3.3.9　输入与输出

有时程序会与用户产生交互，会希望获取用户输入的内容，并向用户打印出返回结果，Python 分别通过 input()函数和 print()函数来实现该功能。另外一个常见输入/输出类型是处理文件。创建、读取与写入文件对于很多程序来说是必不可少的功能，我们在 3.3.12 节中详细介绍。

1. 输入

（1）input()函数

在程序运行时，经常需要用户给程序提供用于计算或判断的参数，Python 提供了内置 input()函数来获取用户的输入。此函数会暂停程序的执行，并等待用户通过键盘来输入参数。需要注意的是，通过 input()函数从键盘捕获的任意内容，都是字符串。

从键盘输入姓名并输出示例（进入 Python 解释器，输入下面的命令查看命令结果）：

```
>>>x=input("你的姓名：")
你的姓名：张三
>>>print("你好",x)
你好 张三
```

（2）int()、float()函数

因为 input()函数返回的是字符串，若用户从键盘上输入的是整数或浮点数，则返回的就是数字字符串，这显然并非所愿，所以需要使用内置函数 int()和 float()将对应的数字字符串转换成相应的类型。示例代码如下。

```
>>>x=input("请输入一个整数：")          #实际赋值给 x 的是一个数字字符串
请输入一个整数：45
>>>type(x)                            #查看 x 的类型
<class 'str'>
>>>x                                  #直接查看 x 的内容,是一个带引号的'45'
'45'
>>>x=int(input("请输入一个整数："))      #转换成 int 类型
请输入一个整数：45
>>>type(x)
<class 'int'>
>>>x    #显示 x 的值，没有引号了
45
>>> y=float(input("请输入一个浮点数："))  #转换成 float 类型
请输入一个浮点数：4.5
>>> y                                 #查看 y 的值，确实已经是 4.5
4.5
```

2. 输出

Python 使用 print()函数进行输出操作。

```
>>>print("Hello Python!")            #执行输出操作
Hello Python!
>>>print("前面输入的整数{}，以及输入的浮点数{}".format(x,y))
```

```
前面输入的整数 45，以及输入的浮点数 4.5
>>>
```

上例中第二条打印语句，使用了字符串的格式输出。可以看到输出语句里是要输出一个字符串，但字符串里有两个变量 x 和 y 的内容，但又不能把 x 和 y 放入字符串里，否则会让变量 x 和 y 变成字符常量。因此字符串格式输出采用一对花括号作为占位符，按序对应字符串后的 format()方法中 x 和 y 两个变量的值，与其他字符组合一起输出。

3.3.10 函数

函数是指可重复使用的程序片段。它允许编程者为某块代码赋予名称，并通过这一特殊名称在程序的任何地方来运行它，可重复任何次数。这个运行操作称为调用函数。前序章节的示例中我们已经使用过许多 Python 内置的函数，如 len()用于求字符长度、range()用于产生数字序列等。

1. 函数的定义

用户根据需要创建函数，可以通过关键字 def 来定义，紧跟 def 需要给出这个函数的标识符名称，再跟一对圆括号，括号中可以根据需要包含一些变量的名称（被称为形式参数，简称形参，多个形参之间以逗号分隔），再以冒号结尾，结束这一行；随后而来缩进的语句块是函数的主体部分，称为函数体。这样的函数称为自定义函数。其语法格式如下。

```
def 函数名(形参列表)：
     函数体
```

函数体紧随函数定义之后，并且必须正确缩进，以表示其属于该函数的一部分。

2. 函数的调用

【例 3-18】编写一个简单的无参数函数。
在 IDE 编辑器上，保存文件名为 function1.py。

```
def say_hello():
     #该块属于这一函数
    print('hello world')
     #函数结束

say_hello()     #调用函数（这条语句无缩进，表示不是函数体）
say_hello()     #再次调用函数
```

在 IDE 编辑器的菜单上单击"运行（Run）"按钮查看结果。或者在命令行上运行：

```
C:\Users\Administrator>python function1.py
```

输出结果如下。

```
hello world
hello world
```

注意：函数如果不被调用，就永远不会被执行，就像躺在工具箱里的工具，不会起任何作用。

【例 3-19】 实现求 a 的 b 次幂。

在 IDE 编辑器上，保存文件名为 function2.py。

```
def powered(x, y):
    """
    计算并返回a的b次幂，其中a和b都是正整数。
    """
    return x ** y

def main():
    """
    从用户获取两个正整数a和b，计算a的b次幂，并打印出结果。
    """
    a = int(input("请输入正整数a: "))
    b = int(input("请输入正整数b: "))
    print("结果是: ",powered(a,b))

main()
```

此示例的输出结果因用户输入的两个整数不同而不同，请读者动手试一试。

上述程序由两个函数组成，主要功能是接收用户输入的两个正整数，计算它们的幂次，并将结果输出。程序首先定义了 powered() 函数，它有两个形参 x 和 y，返回 x 的 y 次幂。接着，定义了 main() 函数，它无形参数，在函数体内包含了一系列接收用户输入，调用 powered() 函数并输出结果的逻辑。最后一行，顶格书写的 main() 函数调用语句才开始执行 main() 函数并得到结果。

对于需要返回运算结果的函数，return 语句至关重要。它用于通过函数名返回一个值给调用者。当执行到 return 语句时，就表示当前函数的终止，并将控制权返回给调用该函数的下一条语句。

在 Python 中函数需要先定义，然后才能调用。程序调用一个函数需要执行以下 4 个步骤。

（1）调用程序在调用处暂停执行。

（2）在调用时将实参复制给函数的形参。

（3）执行函数体语句块。

（4）函数调用结束，程序回到调用前的暂停处继续执行。

需要说明的是，在函数体中出现的变量为局部变量，即它的作用域仅在函数体内，离开作用域后，该变量就被释放而消亡了。如在函数体内，变量的前面加上 global 关键字，则表示该变量为全局变量，即离开函数体后，该变量依然存在。

3. 函数的参数传递

函数的参数传递分为三种情况，分别为顺序传参、关键字传参和默认值方式。以例 3-19 中的 powered() 函数为例，其定义为 def powered(x,y)，调用时如 powered(5,6)，则按顺序分别将 5 和 6 传给 x 和 y，称为顺序传参。如果非要将 5 传给 y，6 传给 x，而不想改变顺序，那么可以通过如下方式调用。

```
powered(y=5,x=6)
```

在调用时，明确该参数是多少，而不论顺序，该过程称为关键字传参。

默认值方式是指在函数定义时，就某个或多个参数给出了默认值，在调用时，可以不需要给出值，按默认值调用函数的情况。仍以例 3-19 中的求幂函数为例，若函数定义为 def powered(x=5, y=6)，那么求 5 的 6 次幂，可直接调用 powered()就能得到 5 的 6 次幂。调用示例如下。

```
>>> def powered(x=5, y=6):
...     return x**y          #注意缩进 4 个空格
...
>>>powered()                 #调用求幂函数，默认值传参方式，x 默认为 5，y 默认为 6
15625
>>>powered(7)                #传给 x 值为 7，y 默认为 6
117649
>>>powered(2,3)              #不使用默认值
8
>>>powered(y=3,x=2)          #关键字传参，不论顺序和默认值
8
>>>
```

3.3.11　类和对象

围绕函数来处理数据设计程序，被称为面向过程的编程方式，而将数据与处理这些数据的功能函数进行组合，并将其包装在被称为"对象"的概念内，被称为面向对象编程（Object-Oriented Programming，OOP）。面向对象编程是一种编程思想和理念，适合大型程序设计。实现了面向对象思想的语言，就称为面向对象编程语言，Python 就是纯粹的面向对象编程语言。

面向对象编程有两个基本概念：类（Class）和对象（Object）。这两个概念构成了面向对象编程的基础。

一个类能够创建一种新的类型（Type），对象就是类的实例（Instance）。通俗地讲，类就是同类事物的共有属性的抽象，对象就是它的具体化事物。例如，整数变量是 int 类的实例（对象）。类定义了同类事物具有的相同属性和方法的对象集合。

对象可以使用属于它的普通变量来存储数据。这种从属于对象或类的变量称为字段（Field）。对象还可以使用属于类的函数来实现某些功能，这种函数称为类的方法（Method）。字段与方法这两个术语很重要，它们有助于区分函数与变量，哪些是独立的，哪些又是属于类或对象的。总之，字段与方法通称类的属性（Attribute）。

通过 class 关键字可以创建一个类，这个类的字段与方法可以在缩进语句块中予以列出。

1. self 关键字

类方法与普通函数有种特定的区别：类方法必须有额外的参数 self，且在参数列表的开头，但是在调用这个方法时不用为它赋值，Python 自动会为它提供。这种特定方法其实是预先设定 self 来代表未来所申明的对象本身。

2．类

最简单的类，见下面的案例。

【例 3-20】 类示例一。

在 IDE 编辑器上，保存文件名为 oop_simplest.py。

```
class Person:
    pass            #一个空的语句块

p = Person()        #产生一个 Person 对象，即一个实例，赋值给 p
print(p)
```

在 IDE 编辑器的菜单上单击"运行（Run）"按钮查看结果。或者在命令行上运行：

```
C:\Users\Administrator>python oop_simplest.py
```

输出结果如下。

```
<__main__.Person object at 0x0000024A7AA91550>
```

输出中 at 后面的地址是 p 这个 Person 对象实例在当前机器上的内存地址（因机器不同而不同）。这里的 Person 类是最简单的类，没有自己的数据，也没有处理数据的函数。

3．方法

下面看一个带有方法的类的例子。

【例 3-21】 类示例一。

在 IDE 编辑器上，保存文件名为 oop_method.py。

```
class Person:
    def say_hi(self):
        print('Hello, how are you?')

p=Person()
p.say_hi()
```

在 IDE 编辑器的菜单上单击"运行（Run）"按钮查看结果。或者在命令行上运行：

```
C:\Users\Administrator>python oop_method.py
```

输出结果如下。

```
Hello, how are you?
```

这里我们就能看见 self 是如何工作的了。要注意到 say_hi 这一方法不需要参数，但是依旧在函数定义中拥有 self 变量。因为 self 就是对象实例 p 自己。

在 Python 的类中，有不少方法的名称具有特殊的意义，如__init__方法（注意 init 前后各有两个下画线）。__init__方法会在类的对象实例化时立即运行，init 顾名思义，就是帮 class 来初始化数据成员的函数。

【例 3-22】 类示例二。

在 IDE 编辑器上，保存文件名为 oop_init.py。

```
class Person:
    def __init__(self, name):        #初始化函数调用时，只需提供一个参数
        self.name=name

    def say_hi(self):                        #调用时不需要提供参数
        print('Hello, my name is', self.name)

p=Person('张山')
p.say_hi()
```

在 IDE 编辑器的菜单上单击"运行（Run）"按钮查看结果。或者在命令行上运行：

```
C:\Users\Administrator>python oop_init.py
```

输出结果如下。

```
Hello, my name is 张山
```

在本例中，我们定义__init__方法用以接收 name 参数。在这里，同时创建了一个字段，也称为 name。要注意尽管它们的名字都是"name"，但这是两个不相同的变量。带点号 self.name 意味着这个"name"是某个称为"self"的对象的一部分，而另一个 name 则是一个局部变量。由于已经明确指出了所指的是哪个名字，因此它不会引发混乱。当在 Person 类下创建新的实例 p 时，形如 p=Person('张山')，并不会显式地调用__init__方法，这正是__init__方法的特殊之处，即 Person 实例化就是调用__init__方法，称为类的构造函数。

下面看一个使用类和实例的完整例子。

【例 3-23】类示例三。

在 IDE 编辑器上，保存文件名为 oop_car.py。

```
class Car():
    """一次模拟汽车的简单尝试"""
    def __init__(self, make, model, year):
        """初始化描述汽车的属性"""
        self.make = make
        self.model = model
        self.year = year
        self.odometer_reading = 0    #初始里程数

    def get_descriptive_name(self):
        """返回整洁的描述性信息"""
        long_name = str(self.year) + ' ' + self.make + ' ' + self.model
        return long_name.title()

    def read_odometer(self):
        """打印一条指出汽车里程的消息"""
        print("This car has " + str(self.odometer_reading) + " miles on it.")
```

```
        def update_odometer(self, mileage):
            """将里程表读数设置为指定的值"""
            self.odometer_reading = mileage

my_new_car = Car('audi', 'a4', 2016)
print(my_new_car.get_descriptive_name())
my_new_car.read_odometer()

my_new_car.odometer_reading = 23        #修改里程数后，再次读取里程数
my_new_car.read_odometer()

my_used_car = Car('subaru', 'outback', 2013)
print(my_used_car.get_descriptive_name())
my_used_car.update_odometer(23500)
my_used_car.read_odometer()
```

在 IDE 编辑器的菜单上单击"运行（Run）"按钮查看结果。或者在命令行上运行：

```
C:\Users\Administrator>python oop_car.py
```

输出结果如下。

```
2016 Audi A4
This car has 0 miles on it.
This car has 23 miles on it.
2013 Subaru Outback
This car has 23500 miles on it.
```

4．继承

面向对象编程的一大优点是对代码的重用（Reuse），重用的一种实现方法就是通过继承（Inheritance）机制来实现的。当一个类继承另一个类时，它将自动获得另一个类的所有属性和方法；原有的类称为父类，而新类称为子类。子类继承了其父类的所有属性和方法，同时还可以定义自己的属性和方法。

显然，子类也有自己的__init__方法，在创建子类的实例时，Python 首先需要完成的任务是给父类的所有属性赋值。为此，子类的方法__init__()需要父类施以援手。下面以电动汽车是一种特殊的汽车为例，可以在前面已经创建好一个 Car 类的基础上，创建新类 ElectricCar，只需要为电动汽车特有的属性和行为编写代码。

这里的 ElectricCar 具备 Car 类的所有功能（继承自父类 Car）。

【例 3-24】类继承示例。

在 IDE 编辑器上，保存文件名为 oop_electricCar.py。

```
class Car():
        """一次模拟汽车的简单尝试"""
    def __init__(self, make, model, year):
            """初始化描述汽车的属性"""
            self.make = make
（这里省略例 3-23 中对 Car 的定义）


class ElectricCar(Car):   #继承 Car 类
    """电动汽车的独特之处"""
    def __init__(self, make, model, year):
        """初始化父类的属性"""
        super().__init__(make, model, year)


my_tesla = ElectricCar('tesla', 'model s', 2016)
print(my_tesla.get_descriptive_name())
```

在 IDE 编辑器的菜单上单击"运行（Run）"按钮查看结果。或者在命令行上运行：

```
C:\Users\Administrator>python oop_electricCar.py
```

输出结果如下。

```
2016 Tesla Model S
```

可以看到，子类 ElectricCar 的定义里通过括号加入了 Car，表示继承自 Car 类，因此它具有了 Car 的所有属性和方法，它可以调用父类的 get_descriptive_name()而得到一个格式化描述字符串。当然，也可以给子类添加自己的方法，如定义一个打印电动汽车电瓶容量信息的方法，这个就是子类有而父类 Car 没有的方法。对从父类继承的方法，也可以重新定义，重新实现，称为重写父类的方法。读者可以在例 3-24 的基础上进行动手实践。

需要强调的是，例 3-24 中子类 ElectricCar 定义了__init__方法，但 Python 不会自动调用父类 Car 的构造函数__init__方法，必须显示地调用，即使用 super（）.__init__(make, model, year)调用父类的构造函数。若子类没有定义自己的__init__方法，Python 则会自动调用父类的构造函数。

5. 导入类

如果不断地给类添加功能，即使使用了继承文件也可能变得很长，为遵循 Python 的理念，应尽量让文件整洁简单，为了达到此目的，Python 允许将类存放在模块中，然后在主程序中导入所需要的模块。

在例 3-24 中，可以将父类 Car、子类 ElectricCar 或更多的类定义保存在 car.py 中（仅包含类定义的代码），然后另外再创建一个文件 my_car.py，在其中导入 Car 类、ElectricCar 类，并创建实例，这时就需要导入 car.py，称为 car 模块。示例如下。

在 IDE 编辑器上，保存文件名为 my_car.py。

```
from car import Car, ElectricCar   #导入模块 car 中的类 Car 和子类
```

```
my_new_car = Car('audi', 'a4', 2016)
print(my_new_car.get_descriptive_name())
my_new_car.odometer_reading = 23
my_new_car.read_odometer()

my_beetle = Car('volkswagen', 'beetle', 2016)
print(my_beetle.get_descriptive_name())
my_tesla = ElectricCar('tesla', 'roadster', 2016)
print(my_tesla.get_descriptive_name())
```

这里模块 car 其实就是 car.py 文件,它必须和 my_car.py 主程序文件放在同一个文件夹下。如果要导入整个模块,也可以使用 import car 语句,这时在实例化时,需要加入前缀 car,即

```
import car

my_new_car = car.Car('audi', 'a4', 2016)
```

如不想使用前缀,又要导入模块中的所有类,可使用下面的语句替代 import 语句(这里的 car 就是模块名)。

```
from car import *
```

3.3.12 文件操作

文件是输入/输出非常频繁操作的对象,处理文件也是程序编写中非常重要的工作之一。Python 中可以通过 file 类的对象,适当使用它的 read()、readline() 和 write() 方法来打开并读取、写入文件。读取或写入文件的能力取决于指定以何种方式打开文件。如果完成了文件的读取或写入,则可以调用 close() 方法来关闭文件,告诉 Python 已完成了对该文件的使用。

1. 打开文件

使用 open() 函数打开文件,它返回一个文件对象,并可以使用这个对象进行读/写操作。示例代码如下。

```
file=open('python.txt','r')
```

例中,open() 函数有两个参数,第一个参数是要打开的文件名称,可以带路径,若没有路径,表示该文件和代码文件在同一个文件夹下,第二个参数表示文件打开的模式,常用的文件模式如表 3-11 所示。

表 3-11 常用的文件模式

模　　式	描　　述
r	只读模式(默认)
w	写入模式,会先清空文件再写入
x	独占创建模式,如果文件已存在会报错

模　式	描　述
a	追加模式，写入内容会追加到文件末尾
b	二进制模式
t	文本模式（默认）
r+	可读可写

2．读取文件

读取文件内容可以使用文件对象的 read()方法，示例如下。

```
#以读取模式打开 python.txt 文件，并返回一个文件对象
file = open('python.txt', 'r')
content = file.read()        #读取 file 文件对象的全部内容
print(content)
file.close()                 #关闭打开的 file 文件对象
```

注意：这种利用 open()打开文件的方式，Python 不会自动关闭文件，需要在使用完成后，手动关闭文件。

还可以通过 with 语句打开文件，这种方法由 Python 在使用完文件后自动关闭文件，示例如下。

```
with open('python.txt') as file_object:     #默认是 r 模式
    content = file_object.read()             #读取文件对象的全部内容
    print(content)
    #不用关闭打开的文件对象，Python 自动处理
```

若读取的文件比较长，则需要逐行读取，这里使用 for 循环。

方法一：

```
with open('python.txt') as file_object:     #默认是 r 模式
        for line in file_object:
            print(line)
```

方法二：

```
with open('python.txt') as file_object:     #默认是 r 模式
    lines = file_object.readlines()
    #不用关闭打开的文件对象，Python 自动处理
    for line in lines:
        print(line)
```

3．写入文件

写入文件必须先以 w 模式打开文件，再使用文件对象的 write()方法向文件中写入内容。示例代码如下。

```
file = open('example.txt', 'w')
```

```
file.write('Hello, world!')
file.close()
```

也可以使用 with 语句，与读取文件类似，由 Python 自动关闭使用完后的文件对象，避免内存泄漏，示例代码如下。

```
with open('example.txt', 'w') as file_object:
    file_object.write('Hello world!')
```

【例 3-25】读取和写入文件的完整示例。

在 IDE 编辑器上，保存文件名为 readwrite.py。

```
#需要自己关闭文件对象的示例，这里因要写入汉字，故增加了一个编码参数
f=open("文件.txt","w",encoding="UTF-8")
f.write("学 Python, 不后悔!")
f.close()


#读取刚刚写入的文件
f=open("文件.txt","r",encoding="UTF-8")
a=f.read(12)
print("a=",a)
f.close()
```

在 IDE 编辑器的菜单上单击"运行（Run）"按钮查看结果。或者在命令行上运行：

```
C:\Users\Administrator>python readwrite.py
```

输出结果如下。

```
a= 学 Python, 不后悔!
```

3.4 Python 模块和包

在 Python 这门强大而灵活的编程语言中，模块和包是构建大型、可复用代码库的关键组件。它们不仅帮助开发者组织和管理代码，还促进了代码的重用和共享，从而加速了开发过程，提高了代码质量。

3.4.1 模块

在 Python 中，模块是一个包含 Python 代码的文件。模块中的 Python 代码可以是定义的函数、类和变量，也可以是使用其他语言（如 C 语言）编写的 Python 模块在编译后，通过标准 Python 解释器在 Python 代码中使用。模块提供了代码重用的基本单位，允许开发者将实现特定功能的代码封装在模块中，供其他程序导入并运用其功能。Python 有非常庞大的标准库，我们在使用 Python 标准库的功能时也同样如此。Python 标准库里的这些模块提供了各种功能，如文件 I/O、字符串处理、数学计算、网络通信等。可以通过导入这些标准

库模块来使用它们提供的功能。有两种导入方式，在前一节的类和对象内容里，对导入类部分有过讲解。

1．导入整个模块

标准库函数在使用前要先导入其所在模块库，使用 import 语句导入标准库，格式如下。

```
import 模块名
```

这种方式会将模块的全部功能导入到当前程序，然后通过模块名作为前缀并带上小数点来调用该模块中的函数、类或变量。示例如下。

```
>>> import math        #导入 math 模块
>>> math.sqrt(4)       #使用 math 模块中的 sqrt 函数
2.0
>>> math.pi
3.141592653589793
```

2．导入函数

使用 import 语句导入模块中的一个或多个函数。如果是导入多个函数需用逗号分隔，格式如下。

```
from 模块名 import 函数 1,函数 2,函数 3
```

如嫌麻烦，也可以使用*把模块中的所有函数全部导入，格式如下。

```
from 模块名 import *
```

导入函数的示例如下。

```
>>> from math import sqrt
>>> sqrt(4)
2.0
>>> from math import *
>>> pi
3.141592653589793
```

这种方式和前一种直接使用 import 导入方式的差别在于，前一种方式需要将模块名作为前缀，而通过 from 关键字导入，则不需要前缀。

3．别名

在 Python 中，如果导入的模块、函数与当前程序中函数名发生冲突或者模块、函数名太长，则可以为它们设置别名，设置别名的方式是在 import 语句中使用 as 关键字。格式如下。

```
import 模块名  as 别名
```

模块别名的示例如下。

```
>>> import math as m
```

```
>>> m.sqrt(4)
2.0
```

3.4.2　包

包是 Python 中一种更高级的代码组织方式，它是将多个模块组织在一起的容器，通常是一个目录（文件夹），其中包含一个特殊的__init__.py 文件（该文件可以为空，但在 Python 3.3 及以后的版本中，即使不包含该文件，目录也可以被视为包）。包的主要作用是提供一种结构化、组织大量相关模块的方式，有助于将模块分组成不同的命名空间（Namespace，避免命名冲突的一种机制），实现更大规模的重用。直白地说，包就是将许多相关的模块文件放在以包名命名的文件夹里，放入 Python 的代码仓库里。这样通过包，开发者可以更容易地管理、分发、共享代码。因此包的本地文件扩展名为.whl，即 wheel 的缩写。

1．创建和使用包

当通过 import 语句导入包时，可以访问包中模块的公开接口（__init__.py 文件中导入或定义的成员）。若要访问包中具体模块的成员，则需要使用点号（．）分隔包名和模块名。

【例 3-26】创建包。

```
#my_package/module1.py
def hello():
    print("Hello World!")
```

在 my_package 目录中创建一个名为__init__.py 的空文件。这个文件是必需的，它告诉 Python 这个目录应该被视为一个包。同时在 my_package 目录中创建一个名为 module1.py 的文件，并实现 module1 的功能。这个 my_package 包就创建成功了。

如果要使用这个新创建的包，在 my_package 所在同一层次的文件夹里创建一个新的 Python 文件 using_package.py。在文件首行导入 my_package 包中的 module1 模块，就可调用其 hello 函数。

【例 3-27】使用包示例。

```
# using_package.py
from my_package import module1

module1.hello()
```

在 IDE 编辑器的菜单上单击"运行（Run）"按钮查看结果。或者在命令行上运行：

```
C:\Users\Administrator>python using_package.py
```

输出结果如下。

```
Hello world!
```

2．模块和包的区别

模块和包在 Python 中扮演着不同的角色，但它们共同构成了 Python 程序的基本组织单位，使得 Python 更加模块化、易于管理和重用。两者的区别如表 3-12 所示。

表 3-12　模块和包的区别

比较内容	模　　块	包
定义	包含 Python 代码的文件（.py 文件）	包含多个模块（.py 文件）和__init__.py 文件的目录
组织结构	单一文件	目录结构，可以包含多个文件和子目录
命名空间	每个模块都有自己的独立命名空间	包为模块提供了一个更高级的具有层次的命名空间，模块可以属于不同的包
重用性	提供代码重用的基本单位	通过将相关模块组织在一起，提供更大规模的重用
使用方式	直接通过 import 语句导入模块，访问模块中的函数、类和变量	导入包时，可以访问包中模块的公开接口；要访问具体模块的成员，需要使用点号分隔包名和模块名

3.4.3　第三方库

标准库是随着 Python 安装而自带的，无须额外安装，它提供了常规编程所需的基本功能。第三方库则是由第三方公司或专业组织、开发者社区等开发的特定功能库，需要单独安装。得益于 Python 包组织方式的便利、通用性，第三方库提供了除标准库外的非常多的功能，涵盖了从简单工具到复杂框架的各种用途的代码，几乎覆盖了编程的每个领域，尤其在人工智能和大数据分析领域。在科学计算和数据处理领域，有 Numpy 和 Pandas 库；在数据可视化方面，Matplotlib 库提供了丰富的图表类型和定制选项；在文本处理方面，NLTK（通常指的是 Natural Language ToolKit）和 jieba 等库支持中文分词、词性标注、情感分析等任务，是自然语言处理领域的重要工具；在网络爬虫方面，BeautifulSoup 和 Scrapy 等库则让抓取网页数据变得简单高效。这些库为 Python 在各自领域的应用提供了强大的功能和灵活的使用方式。Python 本身提供了 pip 命令来安装和卸载第三方库。

提供一站式服务的 Anaconda 公司，其产品中打包了比较新的稳定 Python 版本，因 Python 自带 pip 包管理工具，加上 Anaconda 提供的 conda 包管理器，因此有 pip 和 conda 两种管理包的方式。两者的差别在于，pip 不处理版本之间的依赖，而 conda 会贴心处理包版本之间的依赖关系。与 pip 不同，conda 不仅是一个包管理工具，还是一个环境管理器，允许用户创建独立 Python 版本的环境来隔离不同的项目，以避免包之间的冲突。pip 的常用命令如下。

安装包：pip install 包名。

更新包：pip install 包名-upgrade。

卸载包：pip uninstall 包名。

查询已经安装的包：pip list。

查询已安装包的详细信息：pip show 包名。

查询可以升级的包：pip list-o。

查看 pip 的版本：pip-V。

conda 的常用命令如下。

安装包：conda install 包名。

更新包：conda update 包名。

卸载包：conda uninstall 包名。

查询已安装的包：conda list。

查看 conda 的版本：conda-V。

1. 安装 jieba 库

jieba 库是一款专为中文分词设计的 Python 第三方库，支持三种分词模式，并提供了词性标注和关键词提取等功能。它利用一个庞大的中文词库，通过统计和机器学习的方法来确定汉字之间的关联概率，从而实现精准的分词。jieba 库不仅适用于文本分析、情感分析、搜索引擎优化等任务，还是自然语言处理和文本挖掘领域的重要工具之一。运行 Anaconda Prompt，jieba 库可以通过 Python 的包管理器 pip 进行安装，安装命令如下。

```
pip install jieba
```

如图 3-17 所示，使用 pip 命令成功安装 jieba 库。

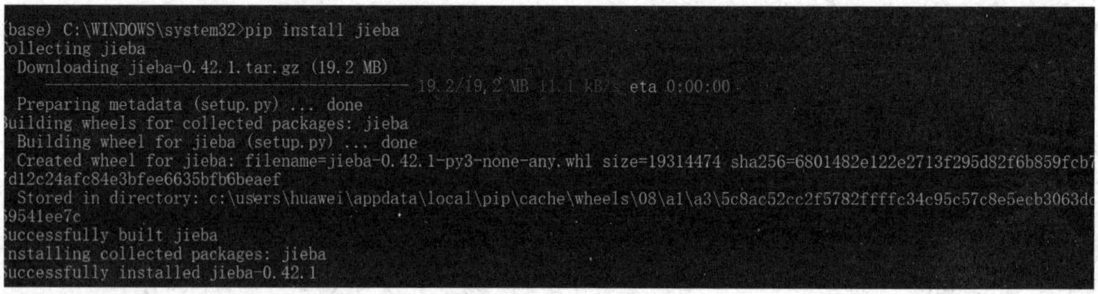

图 3-17　安装 jieba 库

2. 安装 wordcloud 库

wordcloud 库是一个流行的 Python 库，专门用于生成词云图。词云图是一种视觉展示文本数据的方法，其中单词的大小表示其在源文本中的频率或重要性。这个工具在数据可视化领域，特别是在文本分析和自然语言处理领域有着广泛的应用。wordcloud 库可以通过 Python 的包管理器 pip 进行安装，安装命令如下。

```
pip install wordcloud
```

如图 3-18 所示，使用 pip 命令成功安装 wordcloud 库。

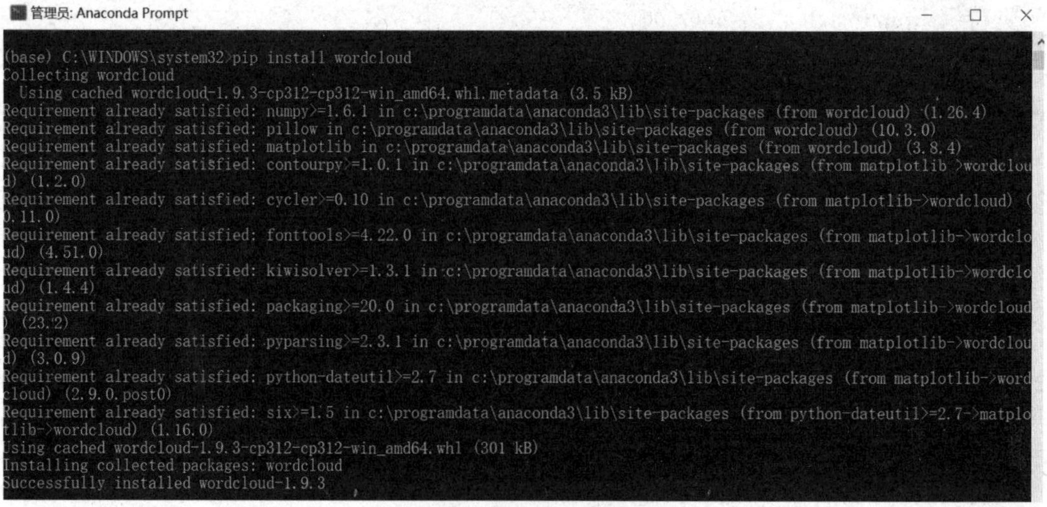

图 3-18　安装 wordcloud 库

　　Anaconda 是一个集成了众多科学计算、数据科学、机器学习等第三方库的 Python 发行版。它预装了许多常用的第三方库，包括用于科学计算的 Numpy、数据处理的 Pandas、数据可视化的 Matplotlib、文本处理 NLTK、网络爬虫 Requests 及网络爬虫框架 Scrapy 等，如图 3-19 所示。如嫌完整的 Anaconda 安装包太大，也可以下载 miniconda 版本，然后按需安装所需的第三方库。在需要使用这些库时，只需使用导入语句即可。

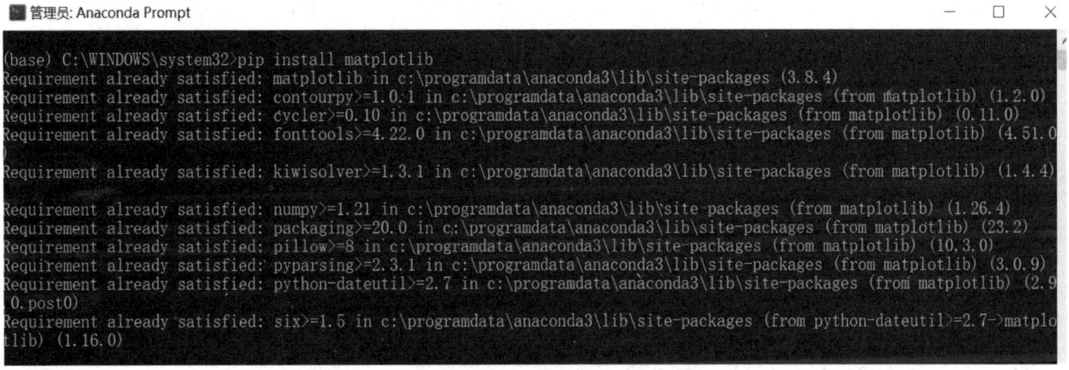

图 3-19　Matplotlib 库

3.5　本 章 小 结

　　本章主要围绕人工智能编程环境的构建与 Python 编程基础，详尽阐述了 Anaconda 环境的跨平台搭建、Python 的核心语法要素以及模块与包的区别。Anaconda 的引入简化了 Python 环境及科学计算包的管理，是人工智能开发者的得力助手；而掌握 Python 的基本语法、控制结构及高级特性，则是编程能力提升的基石；本章重难点在于掌握 Anaconda 的跨平台安装配置、Python 语法的灵活运用及常用第三方库的安装。

　　在掌握了人工智能编程环境的搭建及 Python 编程基础之后，将正式踏入机器学习的殿堂。在下一章中，将从机器学习的基本概念入手，逐步深入各种机器学习算法的原理、实现及应用。学习如何使用 Python 和相关的机器学习库（如 Scikit-learn、TensorFlow 等）来构建和训练机器学习模型，以及如何将这些模型应用于解决实际问题中。通过实践和学习，将逐步掌握机器学习的核心技能。

习　题　3

一、单选题

1．Python 语言属于_____。

　　A．机器语言　　　　B．汇编语言　　　C．高级语言　　　D．自然语言

2．下列选项中，不属于 Python 特点的是_____。

　　A．面对对象　　　　B．运行效率高　　C．可移植性　　　D．免费与开源

3．　Python 语言是一种_____型、_____的程序设计语言。

　　A．编译　面向过程　　　　　　　　　B．解释　面向对象

　　　C．编译　面向对象　　　　　　　　　D．解释　面向过程

4．没有集成在 Anaconda 中的应用程序是_____。

　　　A．IDLE　　　　　B．VSCode　　　　C．Spyder　　　　D．Jupyter Notebook

5．Python 通常是在一行写完一条语句，如果语句太长，可以使用_____来实现书写多行语句。

　　　A．逗号　　　　　B．分号　　　　　C．反斜杠　　　　D．冒号

6．设 s= " Python Programming "，那么 print(s[−5:])的结果是_____。

　　　A．mming　　　　B．Python　　　　C．mmin　　　　D．Pytho

7．设 s= " Happy New Year "，则 s[3:8]的值为_____。

　　　A．'ppy Ne'　　　B．'py Ne'　　　　C．'ppy N'　　　　D．'py New'

8．将字符串中全部小写字母转换为大写字母的字符串方法是_____。

　　　A．lower　　　　B．copy　　　　　C．uppercase　　　D．upper

9．下列数据中，不属于字符串的是_____。

　　　A．'你好'　　　　B．'''python'''　　C．"24H"　　　　D．str

10．运行下列 Python 程序，结果正确的是_____。

```
a = 18
b=7
b=a−b
c=a%b
print(c)
```

　　　A．12　　　　　　B．72　　　　　　C．7　　　　　　　D．42

11．以下 Python 代码的运行结果是_____。

```
x=6
y= 4
x=3/2+x*y
print(x)
```

　　　A．6　　　　　　B．25　　　　　　C．25.5　　　　　D．3/2+x＊y

12．下列表达式的值为 True 的是_____。

　　　A．2*3<2　　　　　　　　　　　　B．3>2>2

　　　C．1= =1 and 2!=1　　　　　　　 D．not 1==1 and 0!=1

13．在 Python 函数中，用于获取用户输入的是_____。

　　　A．input　　　　B．print　　　　　C．Eval　　　　　D．get

14．在屏幕上打印输出 Hello Python，使用的 Python 语句是_____。

　　　A．print('Hello Python')　　　　　 B．println("Hello Python")

　　　C．print(Hello Python)　　　　　　D．printf('Hello Python')

15．Python 程序文件的扩展名_____。

　　　A．python　　　　B．py　　　　　　C．pt　　　　　　D．pyt

16．_____表示后面部分是注释。

　　　A．#　　　　　　B．*　　　　　　C．%　　　　　　D．&.

17．下列可以作为 Python 合法变量名的是_____。

    A．a2　　　　　　B．2a　　　　C．x*y　　　　　D．xyz ％ 2

18．语句 x=input()执行后，如果从键盘输入 12 并按 Enter 键，则 x 的值为_____。

    A．12　　　　　B．12．0　　　C．1e2　　　　D．'12'

19．不是 Python 中数据类型的是_____。

    A．char　　　　B．int　　　　C．float　　　D．str

20．下列 Python 数据中，其元素可以改变的是_____。

    A．列表　　　　B．元组　　　C．字符串　　D．数组

21．Max((1,2,3)*2)的值是_____。

    A．3　　　　　B．4　　　　C．5　　　　　D．6

22．Python 语句 x=list(range(1, 4, 2))执行后，变量 x 的值为_____。

    A．［1，2，3］　　　　　　　B．［1，2，3，4］

    C．［2，4］　　　　　　　　D．［1，3］

23．元组是 Python 中的_____序列。

    A．升序　　　　B．降序　　　C．有序　　　D．无序

24．Python 中，关于字典键值对的书写，下列正确的是_____。

    A．键：值　　　B．键-值　　C．键值　　　D．键+值

25．为获取两个集合 A 和 B 的交集，正确的方法是_____。

    A．B　　　　　B．A+B　　　C．A&B　　　D．AB

26．Python 中定义函数的关键字是_____。

    A．if　　　　　B．return　　C．def　　　　D．function

27．在 Python 中，关于类和对象的说法，正确的是_____。

    A．类是对象的具体实例，用于表示具有相同特征和行为的对象的集合

    B．对象定义了类的属性和方法，而类则是这些属性和方法的具体实现

    C．Python 中不需要使用 class 关键字来定义类，因为它支持无类型编程

    D．类是一个模板或蓝图，它定义了具有相同属性和方法的对象的集合，而对象则是类的具体实例

28．在 Python 中，进行文件操作时，正确的是_____。

    A．使用 input()函数可以打开并读取文件内容

    B．打开文件时，open()函数的第一个参数是文件名，第二个参数是模式（如'r'表示读取，'w'表示写入）

    C．要向文件写入内容，必须使用'r'模式打开文件

    D．读取文件内容后，文件指针会自动回到文件的开头

29．在 Python 中，关于模块（Module）和包（Package）的说法，正确的是_____。

    A．模块是一个包含 Python 代码的文件，而包是一个特殊的模块，它只能包含其他模块

    B．模块和包都提供代码重用的功能，但包不能包含子目录

    C．包的命名空间比模块的命名空间更高级，允许将相关模块组织在一起，提供更大规模的重用

    D．使用 import 语句导入包时，可以直接访问包中所有模块的所有成员，无须使用点号分隔

30. 在 Anaconda 中进行第三方库的安装，正确的命令是_____。

A．conda 包名 　　　　　　　B．conda setup 包名

C．pip setup 包名 　　　　　　D．pip install 包名

二、填空题

1. 'Python Program'. count('P')的值是_____。
2. 表达式：2 in [1,2,3,4]的值为_____。
3. 在 Python 中实现单路分支的结构是通过_____语句来实现。
4. 函数要返回一个数据到调用处，使用_____语句。
5. 已知 a_set = {1,2,3,4,5}，b_set= {1,2,6,7,8}，那么 a_set & b_set 的值为_____。
6. Python 控制结构中的_____结构是根据判断条件选择不同路径的运行方式。
7. 表达式[1,2]*2 的运行结果为_____。
8. 4/2 的运行结果是_____。
9. 语句 print(abs(−2.4))的输出结果是_____。
10. Python 语言的输出函数是_____。

三、实践题

1. 输入一个年份，使用双分支结构来判断其是否为闰年。
2. 计算一个整数的阶乘。
3. 求 1 到 100 之间所有偶数的和。
4. 输入一个百位数，取百位数到变量 a 中，取个位数到变量 b 中。
5. 使用多分支结构，将学生的成绩大于或等于 90 分用 A 表示，60～89 分之间用 B 表示，60 分以下用 C 表示。
6. 使用 for 循环实现以下功能。从键盘输入一个四位整数，输出各位相加之和。如输入 1234，最后输出 10。
7. 输入自己的身份证号码，按下列格式输出自己的出生日期信息。

如输入：110101202111090019，输出：我的出生日期是 2021 年 11 月 09 日。

8. 在 D 盘根目录下创建一个文本文件 test.txt，并向其中写入字符串 Hello Python。
9. 使用 math 库中 gcd()函数计算两个数的最大公约数。
10. 创建一个函数，实现打印从 0 到正整数 m 的奇数。

要求如下：

（1）编写函数 OddNum(m)；

（2）编写 main()函数，输入一个正整数 m 并调用 OddNum(m)函数；

（3）运行主函数 main()。

第4章 机器学习

内容关键词：

- 浅层学习、深度学习
- 监督学习、无监督学习、弱监督学习、强化学习
- 数据集、数据预处理、模型评估
- 线性回归、支持向量机（SVM）、朴素贝叶斯、逻辑回归、K 最近邻（KNN）算法、决策树、随机森林、梯度提升决策树、K 均值聚类、层次聚类、DBSCAN 聚类、主成分分析（PCA）

4.1 机器学习简介

4.1.1 塞缪尔的跳棋

机器学习（Machine Learning）是人工智能的一个重要分支，是实现人工智能的一个重要手段。关于机器学习的定义，最早可以追溯到 20 世纪 50 年代，这是一个有趣的故事。

机器学习的先驱者之一，亚瑟·塞缪尔（Arthur Samuel）作为 IBM 的一名测试员，负责测试大型计算机，以确保在打开一台计算机并运行一个程序时晶体管不会发生爆炸。很快，塞缪尔就厌倦了只是运行简单小程序的重复工作，于是，他把注意力转向了游戏程序。他编写了一个跳棋程序，自己和自己对弈，通过玩跳棋来测试 IBM 的计算机，这是一段有趣的时光。但很快，他又厌倦了自己一个人玩，于是他开始思考是否可以让计算机作为自己的对手，陪自己玩跳棋。

那么问题来了，他要如何向计算机解释什么是玩跳棋的最佳策略呢？思考后，塞缪尔萌生了让计算机学习玩跳棋的想法。他访问了人类跳棋选手，获得对跳棋的深刻见解，然后设计了计算机可以移动棋子的各种场景，并评估这些移动步骤的代价和收益，从而使计算机能够记住之前游戏中好的走法。开始时，计算机表现得并不理想，甚至可以说是非常糟糕，但慢慢地计算机开始进步，但是很缓慢。突然有一天，塞缪尔产生了一个伟大的想法：计算机思考和下棋的速度比人类快多了，为何不让两台计算机互相对弈呢？这样，程序移动棋子并评估结果的迭代速度会大大加快。

很快，令人惊奇的事情就发生了，计算机能够连续击败塞缪尔，成长为更好的跳棋选手！塞缪尔的跳棋程序让人们首次认识到计算机可以通过编程进行学习和自我改进，这一发现为后续人工智能的研究奠定了基础，尤其是在机器学习和模式识别方面，是人工智能发展史上的一个重要里程碑。塞缪尔也给出机器学习的定义：在没有明确设置的情况下，使计算机具有学习能力的研究领域。图 4-1 所示为正在研究跳棋的亚瑟·塞缪尔。

随着机器学习的发展，不同的研究者对机器学习给出了多种不同的定义，但核心内容不变。机器学习是一门多领域交叉学科，专门研究如何使计算机模拟或实现人类的学习行为，从而获得新的知识或技能，重新组织已有的知识结构，使之不断改善自身的性能。

图 4-1　研究跳棋的亚瑟·塞缪尔

4.1.2　浅层学习与深度学习

机器学习是一门不断发展的多领域交叉学科，起源于 20 世纪 40 年代，在长期发展的历史过程中，充分融合了概率论、统计学、逼近论、凸分析、神经科学、信息论、控制论、计算复杂性理论等学科的知识。从机器学习模型的层次结构来看，机器学习的发展经历了浅层学习和深度学习两个重要的里程碑。

1. 浅层学习（Shallow Learning）

20 世纪 50 年代，就已经有了浅层学习的相关研究，代表性成果主要是弗兰克·罗森布拉特（Frank Rosenblatt）基于神经感知科学提出的可以自动学习权重的神经元模型，称为感知机（Perceptrons）。在随后的 10 年中，以感知机为代表的浅层学习神经网络风靡一时。直到马文·明斯基（Marvin Minsky）等人指出了著名的 XOR 问题和感知机线性不可分问题，使得机器学习进入了一段时间的冷却期。

到了 20 世纪 70 年代末期，误差反向传播（Back Propagation，BP）算法的提出，给机器学习带来了新的希望。人们发现，利用 BP 算法，通过计算误差能将误差反向传播，用于更新神经网络中的权重和偏置，可以使模型更好地拟合数据。但由于存在梯度消失和梯度爆炸的问题，导致深层网络训练困难。尽管存在一些局限性，但 BP 算法极大地推动了神经网络的发展和应用，是机器学习领域的重要基石。

到了 20 世纪 90 年代，机器学习进入了百花齐放的年代，各种各样的浅层机器学习模型相继被提出，如支持向量机（Support Vector Machines，SVM）、提升算法（Boosting）、最大熵方法（Logistic Regression，LR）等。这些模型结构简单、参数较少、训练速度快，无论是在理论分析还是在应用中都获得了巨大的成功。但由于理论分析的难度大，训练方法又需要很多经验和技巧，这个时期的机器学习的发展几乎处于停滞状态。

2. 深度学习（Deep Learning）

虽然人工神经网络的诞生可以追溯到 20 世纪 50 年代，但由于当时的计算机运算能力有限，以及算法本身存在的诸如梯度消失等问题，神经网络在很长一段时间内都处于低迷的发展状态。

直到 2006 年，杰弗里·辛顿（Geoffrey Hinton）和他的学生在顶尖学术期刊 *Science* 上发表重要论文，提出深度信念网络（Deep Belief Network，DBN），标志着深度学习的正式诞生，开启了深度学习在学术界和工业界研究的新浪潮，人工智能正式进入深层网络的实践阶段。

同时，计算机算力的进一步飞跃，以及云计算和 GPU 并行计算的发展都为深度学习的发展提供了基础保障，机器学习在各个领域都取得了突飞猛进的发展。华裔科学家李飞飞创建 ImageNet 项目，为全球神经网络训练提供了强大支持，并从 2010 年开始，每年举办大规模视觉识别挑战赛，邀请全球开发者和研究机构参加。2016 年 3 月，DeepMind 公司开发的围棋程序 AlphaGo 对战世界围棋冠军，以 4∶1 的总比分获胜，震惊全世界。2017 年 12 月，Google 机器翻译团队在行业顶级会议 NIPS 上提出 Transformer 架构，彻底改变了深度学习的发展方向。2018 年 6 月，OpenAI 发布了第一版 GPT 系列模型——GPT-1，2022 年 11 月发布 GPT-3.5，瞬间引爆全球，引起了全球学术界和工业界大语言模型研究的热潮。2024 年 5 月，DeepMind 提出了 AlphaFold 3，以前所未有的精确度成功预测了所有生命分子（蛋白质、DNA、RNA、配体等）的结构和相互作用，比现有预测方法发现蛋白质与其他分子类型的相互作用最高提高了一倍。

机器学习的发展并不是一帆风顺的，经历了螺旋式上升的过程，机遇与困难并存。目前，新的机器学习算法面临的问题更加复杂，机器学习的应用领域从广度向深度发展，对模型训练和应用都提出了更高的要求。

3. 浅层学习和深度学习的比较分析

浅层学习和深度学习是机器学习领域的两个重要概念，接下来从模型结构、模型优缺点和应用领域三个方面进行比较分析。

（1）模型结构

浅层学习的模型相对简单，训练速度快，易于理解和解释。但由于模型简单，参数较少，容易陷入局部最优解而导致泛化能力不足。为了提高模型的准确性，在特征选择和设计上需要大量的人工干预。

深度学习是指具有多个隐藏层的神经网络模型，每层神经网络都负责将输入数据映射到不同的特征空间，通过多层神经元之间的连接自动提取数据的特征。通常使用反向传播算法进行训练，并利用非线性激活函数增强模型的表达能力。

（2）模型优缺点

浅层学习的优点是简单、易理解和易实现，对于小型数据集和简单任务效果较好。同时相比于深度学习模型，浅层学习模型通常能够更快地收敛而得到最优解，在某些特定应用领域仍然广泛使用。然而，由于缺乏表示复杂函数的能力，浅层学习模型难以处理高维度数据和复杂任务。

深度学习的优点是能够自动提取特征，善于处理高维度、复杂的数据，并且具有很强的泛化能力，这使得深度学习模型在许多复杂任务中表现出色。但是，深度学习模型复杂度高，训练时间较长且对训练数据需求量较大。此外，深度学习模型容易过度拟合，需要通过适当的正则化处理来提高模型的泛化能力。

（3）应用领域

浅层学习和深度学习各有特点和适用范围，针对不同的应用需求，在选择机器学习方法时，需要考虑数据的规模和复杂度、任务的实时性要求以及可用的计算资源，可以考虑以下两点建议。

① 对于数据量较小、特征提取较为明确、实时性要求较高的任务，可以考虑使用浅层学习模型，如文本分类、手写数字识别等。

② 对于数据量大、维度高的任务，深度学习模型是更优的选择，如语音识别、图像识别、自然语言处理等。

4.2　浅 层 学 习

在实际应用中，应根据具体问题和条件选择合适的模型，以实现最佳的性能和效率。本节重点介绍浅层学习模型。

机器学习算法按照不同的标准有不同的分类结果。按照训练样本提供的信息以及反馈方式，机器学习算法可分为监督学习、无监督学习、弱监督学习和强化学习。这也是当前最常用的分类方式。

4.2.1　监督学习

监督学习（Supervised Learning）是机器学习中最重要、应用最广泛的方法，已经形成了数以百计的不同算法，占据了目前机器学习算法的绝大部分。监督学习是通过学习大量已经标记的数据样本来训练预测模型，再用模型对新的数据进行分类或回归分析的机器学习方法。监督学习的输出有两种，当算法的输出结果是离散值时，就是分类（Classification）问题；当输出结果是连续值时，就是回归（Regression）问题。

经典的监督学习分类算法有逻辑回归（Logistic Regression，LR）、决策树（Decision Tree，DT）、支持向量机（Support Vector Machine，SVM）、K 最近邻（K-Nearest Neighbors，KNN）、朴素贝叶斯（Naive Bayes，NB）等。

经典的监督学习回归算法有线性回归（Linear Regression）、随机森林回归（Random Forest Regression）、岭回归（Ridge Regression）、Lasso 回归（Lasso Regression）、多项式回归（Polynomial Regression）、支持向量回归（Support Vector Regression，SVR）等。

4.2.2　无监督学习

无监督学习（Unsupervised Learning）是数据挖掘、知识发现等机器学习分支的核心问题，在训练过程中，模型不依赖于标记的数据集，即没有预设的目标变量或分类标签。算法仅通过输入数据本身来寻找数据之间的模式、结构和关联。典型的无监督学习算法有聚类（Clustering）和降维（Dimensionality Reduction）两大类。

聚类是一种将数据点根据相似度分组的方法，使得同一组内的数据点彼此相似，而不同组之间的数据点差异较大。常见的聚类算法包括 K 均值聚类（K-Means）、层次聚类（Hierarchical Clustering）、密度聚类（DBSCAN）等。

降维算法是通过减少数据集中的特征数量来简化数据的，同时尽可能保留重要的信息。常见的降维算法包括主成分分析（PCA）、线性判别分析（LDA）、t 分布邻域嵌入（t-SNE）等。

4.2.3　弱监督学习

弱监督学习（Weakly Supervised Learning）所使用的训练数据包括少量已标记的数据和大量未标记的数据，学习过程的第一步是通过少量标记数据得到初步的执行模型，这一步可以使用相应的监督学习算法解决；第二步是通过大量未标记的数据进行进一步学习。当难以得到大量标记数据，而未标记数据相对比较容易得到时，为了降低标记的难度，同时又尽可能利用所掌握的标记数据，就可以选择弱监督学习。

如何利用未标记的数据进行深入学习是弱监督学习的关键，典型的方法包括生成模型方法、自学习方法、合作学习方法、基于数据相似度的方法等。

4.2.4 强化学习

强化学习（Reinforcement Learning）是系统不断地与环境进行交互，在互动的过程中根据环境的反馈来优化调整行为策略的学习方式。环境反馈通常以奖励的形式出现，奖励可以是肯定的（正面奖励）或否定的（负面奖励），系统以最大化累积奖励为目标不断调整和优化后续行为，最终达到在复杂环境中做出最优决策的能力。

典型的强化学习算法包括值函数方法、策略梯度方法和模型基于方法。这些典型算法各具特色，适用于不同的应用场景和问题类型。在实际应用中，选择合适的算法需要考虑任务的特性、环境的复杂度及可用的计算资源。

4.3 数据集和数据集预处理

机器学习的宗旨是使计算机系统能够从数据中学习并做出预测或决策，这是一个流程性很强的工作，包括数据采集、数据清洗、数据预处理、特征工程、模型调优、模型融合、模型验证、模型持久化等。其中，数据集是训练和验证机器学习模型的基础。一个高质量的数据集可以显著提高模型的准确性和效率。对于从事机器学习的研究人员和开发者来说，理解如何有效地使用和管理数据集是成功实施机器学习项目的关键。

4.3.1 数据集

数据集是由数据样本组成的集合，这些数据可以是数字、文本、图像、音频或视频等形式。在机器学习中，数据集被用于训练和测试机器学习模型。一个好的数据集应该包含足够的样本，具有代表性，样本之间应该相互独立，且标签应该正确、一致。数据集的质量对机器学习算法与模型的性能和准确度有很大的影响。

本书使用 Scikit-learn 机器学习工具包，它是一个基于 Python 的开源机器学习库，涵盖了几乎所有主流的机器学习算法，并提供了统一的调用接口。Scikit-learn 工具包中内置了多个数据集，这些数据集通常用于演示和测试机器学习算法，常见的有鸢尾花数据集（Iris Dataset）、乳腺癌数据集（Breast Cancer Dataset）、手写数字数据集（Digits Dataset）、波士顿房价数据集（Boston House Prices Dataset）、糖尿病数据集（Diabetes Dataset）、葡萄酒品质数据集（Wine Quality Dataset）等。这些数据集可以直接通过 sklearn.datasets 模块的 load_<dataset name>()函数来加载，<dataset name>代表需要加载的数据集名称，部分数据集加载函数如下。

- 鸢尾花数据集：load_iris()。
- 乳腺癌数据集：load_breast_cancer()。
- 手写数字数据集：load_digits()。
- 波士顿房价数据集：load_boston()。
- 糖尿病数据集：load_diabetes()。

- 葡萄酒品质数据集：load_wine()。

以鸢尾花数据集为例，Scikit-learn 工具包内置数据集的加载示例如下。

```
from sklearn.datasets import load_iris  #导入数据集加载函数

#加载鸢尾花数据集
iris = load_iris()

#获取该数据集的特征和标签
X = iris.data                    #特征
y = iris.target                  #标签
```

除 Scikit-learn 机器学习工具包中内置的数据集外，网络上也有很多优秀的数据集可供选择，著名的数据集有 ImageNet 图像数据集（ImageNet）、IMDb 电影评论数据集（IMDb Movie Reviews）、斯坦福情感树库（Stanford Sentiment Treebank）、MIMIC-III 重症监护病房数据库（Medical Information Mart for Intensive Care III）、肺炎胸片数据库［Chest X-ray Images（Pneumonia）］、泰坦尼克号生存者数据集（Titanic Survivors Dataset）、CIFAR-10 图像数据集（CIFAR-10 Dataset）等。这些数据集涵盖了不同的领域和任务类型，为机器学习的研究和应用提供了丰富的资源。在实际应用中，应根据具体的应用场景和任务需求来选择合适的数据集。

4.3.2　数据预处理

1. 常见数据预处理方法

数据预处理是机器学习项目中不可或缺的一步，也是至关重要的一步，它不仅可以提高数据的质量，还可以提升模型的性能和效率。常见的数据预处理方法如下。

（1）数据清洗

数据清洗的目标是去除数据中的噪声和不一致性，提高数据的质量和准确性。这包括处理缺失值、异常值、重复数据等。例如，处理缺失值可以使用插值法（平均值、中位数、众数等）填充缺失值，或者根据其他相关变量通过回归分析预测缺失值。在处理异常值时，可以替换可接受的值，或者使用统计方法（Z-score 标准化、IQR 方法等）来处理异常值。在处理重复数据时，通常通过比较记录中的唯一标识符或关键字段来实现。

（2）数据转换

数据转换的目标是将原始数据转换为适合模型训练和分析的格式。这包括数据编码、特征缩放等。例如，将非数值型数据转换为数值型数据，常见的数据编码方式有独热编码和标签编码。当需要将不同量纲的特征转化为统一量纲的时候，常见的特征缩放方法有标准化和归一化。

（3）数据增强

数据增强的目标是在不实质性增加数据量的情况下，通过对原始数据进行变换和扩充来增加数据的多样性和质量，以降低过拟合的风险，提高模型的泛化能力。该技术广泛应用于图像、文本、音频等不同类型的数据，旨在提高模型对新场景的适应能力。例如，对于图像数据，常用的增强方法包括旋转、翻转、缩放、裁剪、颜色调整等。对于文本数据，常用的增强方法包括同义词替换、随机插入或删除词语、打乱句子顺序等。对于音频数据，常用的增强方法包括噪声添加、时间拉伸、音高变换、混响增加等。

（4）数据降维

数据降维的目标是通过将高维数据映射到低维空间来简化模型并减少计算复杂性，避免高维数据可能导致的维数灾难。常见的数据降维技术有主成分分析（PCA）、线性判别分析（LDA）、多维标度分析（MDS）、独立成分分析（ICA）、局部线性嵌入（LLE）等。

（5）不平衡数据处理

不平衡数据处理的目标是解决数据集中类别不均衡问题，提高模型对少数类的识别能力。常见的方法包括重采样方法（如过采样少数类或欠采样多数类）、集成学习方法（如 Bagging 和 Boosting）、类别权重调整、惩罚算法等。

2. 使用 Scikit-learn 进行数据预处理

sklearn.preprocessing 模块是 Scikit-learn 机器学习工具包的一个模块，用于数据预处理。该模块提供了多种数据预处理方法，下面将对 5 种常用方法进行介绍。

（1）归一化

归一化又称为区间缩放法，目的是将数值型特征缩放到一个特定的区间内，通常是[0,1]。这样做可以帮助消除不同特征间的量纲差异，使得模型训练更加高效和稳定。sklearn.preprocessing 模块中提供了一个 MinMaxScaler 类来实现归一化。这个类提供了多种方法来对数据集进行归一化处理，常用的有 fit_transform()方法，具体示例代码如下。

```
#导入 MinMaxScaler 工具类
from sklearn.preprocessing import MinMaxScaler

#准备数据
data=[[27,3,7,98],[42,11,6,74],[38,16,13,88]]
print("原始数据: \n",data)

scaler=MinMaxScaler()                          #实例化转换器
data_min_max=scaler.fit_transform(data)        #对数据 data 进行归一化处理
print("归一化处理后的数据: \n",data_min_max)
```

程序运行结果如下。

```
原始数据:
 [[27, 3, 7, 98], [42, 11, 6, 74], [38, 16, 13, 88]]
归一化处理后的数据:
[[0.          0.          0.14285714 1.          ]
 [1.          0.61538462 0.          0.          ]
 [0.73333333 1.          1.          0.58333333]]
```

（2）标准化

归一化容易受到样本中最大值或最小值等异常值的影响，数据标准化可以解决这一问题。数据标准化主要是通过对数据的均值和标准差进行变换，将数据调整到均值为 0、标准差为 1 的标准正态分布。这样做可以使不同尺度的特征值具有可比性，避免某些特征对模型的影响过大，从而提高模型的性能和准确性。sklearn.preprocessing 模块中提供了一个 StandardScaler 类来实现标准化。这个类提供了多种方法来对数据集进行标准化处理，常用的有 fit_transform() 方法，具体示例代码如下。

```
#导入 StandardScaler 工具类
from sklearn.preprocessing import StandardScaler

#准备数据
data=[[27,3,7,98],[42,11,6,74],[38,16,13,88]]
print ("原始数据: \n",data)

scaler=StandardScaler()                              #实例化转换器
data_standard=scaler.fit_transform (data)            #对数据 data 进行标准化处理
print ("标准化处理后的数据: \n",data_standard)

#查看处理后数据的均值和方差
print ("标准化后的均值为: \n",data_standard.mean (axis=0))
print ("标准化后的方差为: \n",data_standard.std (axis=0))
```

程序运行结果如下。

```
原始数据:
 [[27, 3, 7, 98], [42, 11, 6, 74], [38, 16, 13, 88]]
标准化处理后的数据:
 [[-1.36652966 -1.30740289 -0.53916387  1.15138528]
 [ 0.99861783  0.18677184 -0.86266219 -1.28684238]
 [ 0.36791183  1.12063105  1.40182605  0.13545709]]
标准化后的均值为:
 [ 3.70074342e-16  0.00000000e+00  2.22044605e-16 -4.44089210e-16]
标准化后的方差为:
 [1. 1. 1. 1.]
```

（3）鲁棒化

如果数据集中的异常值较多，并且标准化也不能取得较好效果，那么可以使用数据鲁棒化方法进行处理。数据鲁棒化是将特征值缩放到一个范围内，使得数据的均值为 0、标准差为 1，同时考虑了中位数和四分位数的范围。这样做可以消除异常值和噪声的影响，从而提高模型的性能和准确性。sklearn.preprocessing 模块中提供了一个 RobustScaler 类来实现鲁棒化。这个类提供了多种方法来对数据集进行鲁棒化处理，常用的有 fit_transform()方法，具体示例代码如下。

```
#导入 RobustScaler 工具类
from sklearn.preprocessing import RobustScaler

#准备数据
data=[[27,3,7,98],[42,11,6,74],[38,16,13,88]]
print ("原始数据: \n",data)

scaler=RobustScaler()                                #实例化转换器
data_robust=scaler.fit_transform (data)              #对数据 data 进行鲁棒化处理
print ("鲁棒化处理后的数据: \n",data_robust)
```

程序运行结果如下。

原始数据：
```
  [[27, 3, 7, 98], [42, 11, 6, 74], [38, 16, 13, 88]]
```
鲁棒化处理后的数据：
```
 [[-1.46666667 -1.23076923  0.          0.83333333]
  [ 0.53333333  0.         -0.28571429 -1.16666667]
  [ 0.          0.76923077  1.71428571  0.        ]]
```

（4）正则化

数据正则化是将每个样本缩放到单位范式，使数据分布在一个半径为 1 的圆或球内。这样做可以防止过拟合，从而提高模型的泛化性和准确性。sklearn.preprocessing 模块中提供了一个 Normalizer 类来实现正则化。这个类提供了多种方法来对数据集进行正则化处理，常用的有 fit_transform()方法，具体示例代码如下。

```
#导入 Normalizer 工具类
from sklearn.preprocessing import Normalizer

#准备数据
data=[[27,3,7,98],[42,11,6,74],[38,16,13,88]]
print ("原始数据: \n",data)

normalizer=Normalizer()                        #实例化转换器
data_normalizer=Normalizer().fit_transform(data)   #对数据data进行正则化处理
print ("正则化处理后的数据: \n",data_normalizer)
```

程序运行结果如下。

原始数据：
```
  [[27, 3, 7, 98], [42, 11, 6, 74], [38, 16, 13, 88]]
```
正则化处理后的数据：
```
 [[0.26487142 0.02943016 0.06867037 0.96138514]
  [0.48833908 0.12789833 0.06976273 0.86040695]
  [0.38757355 0.16318886 0.13259095 0.89753874]]
```

（5）特征二值化

特征二值化是将连续数值转换为 0 或 1，通常用于图像处理和特征工程中。sklearn.preprocessing 模块中提供了一个 Binarizer 类来实现特征二值化。这个类提供了多种方法来对数据集进行特征二值化处理，常用的有 fit_transform()方法，具体示例代码如下。

```
#导入 Binarizer 工具类
from sklearn.preprocessing import Binarizer

#准备数据
data=[[27,3,7,98],[42,11,6,74],[38,16,13,88]]
print ("原始数据: \n",data)

binarizer=Binarizer (threshold=10)          #实例化转换器，设置阈值为10
data_binarizer=binarizer.fit_transform(data)  #对数据data进行二值化处理
print ("二值化处理后的数据: \n",data_binarizer)
```

程序运行结果如下。

```
原始数据:
 [[27, 3, 7, 98], [42, 11, 6, 74], [38, 16, 13, 88]]
二值化处理后的数据:
 [[1 0 0 1]
  [1 1 0 1]
  [1 1 1 1]]
```

在上面的代码中，设定阈值 threshold=10，数据转换时将大于 threshold 的值转换为 1，将小于 threshold 的值转换为 0。

4.3.3　数据集分割

数据集分割的目标是将数据集划分为训练集、验证集和测试集，以便于模型的训练和评估。训练集用于训练模型，验证集用于微调模型超参数，测试集用于评估模型性能。常见的分割方法包括留出法、交叉验证法和自助法等。

1. 留出法

留出法（Hold-out Method）是一种简单直观的数据集划分方法，将整个数据集分割成两个互不重叠的部分：一部分作为训练数据集（简称训练集），另一部分作为测试数据集（简称测试集）。在使用留出法进行数据集分割时，通常会选择一个固定的比例，常见的有 8∶2、7∶3、6∶4 等。留出法虽然操作简单，易于实现，但使用时应注意确保训练集和测试集中的数据分布一致，以避免因数据偏差导致评估误差，通常会采用分层抽样的方式。留出法适用于各种类型的监督学习场景，在实际应用中广泛使用，常见于决策树、朴素贝叶斯、线性回归和逻辑回归等机器学习任务中。

Scikit-learn 机器学习工具包的 sklearn.model_selection 模块，提供了使用留出法分割数据集的函数 train_test_split()，语法格式如下。

```
     x_train, x_test, y_train, y_test = train_test_split ( train_data,
train_target, test_size, random_state)
```

参数说明如下。
- train_data：待分割的数据集的特征集。
- train_target：待分割的数据集的标签集。
- test_size：分割比例，表示测试数据占样本总数的比例。
- random_state：随机数种子，保证每次划分都是同一个随机数。
- x_train：划分后的训练集（特征值）。
- x_test：划分后的测试集（特征值）。
- y_train：划分出的训练集的标签。
- y_test：划分出的测试集的标签。

当使用 train_test_split()函数进行数据集分割时，将分割比例设置为训练集∶测试集 = 8∶2，随机数种子设置为 20，示例代码如下。

```
     #导入工具库
     from sklearn.datasets import load_iris
```

```
from sklearn.model_selection import train_test_split

#加载鸢尾花数据集
iris=load_iris()
x=iris.data                    #待分割数据集的特征集
y=iris.target                  #待分割数据集的标签集

#分割数据集（训练集：测试集=8：2，随机数种子为 20）
x_train,x_test,y_train,y_test=train_test_split (x,y,test_size=0.2,
random_state=20)
        print ("训练集的特征值维度: \n",x_train.shape)
        print ("测试集的特征值维度: \n",x_test.shape)
```

程序运行结果如下。

```
训练集的特征值维度:
    (120, 4)
测试集的特征值维度:
    (30, 4)
```

从运行结果可以看出，分割后的训练集样本数为 120，测试集样本数为 30。

2. 交叉验证

交叉验证是一种在机器学习中广泛应用的评估技术，先通过将数据集分割成多个小部分，然后多次对模型进行训练和验证，从而评估模型的泛化能力和稳定性。常见的交叉验证方法有留一法交叉验证和 K 折交叉验证。

留一法交叉验证每次只留下一个样本作为测试集，其余样本用于训练模型。这种方法可以最大化地利用数据，确保每个样本都被用于模型的训练或测试。但由于需要对每个样本都训练一个模型，留一法交叉验证的计算成本较高，尤其是当数据集较大时。因此，留一法交叉验证适用于小规模数据集，且每个样本都非常重要的情况，常用于人脸识别、语音识别等需要高精度评估模型的领域。

K 折交叉验证将数据集分割成 K 个较小的子集，然后进行 K 次训练和测试，每次选择一个不同的子集作为测试集，其余样本作为训练集。这种方法的每个样本都有机会成为测试集中的一部分，最大限度地利用了有限的数据资源，并能够减少因数据划分带来的偏差。当使用 K 折交叉验证时，K 值的选择对结果有重要影响。一般来说，K 值越大，评估结果越稳定，但计算成本也越高。常用的 K 值是 5 或 10。

Scikit-learn 机器学习工具包的 sklearn.model_selection 模块提供了使用 K 折交叉验证的类 KFold，语法格式如下。

```
KFold (n_splits, shuffle, random_state)
```

参数说明如下。
- n_splits：表示将数据集分割成几等份（最少为 2）。
- shuffle：表示分割数据集前是否打乱顺序。默认为 False，不打乱。
- random_state：随机数种子。

使用 KFold 类进行 K 折交叉验证，将数据集分割成两等份，并查看分割后的训练集和测试集的索引，示例代码如下。

```
#导入工具库
from sklearn.model_selection import KFold

#准备数据
data=[[23,12,14,43],[28,9,8,52],[29,14,20,47],[25,3,35,48]]

#实例化KFold类，设置分割份数为2
kf=KFold(n_splits=2)

#查看分割后的训练集和测试集的索引
for train_index, test_index in kf.split(data):
    print("训练集: ", train_index, "测试集: ", test_index)
```

程序运行结果如下：

```
训练集:  [2 3] 测试集:  [0 1]
训练集:  [0 1] 测试集:  [2 3]
```

3. 自助法

自助法通过对原始数据集进行随机的有放回抽样来生成训练集和测试集。该方法每次先从原始数据集中随机抽取一个数据样本复制到训练集中，然后再将这个数据样本放回原始数据集，再继续下一次随机抽样，直到训练集中的数据样本数量满足要求为止。最后将原始数据集中未出现在训练集中的数据样本作为测试集。在进行自助法抽样时，可以通过设置随机种子来控制随机性，以确保实验的可重复性。自助法提高了数据利用率，但也可能增加计算成本，因此该方法适用于处理较小的数据集。

Scikit-learn机器学习工具包的sklearn.model_selection模块提供了ShuffleSplit类来实现有放回抽样，语法格式如下。

```
ShuffleSplit(n_split, test_size, train_size, random_state)
```

参数说明如下。
- n_split：表示将数据集分割成几份（最少为2份）。
- test_size：测试集所占比例。
- train_size：训练集所占比例。
- random_state：随机数种子。

使用ShuffleSplit类进行自助法数据集分割，将数据集分割成两份，测试集占比为0.25，并查看分割后的训练集和测试集的索引，示例代码如下。

```
#导入工具库
from sklearn.model_selection import ShuffleSplit

#准备数据
data=[[23,12,14,43],[28,9,8,52],[29,14,20,47],[25,3,35,48]]

#实例化ShuffleSplit类，设置分割份数为2，测试集占比为0.25
ss=ShuffleSplit(n_splits=2,test_size=0.25,random_state=3)
```

```
#查看分割后的训练集和测试集的索引
for train_index, test_index in ss.split(data):
    print("训练集: ", train_index, "测试集: ", test_index)
```

程序运行结果如下。

```
训练集: [1 0 2] 测试集: [3]
训练集: [2 0 3] 测试集: [1]
```

4.4 模 型 评 估

对训练模型进行评估是机器学习至关重要的一环,这不仅能够帮助用户了解模型的性能和泛化能力,也能够指导用户对模型进行优化和改进,从而更好地满足实际应用的需求。

4.4.1 欠拟合、过拟合、适度拟合

拟合是机器学习中的重要概念,指在模型训练过程中,使模型不断契合训练集数据的过程。常用的拟合方法有最小二乘法、线性回归、多项式回归、拉格朗日插值法、样条插值法等。在实际应用中,很多因素会对拟合效果产生影响,如样本数据的类型、样本数据量、模型的选择及参数设置、测试集的使用等。训练后,根据模型与训练集数据的契合程度,可分为欠拟合、适度拟合和过拟合 3 种情况,如图 4-2 所示。

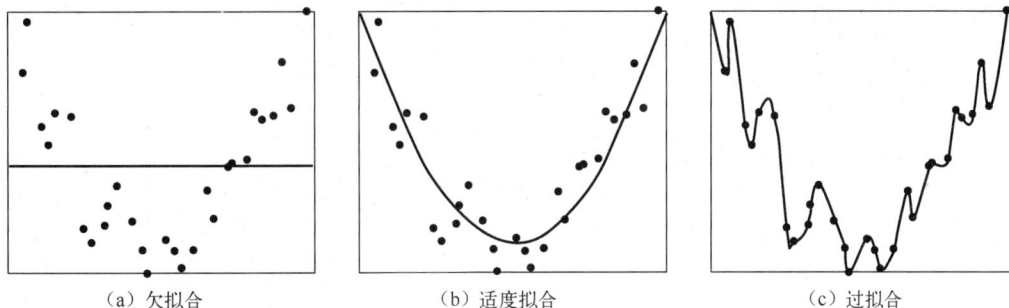

| (a) 欠拟合 | (b) 适度拟合 | (c) 过拟合 |

图 4-2 欠拟合、适度拟合和过拟合示意图

1. 欠拟合

当模型的学习能力较弱,无法充分捕捉到数据中的复杂结构和规律时,就会出现欠拟合,如图 4-2(a)所示。这种情况下,模型的预测性能通常会较差,因为它无法准确地反映训练数据的实际情况,对于测试数据的预测能力也会很差。常见的克服欠拟合的方法有增加特征项、提升模型复杂度、减少正则化参数、使用集成方法等。

2. 适度拟合

在模型构建过程中,通过调整模型复杂度,使得模型既能较好地学习训练数据,又不会过度复杂以至于过拟合的一种平衡状态,即为适度拟合,如图 4-2(b)所示。适度拟合意味着找到了模型复杂度和泛化能力之间的最佳平衡点,关键在于避免过拟合和欠拟合的发生。常见的实现方法有正则化、交叉验证等。

3. 过拟合

当模型训练过度，导致模型过于复杂，对训练数据中的噪声和异常值也进行了学习时，就会出现过拟合，如图 4-2（c）所示。这种情况下，模型在训练数据上表现得很好，但在测试数据或新数据上的表现却很差。常见的克服过拟合的方法有选择合适的停止训练标准、增加正则项权重、数据降维、交叉验证等。

4.4.2　分类评价指标

对于分类模型性能的评估，常用的评价指标有混淆矩阵（Confusion Matrix）、准确率（Accuracy）、精确率（Precision）、召回率（Recall）和 F1 分数（F1-score）等。混淆矩阵是一个表格，显示了分类器在每个类别上的正确和错误预测的数量。准确率是分类正确的样本占总样本的比例，适用于各类别样本数量均衡的情况。

精确率、召回率和 F1 分数在二分类问题中应用最广泛。对于二分类问题，根据数据集的特点，将其中的一个类别作为正类，则另一个类别即为负类。精确率是预测为正的样本中实际为正的比例，关注模型对正样本的预测准确性。召回率是实际为正的样本中被正确预测为正的比例，关注模型对正样本的识别能力。F1 分数是精确率和召回率的调和平均数，综合考虑了模型的精确性和敏感性。

Scikit-learn 机器学习工具包的 sklearn.metrics 模块提供了多种分类评价指标的计算函数，下面以二分类问题为例，介绍分类评价指标函数的具体用法，示例代码如下。

```python
#导入评价指标模块
from sklearn import metrics

#准备数据
y_true=[0,0,0,0,0,0,0,0,1,1,1,1,1,1,1,1]      #样本数据的实际类别标签
y_pred=[0,0,0,1,0,0,0,1,1,1,0,0,1,1,0,1]      #模型预测的类别标签

#计算分类评价指标
print("混淆矩阵：\n",metrics.confusion_matrix(y_true,y_pred,labels=[0,1]))
print("准确率：",metrics.accuracy_score(y_true,y_pred))
print("精确率：",metrics.precision_score(y_true,y_pred))
print("召回率：",metrics.recall_score(y_true,y_pred))
print("F1 分数：",metrics.f1_score(y_true,y_pred))

print("分类报告：\n",metrics.classification_report(y_true,y_pred))
```

程序运行结果如下。

```
混淆矩阵：
 [[6 2]
 [3 5]]
准确率： 0.6875
精确率： 0.7142857142857143
召回率： 0.625
F1 分数： 0.6666666666666666
```

分类报告:

	precision	recall	f1-score	support
0	0.67	0.75	0.71	8
1	0.71	0.62	0.67	8
accuracy			0.69	16
macro avg	0.69	0.69	0.69	16
weighted avg	0.69	0.69	0.69	16

从混淆矩阵可以看出，实际类别标签为 0 的样本共 8 个，正确预测为类别 0 的个数有 6 个，错误预测为类别 1 的样本有 2 个；实际类别标签为 1 的样本共 8 个，正确预测为类别 1 的个数有 5 个，错误预测为 0 的样本有 3 个。

利用分类报告函数 classification_report() 可以同时计算精确率、召回率、F1 分数和准确率。

4.4.3 回归评价指标

对于回归模型性能的评估，常用的评价指标有平均绝对误差（MAE）、均方误差（MSE）、均方根误差（RMSE）和决定系数（R^2）等。平均绝对误差是预测值与真实值之差的绝对值的平均数，误差越小，说明回归模型的拟合程度就越好。均方误差是预测值与真实值之差的平方的平均数，对异常值敏感，适用于需要严格控制大误差的场景。均方根误差是均方误差的平方根，与原始数据的单位一致，易于解释，且对异常值较为敏感，能够反映模型的整体预测精度。决定系数表示模型解释变量总变异的比例，取值范围一般是 0~1，其值越接近 1，表示回归模型的拟合程度越好。

这些指标各有特点，通常需要结合多个指标来全面评估模型的性能。在选择评价指标时，应根据具体数据、任务和需求进行选择。

Scikit-learn 机器学习工具包的 sklearn.metrics 模块也提供了多种回归评价指标的计算函数，具体示例代码如下。

```
#导入评价指标模块
from sklearn import metrics

#准备数据
y_true=[1,3,5,7,9,8,6,4,2,0]        #样本真实值
y_pred=[1,3,4,5,9,8,5,3,1,0]        #模型预测值

#计算回归评价指标
print ("平均绝对误差: ",metrics.mean_absolute_error (y_true,y_pred))
print ("均方误差: ",metrics.mean_squared_error (y_true,y_pred))
print ("决定系数: ",metrics.r2_score (y_true,y_pred))
```

程序运行结果如下。

```
平均绝对误差: 0.6
均方误差: 0.8
决定系数: 0.9030303030303031
```

4.5　常用机器学习算法

机器学习经过 70 多年的发展，经历了从理论探索到实际应用的关键阶段，并在多个领域展现出其巨大的潜力和价值。本节将为大家介绍多种常用机器学习算法，为后续学习和应用机器学习夯实基础。

4.5.1　线性回归

线性回归是回归分析中一种经过严格研究并在实际应用中广泛使用的模型，是机器学习领域的基础算法之一。它旨在寻找自变量（特征）和因变量（目标）之间的线性关系。简单来说，就是选择一个线性函数来很好地拟合已知数据并预测未知数据。线性回归模型的方程通常写为以下形式

$$y = \theta_0 + \theta_1 x_1 + \theta_2 x_2 + \cdots + \theta_n x_n$$

其中，y 是因变量，$x_1, x_2, \cdots, x_n$ 是自变量，$\theta_0, \theta_1, \theta_2, \cdots, \theta_n$ 是模型参数。当只有一个自变量时，称为一元线性回归；当自变量多于一个时，称为多元线性回归。

下面使用 Scikit-learn 工具库，通过一个案例来说明线性回归的具体用法。实现步骤大概可以分为三步。

第一步，从 sklearn 库中导入线性回归算法模型类 LinearRegression，代码如下。

```
from sklearn.linear_model import LinearRegression
```

第二步，初始化线性回归模型，并调用 fit()函数输入训练数据训练模型，代码如下。

```
model=LinearRegression()        #初始化模型
model.fit（x,y）                 #训练模型
```

第三步，使用训练好的模型，调用 predict()函数输入测试数据进行预测，代码如下。

```
model.predict（x_test）
```

以上三步是使用 sklearn 工具库实现线性回归的基本框架，下面将通过具体的实例来演示线性回归模型的应用。

【例 4-1】使用 sklearn 工具库实现自制数据的简单线性回归。

本例使用 Numpy 工具包生成训练数据，分段代码展示、讲解及运行结果如下。

（1）导入必要的工具包，代码如下。

```
import numpy as np                                      #导入数据处理工具包
import matplotlib.pyplot as plt                         #导入数据可视化工具包
from sklearn.linear_model import LinearRegression       #导入线性回归算法模型类
```

（2）准备训练数据：通过 Numpy 随机生成散点数据，并绘图展示生成的训练数据，代码如下。

```
#生成散点数据
x=np.linspace（0,30,50）.reshape（-1,1）
y=x+2*np.random.rand（50）.reshape（-1,1）
#绘图展示训练数据
```

```
plt.figure (figsize= (10,8))
plt.scatter (x,y)
```

运行上述代码，结果如图 4-3 所示。

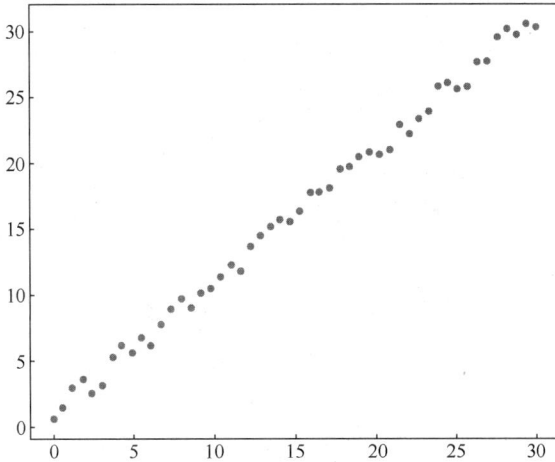

图 4-3　训练数据

（3）线性回归分析：首先调用构造函数 LinearRegression()初始化线性回归模型；然后调用 fit()函数输入训练数据训练模型；接着使用训练好的模型预测当 $x=40$ 时，y 的值是多少；最后绘图展示回归模型曲线，可视化比较训练数据和模型曲线的关系。示例代码如下。

```
#初始化模型
model=LinearRegression()
#训练模型
model.fit (x,y)
#预测当 x=40 时，y 的值
print ("当 x=40 时，y 的值为：",model.predict (np.array (40).reshape (-1,1)))
#绘图展示回归模型曲线（对比训练数据和预测数据）
plt.figure (figsize= (10,8))
plt.scatter (x,y)
x_test=np.linspace (0,40).reshape (-1,1)
plt.plot (x_test,model.predict (x_test))
```

运行上述代码，结果如图 4-4 所示。

```
当 x=40 时，y 的值为： [[41.59556915]]
```

（4）输出斜率和截距：通过 coef_ 和 intercept_两个属性可以分别输出回归模型的斜率和截距，代码如下。

```
print ("斜率: ",model.coef_)
print ("截距: ",model.intercept_)
```

运行上述代码，结果如下。

```
斜率: [[1.02397799]]
截距: [0.63644937]
```

由此，可得到线性回归模型方程为 $y = 0.63644937 + 1.02397799x$。

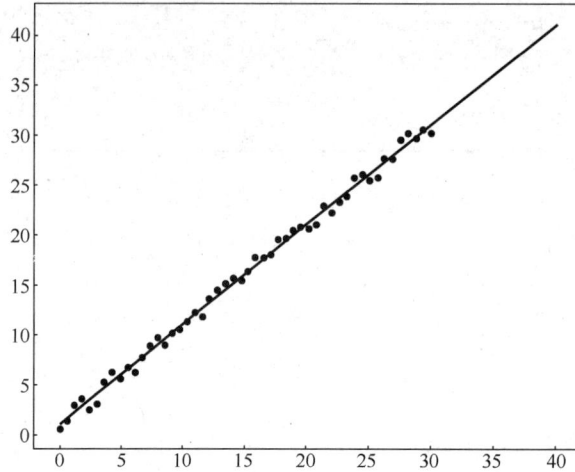

图 4-4　线性回归分析运行结果

4.5.2　支持向量机

支持向量机（SVM）是一种监督学习算法，是机器学习领域的重要工具之一，被广泛应用于统计分类和回归分析。支持向量机的核心思想是寻找一个超平面来对数据进行分类，使得不同类别之间的间隔最大化。这种最大化边界的超平面被称为最大边缘超平面。

当数据可以用一个线性函数完全分开时，数据是线性可分的。对于线性可分的数据，直接使用线性支持向量机进行分类。对于非线性可分的数据，支持向量机采用核技巧（如 RBF 核、多项式核等），将原始数据映射到一个高维空间，在这个空间中使得数据变得可分。

举一个简单的线性可分的例子来帮助大家理解支持向量机算法的核心思想。如图 4-5 所示，在一个二维平面上有两种不同的数据，分别用实心点和空心点表示。

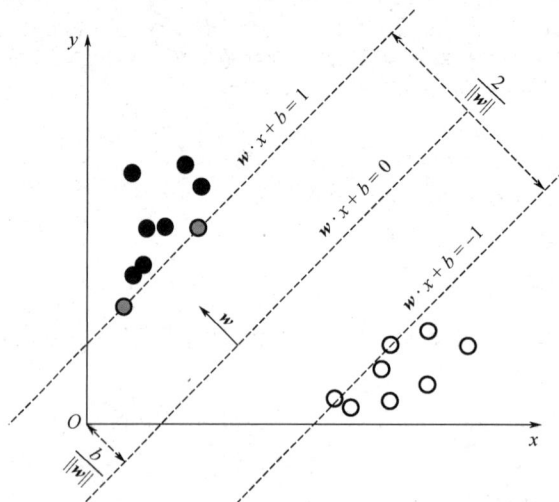

图 4-5　支持向量机核心思想概念图

由于数据是线性可分的，可以用一条直线将这两类数据分开，这条直线就相当于一个超平面，可以用如下的线性方程来描述。

$$\bm{w} \cdot \bm{x} + b = 0$$

式中，$\bm{w}$ 是超平面的法向量，定义了垂直于超平面的方向；b 用于平移超平面。确定超平面的规则是：找到离超平面最近的那些点（图 4-5 中落于虚线上的实心点和空心点，这些点称为支持向量，两条虚线称为决策边界），使它们与超平面的距离尽可能远。超平面两侧的支持向量与超平面的距离之和称为间隔距离（图 4-5 中的 $2/\|\bm{w}\|$），间隔距离越大，分类的准确率越高。

下面使用 Scikit-learn 工具库，通过一个实例来说明支持向量机的具体用法。

【例 4-2】使用 sklearn 实现支持向量机手写数字识别。

本例使用的是 Scikit-learn 工具库的内置手写数字数据集 load_digits。该数据集包含 1797 个样本，每个样本包括 8 像素×8 像素的图像和一个[0,9]整数的标签。分段代码展示、讲解及运行结果如下。

（1）导入手写数字数据集，可视化展示部分手写数字图片，并查看数据集维度，代码如下。

```
#导入工具库
from sklearn.datasets import load_digits
import matplotlib.pyplot as plt

digits=load_digits()                        #加载数据集
print ('数据集维度: ',digits.images.shape)   #查看数据集维度

#展示部分手写数字图片
plt.rcParams['font.size']=8                  #设置图像字体大小
fig, ax = plt.subplots (3, 5)               #创建 3 行 5 列的画布
for i, axi in enumerate (ax.flat):
    axi.imshow (digits.images[i], cmap='bone')
    axi.set (xticks=[], yticks=[],
            xlabel=digits.target_names[digits.target[i]])
plt.show()
```

运行上述代码，输出结果如图 4-6 所示。

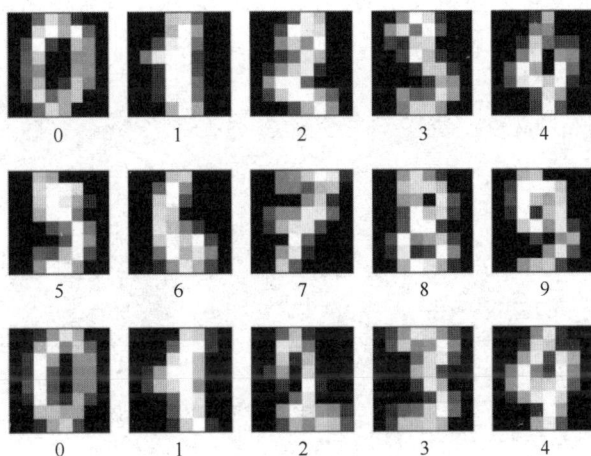

图 4-6　查看手写数字数据集

（2）训练模型：从第一步输出结果可知，每张照片的像素为 8×8，约 64 像素，为了缩

短训练时间，本例采用主成分分析算法（PCA）进行降维处理，提取 20 个基本成分作为输入特征，将 PCA 和支持向量机分类（Supper Vector Classification，SVC）构成管道进行训练，代码如下。

```python
#导入工具库
from time import time
from sklearn.svm import SVC
from sklearn.model_selection import train_test_split
from sklearn.decomposition import PCA
from sklearn.pipeline import make_pipeline
from sklearn.model_selection import GridSearchCV

#将数据集划分为训练集和测试集
Xtrain, Xtest, ytrain, ytest = train_test_split(digits.data, digits.target, random_state=42)

pca = PCA(n_components=20, whiten=True, random_state=42)   #降维处理
svc = SVC(kernel='rbf', class_weight='balanced')           #采用高斯核函数
model = make_pipeline(pca, svc)                            #构建管道
param_grid = {'svc__C':[1, 5, 10, 50],'svc__gamma':[0.0001, 0.0005, 0.001, 0.005]}
                                                           #设置参数
grid = GridSearchCV(model, param_grid)
t = time()
grid.fit(Xtrain, ytrain)                                   #训练模型
print('\n 耗时: %f 秒' % (time() - t))
print('最优参数: ',grid.best_params_)
```

运行上述代码，输出结果如下。

```
耗时: 8.509345 秒
最优参数: {'svc__C': 10, 'svc__gamma': 0.005}
```

（3）使用训练好的支持向量机模型对测试集进行预测，并可视化输出部分预测结果，如果预测失败，则使用大号字体显示标签，代码如下。

```python
best_model = grid.best_estimator_      #使用训练得到的最好模型
yfit = best_model.predict(Xtest)       #使用测试集进行预测

#展示部分预测结果
fig, ax = plt.subplots(10, 20)         #创建画布
fig.subplots_adjust(wspace=0.8)        #增大行间距
for i, axi in enumerate(ax.flat):
    axi.imshow(Xtest[i].reshape(8, 8), cmap='bone')
    axi.set(xticks=[], yticks=[])
    axi.set_xlabel(digits.target_names[yfit[i]],
        size=5 if yfit[i] == ytest[i] else 10)

plt.show()
```

运行上述代码，输出结果如图 4-7 所示。

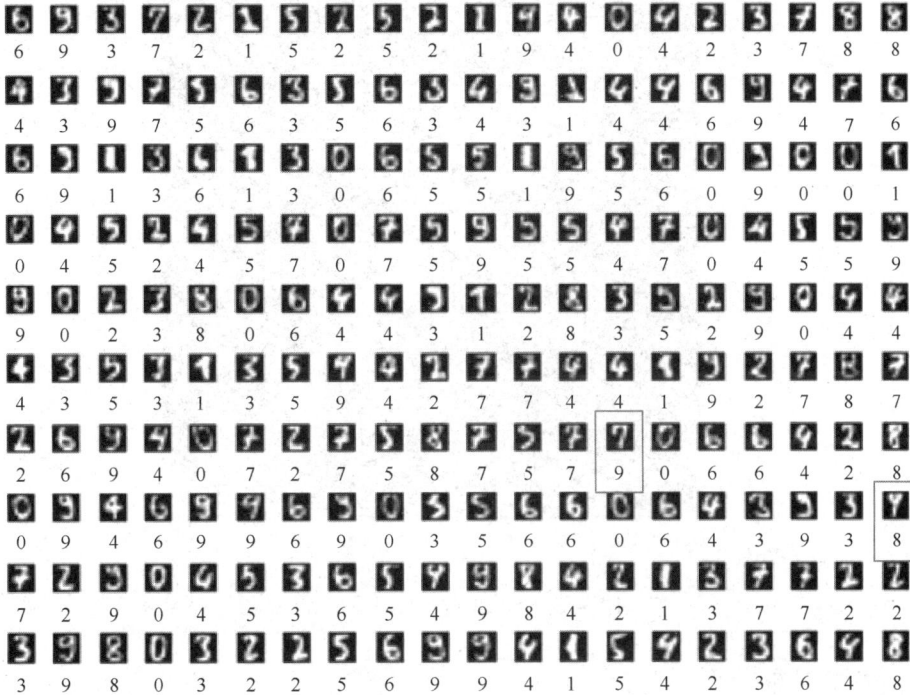

图 4-7 部分预测结果（大号字体标签表示预测失败，图中使用矩形框出）

（4）计算模型分类的准确率并绘制混淆矩阵，代码如下。

```
#导入工具库
from sklearn.metrics import accuracy_score
import seaborn as sns
from sklearn.metrics import confusion_matrix

#计算准确率
print ('accuracy_score:',accuracy_score (ytest,yfit))

#绘制混淆矩阵
mat = confusion_matrix (ytest, yfit)        #计算混淆矩阵
sns.heatmap (mat.T, square=True, annot=True, fmt='d', cbar=False,
            xticklabels=digits.target_names,yticklabels=digits.target_names)
plt.xlabel ('true label')
plt.ylabel ('predicted label')
plt.show()
```

运行上述代码，输出结果如图 4-8 所示，模型预测的准确率为 0.987。

混淆矩阵可以直观地展现错误分类的情况，如数字 7 的手写数字图片有 1 张被错误判定为数字 9。通过这些数据，可以详细分析样本，从而进一步优化模型。

accuracy_score: 0.986666666666666669

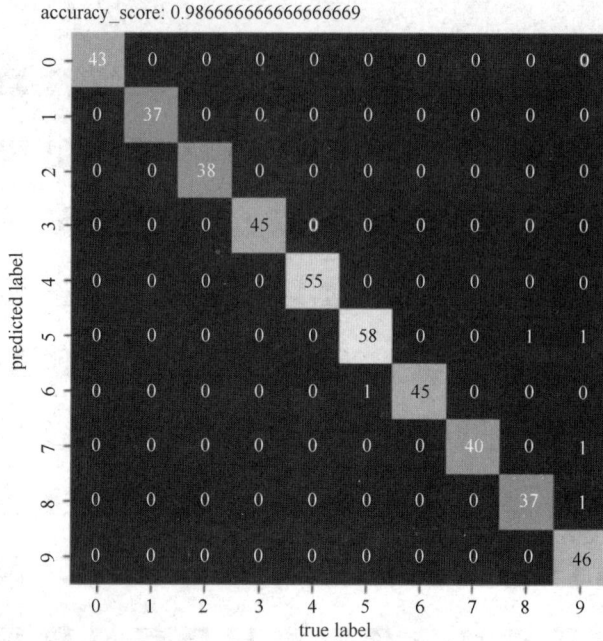

图 4-8　分类准确率及混淆矩阵

4.5.3　朴素贝叶斯

朴素贝叶斯（Naive Bayes）算法是一种基于贝叶斯定理和特征条件独立假设的分类算法，通过单独考量每个特征被分类的条件概率做出分类预测。该算法有着坚实的数学基础和稳定的分类效率，需要估计的参数很少，对缺失数据不太敏感，比较简单。但由于必须知道先验概率，因此往往预测效果不佳，对输入数据的数据类型较为敏感。

朴素贝叶斯算法包含多种方法，sklearn.naive_bayes 模块提供了三种方法，分别是伯努利朴素贝叶斯（Bernoulli Naïve Bayes）、高斯朴素贝叶斯（Gaussian Naïve Bayes）和多项式朴素贝叶斯（Multinomial Naïve Bayes）。可以根据数据类型的不同来选择合适的朴素贝叶斯方法：伯努利朴素贝叶斯方法适合二元离散值或稀疏多元离散值的情况；高斯朴素贝叶斯方法适合样本特征分布大部分是连续值的情况；多项式朴素贝叶斯方法适合非负离散数值特征的情况。

下面通过一个实例说明朴素贝叶斯算法的具体用法。

【例 4-3】使用高斯朴素贝叶斯算法对鸢尾花数据集进行分类。

本例使用 sklearn 的鸢尾花数据集（iris），数据集共有 150 个样本，样本数量较少，因此本例使用交叉验证的方式对模型性能进行评估，代码如下。

```
#导入工具库
from sklearn.model_selection import cross_val_score    #交叉验证
from sklearn.naive_bayes import GaussianNB             #高斯朴素贝叶斯算法
from sklearn import datasets                           #数据集

#加载数据集
iris=datasets.load_iris()
```

```
#模型训练及预测
clf=GaussianNB()
clf=clf.fit (iris.data, iris.target)
y_pred=clf.predict (iris.data)
print ('样本总数: ',iris.data.shape[0])
print ('预测错误样本数: ', (iris.target!=y_pred).sum())

#交叉验证
scores=cross_val_score (clf,iris.data,iris.target,cv=10)
print ('交叉验证平均精确率: ',scores.mean())
```

运行上述代码，输出结果如下。

```
样本总数: 150
预测错误样本数: 6
交叉验证平均精确率: 0.9533333333333334
```

4.5.4　逻辑回归

逻辑回归是一种广泛使用的统计学习方法，尽管名字中包含"回归"二字，但并不用于解决回归问题，主要用于解决分类问题，尤其是二分类问题。逻辑回归的核心是 Sigmoid 函数，它可以将线性函数的结果映射到[0,1]区间内，使其可以解释为概率，进而用于判断样本属于某一类的可能性。

Sigmoid 函数的表达式为

$$S(x) = \frac{1}{1+e^{-x}}$$

其中，x 是线性函数的结果，e 是自然对数的底数。绘制函数曲线如图 4-9 所示。

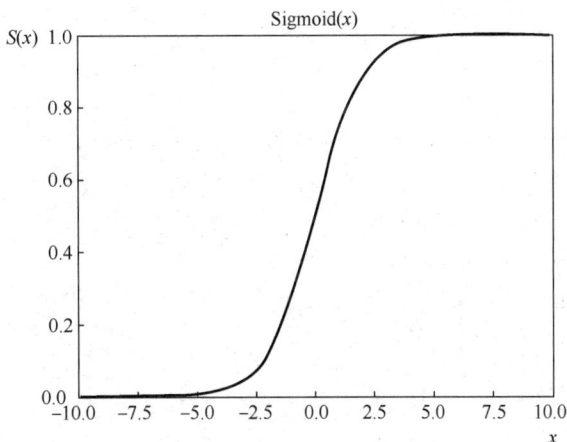

图 4-9　Sigmoid 函数

从图 4-9 可以看出，当 $x=0$ 时，$S(x)=0.5$；当 x 趋于负无穷时，$S(x)$趋于 0；当 x 趋于正无穷时，$S(x)$趋于 1。若 $S(x) \geqslant 0.5$，则预测 $S(x)=1$，属于正例；若 $S(x)<0.5$，则预测 $S(x)=0$，属于反例，这正是我们想要的二元分类预测函数。将线性函数的结果作为输入特征与预测函数结合起来，即可实现二分类问题。

下面使用 sklearn 工具库，通过一个实例来说明逻辑回归算法的应用。

【例4-4】 使用逻辑回归实现对乳腺癌的预测。

本例使用 sklearn 的乳腺癌数据集（breast_cancer），将数据集按照1∶3的比例切分为测试集和训练集。在模型训练之前，首先使用 StandardScaler 对数据集特征进行标准化处理，将每个特征都缩放到均值为0、标准差为1的范围内，以消除不同特征之间的量纲差异，使模型训练更加稳定。将模型最大迭代次数 max_iter 设为1000，确保模型能够收敛，代码如下。

```python
#导入工具库
from sklearn.linear_model import LogisticRegression        #逻辑回归
from sklearn.model_selection import train_test_split       #数据集切分函数
from sklearn.preprocessing import StandardScaler           #标准化
from sklearn.datasets import load_breast_cancer            #乳腺癌数据集

#加载数据集
breast_cancer=load_breast_cancer()
print('数据集维度：\n',breast_cancer.data.shape)

#切分数据集
X_train,X_test,y_train,y_test=train_test_split(breast_cancer.data,
        breast_cancer.target,random_state=33,test_size=0.25)

#标准化
transfer=StandardScaler()
X_train=transfer.fit_transform(X_train)
X_test=transfer.transform(X_test)

#逻辑回归模型训练和预测
#逻辑回归模型初始化，将最大迭代次数 max_iter 设为1000
estimator=LogisticRegression(max_iter=1000)
estimator=estimator.fit(X_train,y_train)
y_predict=estimator.predict(X_test)
print('真实值和预测值比对结果：\n',y_test==y_predict)

#评估模型准确率
score=estimator.score(X_test,y_test)
print('准确率：\n',score)
```

运行上述代码，输出结果如图4-10所示。

从图4-10可以看出，本例使用的乳腺癌数据集共569个样本数据，每个样本有30个特征。从测试集真实值与预测值的比对结果可以看出，有两个样本预测错误，其余全部预测正确。模型预测准确率达到了98.6%。

数据集维度：
 (569, 30)
真实值和预测值比对结果：
[True True True True True True True True True True True True
  True True True True True True True True True True True True
  True True True True True True True True True True True True
  True True True True True True True True True True True True
  True True True True True True True True True True True True
  True True True True True True True False True True True True
  True True True True True True True True True True True True
  True True True True True True False True True True True True
  True True True True True True True True True True True True
  True True True True True True True True True True True True
  True True True True True True True True True True True]
准确率：
 0.986013986013986

图 4-10　例 4-4 的输出结果

4.5.5　K 最近邻算法

K 最近邻算法是一种通过计算特征之间的距离进行分类的算法，核心思想是"物以类聚"，即相似的数据应有相似的输出。假设存在一个样本集，样本集中每个样本都存在标签，即已知每个样本与所属类别的对应关系。输入没有标签的测试样本后，K 最近邻算法主要包含以下 4 个步骤。

（1）计算测试样本到已知数据集中每个样本的距离。

（2）对距离进行排序，然后选取 K 个距离最小的样本。

（3）统计这 K 个样本中每种类别出现的次数。

（4）将出现次数最多的类别作为测试样本的类别输出。

在 K 最近邻算法中，K 值的选择对结果会产生重大影响。在实际工程中，一般是采用交叉验证的方式来选取 K 值。也就是将一些可能的 K 值逐个进行验证，最终选出效果最好的 K 值。下面使用 sklearn 工具库，通过一个实例来说明 K 最近邻算法的应用。

【例 4-5】应用 K 最近邻算法实现鸢尾花的分类。

本例使用 sklearn 的鸢尾花数据集（iris），K 值在 1～20 范围内选取，采用交叉验证网格搜索的方式进行模型训练，找到最佳 K 值，实现鸢尾花数据的 K 最近邻分类。分段代码展示、讲解及运行结果如下。

（1）导入工具库，代码如下。

```
from sklearn.preprocessing import StandardScaler
from sklearn.datasets import load_iris
from sklearn.model_selection import train_test_split,GridSearchCV
from sklearn.neighbors import KNeighborsClassifier
```

（2）准备数据：加载鸢尾花数据集，将数据集按 7∶3 的比例切分为训练集和测试集。对训练集和测试集的特征数据进行标准化处理，将每个特征都缩放到均值为 0、标准差为 1 的范围内，以消除不同特征之间的量纲差异，使模型训练更加稳定，代码如下。

```
#加载数据集
iris=load_iris()
#按照训练集和测试集 7∶3 的比例切分数据集
x_train,x_test,y_train,y_test=train_test_split(iris.data,iris.target,
```

```
                                        test_size=0.3,random_state=2)

#特征数据标准化
transfer=StandardScaler()
x_train=transfer.fit_transform(x_train)
x_test=transfer.transform(x_test)
```

（3）模型训练：使用交叉验证网格搜索进行模型训练，*K* 值在 1 到 20 之间选取，代码如下。

```
#实例化分类器
estimator=KNeighborsClassifier()

#使用交叉验证网格搜索
params_grid={"n_neighbors":range(1,21)}
estimator=GridSearchCV(estimator,param_grid=params_grid,cv=5)

#模型训练
estimator.fit(x_train,y_train)
```

（4）取得训练最好的模型：使用训练最好的模型对测试集进行预测，并将预测值与真实值进行比对，代码如下。

```
#查看最好的模型
best_estimator=estimator.best_estimator_
print('最好的模型: ',best_estimator)
print('最好的准确率: ',estimator.best_score_)
print('*'*20)

#对测试集进行预测
y_pred=best_estimator.predict(x_test)
print('真实值和预测值比对结果: \n',y_test==y_pred)
print('准确率: \n',estimator.score(x_test,y_test))
```

运行上述代码，输出结果如图 4-11 所示。

```
最好的模型:  KNeighborsClassifier(n_neighbors=12)
最好的准确率:  0.9619047619047618
********************
真实值和预测值比对结果:
 [ True  True  True  True  True  True  True  True  True  True  True
  True  True  True  True  True  True  True  True  True  True  True
  True  True  True  True  True  True  True  True  True  True  True
  True  True  True  True  True  True  True  True]
准确率:
 1.0
```

图 4-11　例 4-5 的输出结果

从图 4-11 可以看出，当 n_neighbors=12 时模型效果最好，预测准确率可以达到 96.19%。使用效果最好的模型对测试集进行预测，预测结果全部正确。

4.5.6 决策树

决策树（Decision Tree）是一种以树形数据结构来展示决策规则和分类结果的模型，通过递归将数据集分割成更小的子集，最终形成一个树形结构，用于数据分类和回归预测。下面以一个简单的示例来帮助大家理解决策树模型，示例图如图 4-12 所示。

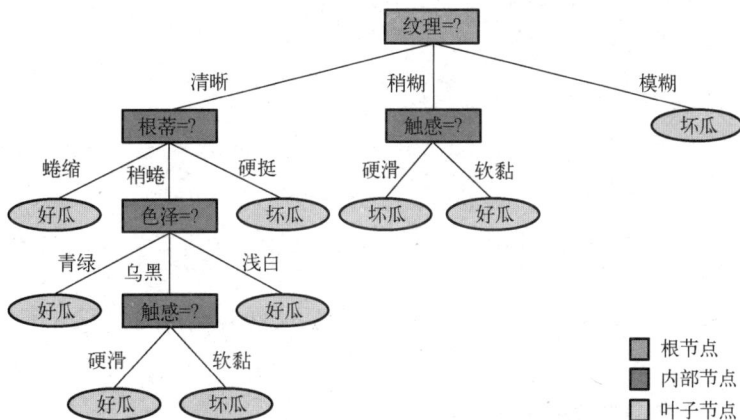

图 4-12 利用决策树判断西瓜的好坏

图 4-12 中，树的顶层节点称为根节点（Root Node），表示对数据集某一特征的判断，对整个数据集进行初始分割。本例是选择"纹理"这个特征进行初始分割判断，根据判断结果将数据集样本分配到内部节点（Internal Node）。每个内部节点对应一个特征的判断，继续将数据集分割为更小的子集，如此递归最终将样本分配到相应的叶子节点类中，从而实现分类或回归。对应到图 4-12 中，决策树的末端节点，即称为叶子节点（Leaf Node），表示分类或回归的判断结果。另外，图中节点之间的连接，称为边（Edge），表示特征或属性的可能取值。

典型的决策树算法有三种，分别是 ID3、C4.5 和 CART。Scikit-learn 中使用 sklearn.tree. DecisionTreeClassifier 实现决策树分类算法，下面通过一个具体的实例来介绍决策树分类算法的应用。

【例 4-6】应用决策树实现对鸢尾花的分类并可视化。

本例使用 sklearn 的鸢尾花数据集（iris），代码如下。

```
#（1）导入工具库
from matplotlib import pyplot as plt
from sklearn.datasets import load_iris
from sklearn import tree
from sklearn.metrics import accuracy_score

#（2）加载数据集
iris=load_iris()
x,y=iris.data,iris.target

#（3）应用决策树进行分类
#初始化分类器模型
dc_tree=tree.DecisionTreeClassifier(criterion='entropy',min_samples_leaf=5)
dc_tree.fit(x,y)  #训练模型
```

```
y_predict=dc_tree.predict（x）#使用训练好的模型进行预测
print（'预测准确率为：',accuracy_score（y,y_predict））

#（4）分类结果可视化
#设置绘图参数
font2={'family':'SimHei','weight':'normal','size':20}
plt.rcParams['font.family']='SimHei'
plt.rcParams['axes.unicode_minus']=False

#绘制决策树
fig=plt.figure（figsize=（20,20））
tree.plot_tree（dc_tree,filled='True',
            feature_names=['花萼长','花萼宽','花瓣长','花瓣宽'],
            class_names=['山鸢尾','变色鸢尾','维吉尼亚鸢尾']）
plt.show()
```

运行上述代码，输出结果如图 4-13 所示。应用决策树对鸢尾花进行分类预测的准确率为 97.33%，效果不错。

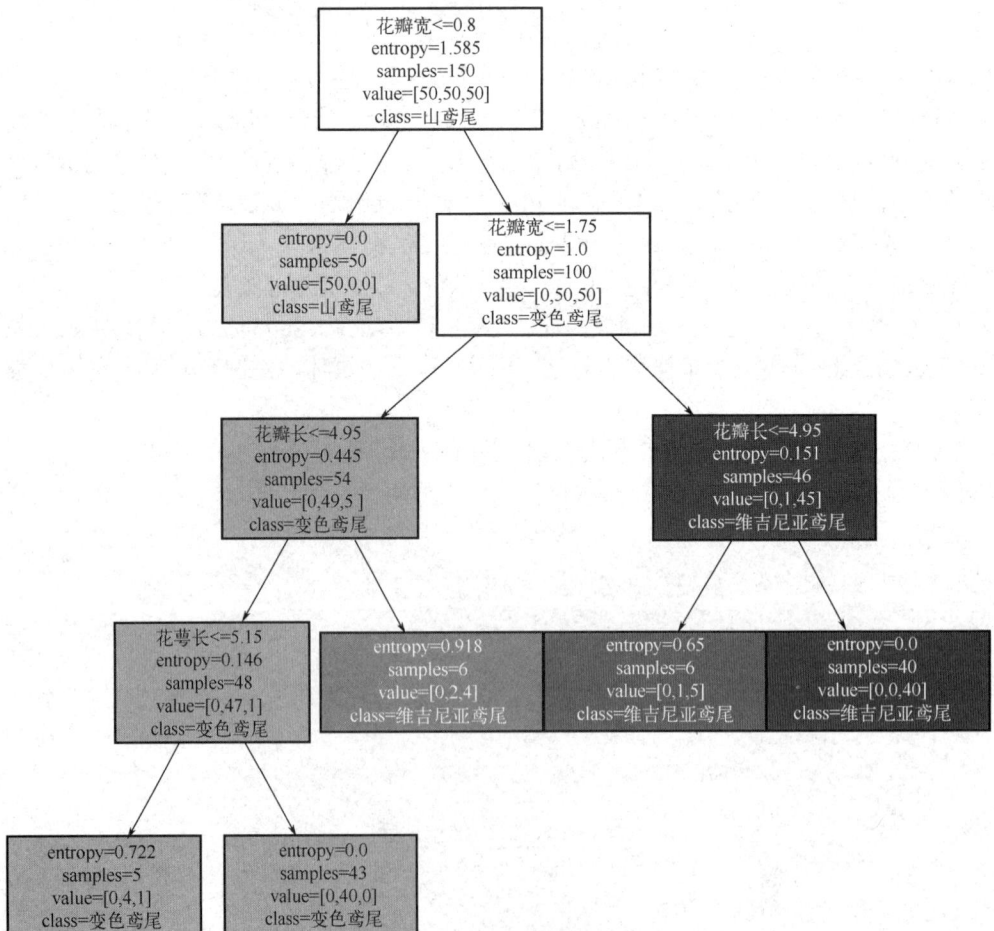

图 4-13　例 4-6 的输出结果

4.5.7　随机森林

随机森林（Random Forest）分类算法是一种基于集成学习（Ensemble Learning）方法的机器学习算法，由多个决策树组成，每棵树都对分类或回归问题进行预测，以对每个模型的输出进行投票的方式，按少数服从多数的原则做出最终的决策。

具体而言，随机森林分类算法从原始数据集中重复抽样（有放回抽样），为每棵决策树生成不同的训练数据集。在构建决策树的过程中，随机森林分类算法不仅在数据集上进行随机采样，还在特征上进行随机选择，即每次分裂时只考虑一部分随机选取的特征，而不是所有特征。这两个随机性使得模型具有很好的泛化能力，能够有效地减少过拟合。

Scikit-learn 的 sklearn.ensemble 模块提供了 RandomForestClassifier() 函数来实现随机森林分类，参数说明如下。

- n_estimators：随机森林中决策树的棵数。
- max_features：选择特征数量的最大值。
- bootstrap：有放回的抽样。
- max_depth：树的最大深度。
- random_state：随机数种子。

下面通过一个具体的实例来说明随机森林分类算法的应用。

【例 4-7】应用随机森林分类算法实现对手写数字数据集的分类。

本例使用 sklearn 的手写数字数据集（digits），分段代码展示、讲解及运行结果如下。

（1）准备数据：加载数据集并可视化展示部分手写数字图片，代码如下。

```
#导入工具库
from matplotlib import pyplot as plt
from sklearn.datasets import load_digits

#加载数据集并可视化展示部分手写数字图片
digits=load_digits()                    #加载数据集
fig=plt.figure (figsize=(6,6))          #创建网格画布
fig.subplots_adjust(left=0,right=1,bottom=0,top=1,hspace=0.05,wspace=0.05)
for i in range (64):
    ax=fig.add_subplot (8,8,i+1,xticks=[],yticks=[])
    ax.imshow (digits.images[i],cmap=plt.cm.binary,interpolation='nearest')
    ax.text (0,7,str (digits.target[i]))
plt.show()
```

运行上述代码，输出结果如图 4-14 所示。

（2）应用随机森林分类算法实现手写数字分类：使用 train_test_split() 函数将手写数字集切分为训练集和测试集，使用训练集训练模型，然后用训练好的模型对测试集进行预测。将随机森林中的决策树设定为 1000 棵，代码如下。

```
#导入工具库
from sklearn.model_selection import train_test_split
from sklearn.ensemble import RandomForestClassifier
```

```
#将数据集切分为训练集和测试集
X_train,X_test,y_train,y_test=train_test_split(digits.data,
    digits.target,random_state=0)

#初始化随机森林模型（设置决策树为1000棵）
model=RandomForestClassifier(n_estimators=1000)
model.fit(X_train,y_train)              #训练模型
y_pred=model.predict(X_test)            #使用训练好的模型对测试集进行预测
```

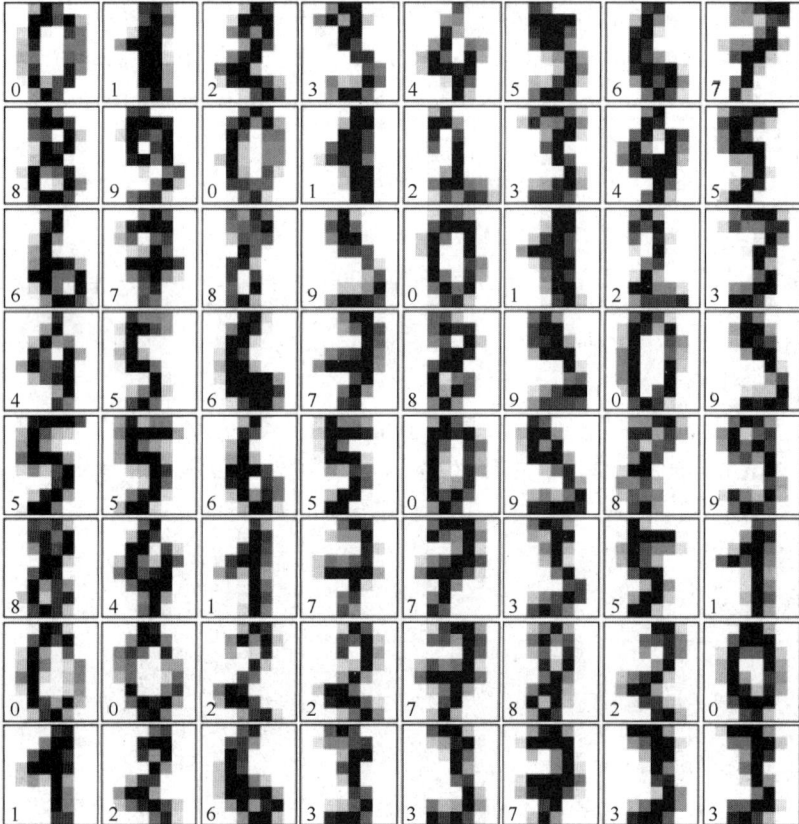

图 4-14　部分手写数字数据集图片

（3）评估模型性能：使用 classification_report()函数评估模型性能指标，并绘制混淆矩阵可视化展示模型预测结果，代码如下。

```
#导入工具库
from sklearn import metrics
import seaborn as sns
from sklearn.metrics import confusion_matrix

#输出模型分类性能指标
print(metrics.classification_report(y_pred,y_test))

#绘制混淆矩阵
mat=confusion_matrix(y_test,y_pred)
```

```
sns.heatmap (mat.T,square=True, annot=True, fmt='d',cbar=False)
plt.xlabel ('true label')
plt.ylabel ('predicted label')
plt.show()
```

运行上述代码，输出结果如图 4-15 和图 4-16 所示。

	precision	recall	f1-score	support
0	1.00	0.97	0.99	38
1	0.98	0.95	0.97	44
2	0.95	1.00	0.98	42
3	0.98	0.98	0.98	45
4	0.97	1.00	0.99	37
5	0.98	0.96	0.97	49
6	1.00	1.00	1.00	52
7	1.00	0.96	0.98	50
8	0.94	0.98	0.96	46
9	0.98	0.98	0.98	47
accuracy			0.98	450
macro avg	0.98	0.98	0.98	450
weighted avg	0.98	0.98	0.98	450

图 4-15　模型分类指标

由图 4-15 可以看到，0～9 这 10 个手写数字每个的预测指标，整体的准确率为 98%，模型预测效果不错。

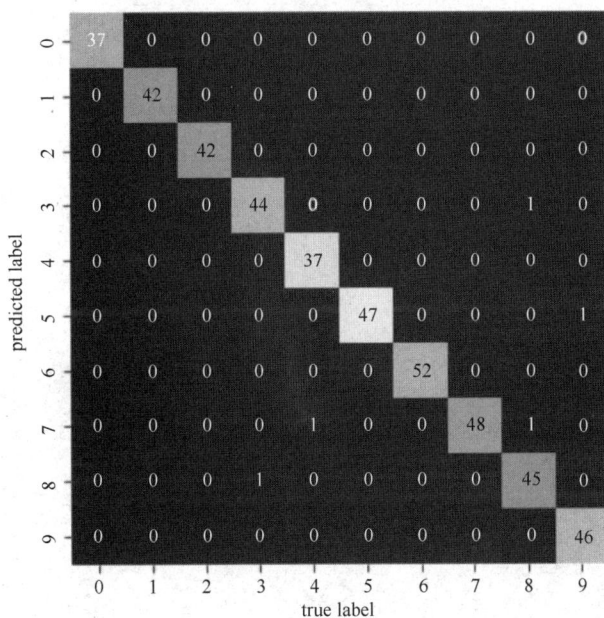

图 4-16　混淆矩阵

通过可视化展示混淆矩阵，可以方便地看到分类错误的数字被误判为哪个类别，如有一个数字 3 被误判为了数字 8。分析混淆矩阵可以有效改善模型性能。

4.5.8　梯度提升决策树

梯度提升决策树（Gradient Boosting Diecision Tree，GBDT）也是基于集成学习（Ensemble

Learning）算法的机器学习算法，通过构建并组合多个决策树来形成一个更强的学习模型。与随机森林学习模型不同的是，梯度提升决策树是按照顺序搭建模型的，模型之间存在依赖关系，每次迭代都针对前一轮的残差构建一个新的决策树，通过逐步减小预测残差的方式来提升模型的整体性能。

具体来说，在每轮迭代中，模型会计算残差的负梯度作为新的学习目标。然后训练一个决策树来拟合该梯度，并以适当的学习率将新树加入到累加函数中。这种方法可以逐步减小残差，提升模型的整体性能。

Scikit-learn 的 sklearn.ensemble 模块提供了 GradientBoostingClassifier() 函数来实现梯度提升决策树分类，参数说明如下。

- n_estimators：设置梯度提升决策树中分类模型的个数。
- max_features：设置选择的特征数量的最大值。
- random_state：随机数种子。

下面依然通过手写数字分类来说明梯度提升决策树的应用。

【例 4-8】应用梯度提升决策树实现对手写数字的分类。

本例使用 sklearn 的手写数字数据集（digits），具体代码如下。

```python
#导入工具库
from sklearn.datasets import load_digits
from sklearn.model_selection import train_test_split
from sklearn.ensemble import GradientBoostingClassifier
frcm sklearn import metrics
from sklearn.metrics import confusion_matrix
import seaborn as sns
import matplotlib.pyplot as plt
#加载数据集
digits=load_digits()

#将数据集切分为训练集和测试集
X_train,X_test,y_train,y_test=train_test_split(digits.data,digits.target,
random_state=0)

#应用梯度提升决策树实现分类
model=GradientBoostingClassifier()   #初始化梯度提升决策树模型
model.fit(X_train,y_train)            #训练模型
y_pred=model.predict(X_test)          #使用训练好的模型对测试集进行预测

#输出模型分类性能指标
print(metrics.classification_report(y_pred,y_test))

#绘制混淆矩阵
mat=confusion_matrix(y_test,y_pred)
sns.heatmap(mat.T,square=True, annot=True, fmt='d',cbar=False)
plt.xlabel('true label')
plt.ylabel('predicted label')
plt.show()
```

运行上述代码，输出结果如图 4-17 和图 4-18 所示。

```
              precision    recall  f1-score   support

           0       0.97      0.97      0.97        37
           1       0.95      0.98      0.96        42
           2       0.95      0.98      0.97        43
           3       0.93      0.98      0.95        43
           4       0.95      1.00      0.97        36
           5       0.96      0.96      0.96        48
           6       0.94      1.00      0.97        49
           7       0.98      0.96      0.97        49
           8       0.98      0.89      0.93        53
           9       0.96      0.90      0.93        50

    accuracy                           0.96       450
   macro avg       0.96      0.96      0.96       450
weighted avg       0.96      0.96      0.96       450
```

图 4-17　分类性能指标

由图 4-17 可以看到 0～9 这 10 个手写数字每个的预测性能指标，整体的准确率为 96%，模型预测效果不错。

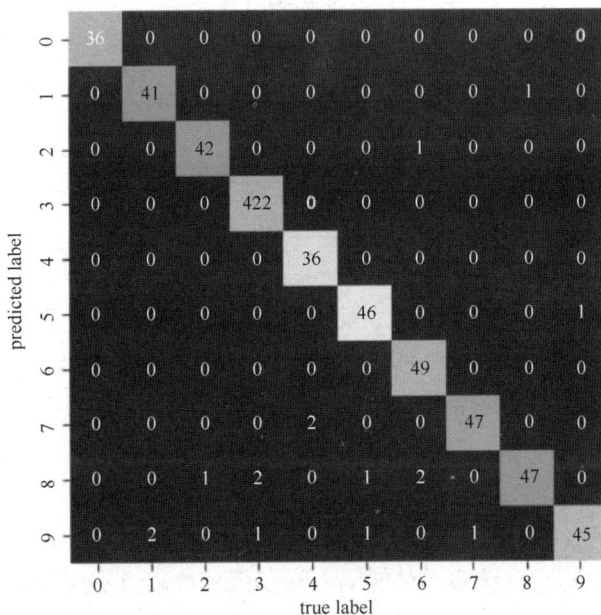

图 4-18　混淆矩阵

通过可视化展示混淆矩阵，可以方便地看到分类错误的数字被误判为哪个类别，分析混淆矩阵可以有效改善模型性能。

4.5.9　K 均值聚类

K 均值聚类（K-Means Clustering）算法是一种广泛使用的无监督机器学习算法，用于将数据点聚类为若干个簇，使得每个簇内的数据点尽可能相似，而不同簇间的数据点尽可能不同。K 均值聚类算法是基于划分的聚类算法，采用距离作为数据点相似性度量的评价指标。每个簇都有一个中心，称为质心，K 均值聚类算法的基本思想就是通过迭代的方式将数据集划分为 K 个簇，使得每个数据点与其所属簇的质心之间的距离之和最小。该算法主要包括以下 4

个步骤。

（1）选择初始质心：随机选择 K 个数据点作为初始质心，将数据集划分为 K 个簇。

（2）分配数据点：计算数据集中每个数据点与 K 个质心的距离，将其分配给最近的质心所代表的簇。

（3）更新质心：分配完成后，每个簇都有若干个数据点。重新计算每个簇的质心，即取簇内所有数据点的均值作为新的质心。

（4）迭代优化：重复上述分配数据点和更新质心的步骤，直到满足终止条件，如质心不再发生显著变化或达到预设的迭代次数。

K 均值聚类算法流程图如图 4-19 所示。

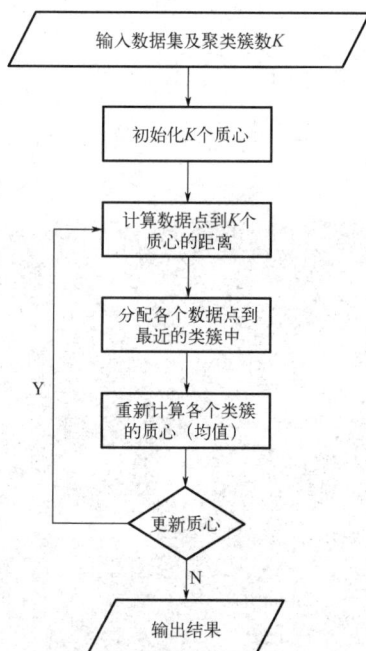

图 4-19　K 均值聚类算法流程图

K 均值聚类算法的优点在于其简单易懂、计算速度快且易于实现。然而，它也存在一些局限性，如对初始质心的选择敏感、可能陷入局部最优解以及需要预先设定聚类数 K。这些局限性在实际应用中需特别注意，并可能需要多次运行算法以获取稳定的结果。

Scikit-learn 的 sklearn.cluster 模块提供了 K-Means()函数来实现 K 均值聚类算法，参数说明如下。

● n_clusters：设置需要划分为多少个簇。

● random_state：随机数种子。

下面通过一个具体的案例来说明 K 均值聚类算法的应用。

【例 4-9】应用 K 均值聚类算法对鸢尾花数据集进行聚类分析。

本例使用 sklearn 的鸢尾花数据集（iris），完成聚类分析后，选取 "花萼长度" "花萼宽度" "花瓣长度" 三个维度可视化展示聚类分析的结果。具体代码如下。

```
# （1）导入工具库
import matplotlib.pyplot as plt
```

```
from mpl_toolkits.mplot3d import Axes3D
from sklearn.cluster import KMeans
from sklearn import datasets

# （2）加载数据集
iris=datasets.load_iris()
X=iris.data

# （3）使用 K-Means 模型拟合，将聚类簇数设为 3
est=KMeans (n_clusters=3)
est.fit (X)

# （4）选取其中的三个维度，可视化展示聚类结果
plt.rcParams['font.sans-serif']=['SimHei']#避免中文出现乱码
labels=est.labels_
fig=plt.figure (figsize= (8,5),dpi=144)
ax=Axes3D (fig,elev=48,azim=134)
ax.scatter(X[:,3],X[:,0],X[:,2],c=labels.astype(float),edgecolor='k')
ax.set_xlabel ('花萼宽度')
ax.set_ylabel ('花萼长度')
ax.set_zlabel ('花瓣长度')
ax.set_title ('iris 数据集的聚类展示')
ax.dist=12
plt.show()
```

运行上述代码，输出结果如图 4-20 所示。

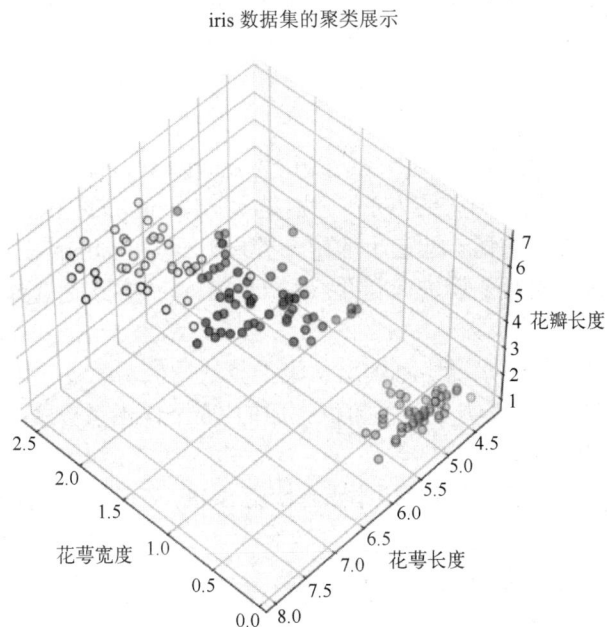

图 4-20　K 均值聚类分析结果

4.5.10　层次聚类

层次聚类（Hierarchical Clustering）也是根据数据点的相似性将数据集划分为多个簇类，按照层次分解顺序，可分为由左至右的凝聚层次聚类（Agglomerative Nesting，AGNES）方法和由右至左的分裂层次聚类（Divisive Analysis，DIANA）方法。

图 4-21 直观地展示了两种层次聚类方法的执行过程：凝聚层次聚类方法的过程是由左至右，从每个数据自成一簇开始，根据相似度每次进行两两合并，直到所有数据成为一簇，或者在满足终止条件时停下（当指定簇的个数为 2 时，算法会停在 Step3）；分裂层次聚类方法的过程是从右到左，从所有数据构成一簇开始，每次进行二分分裂，直到每个数据自成一簇，或者在满足终止条件时停下（当指定簇的个数为 2 时，算法会停在 Step1）。

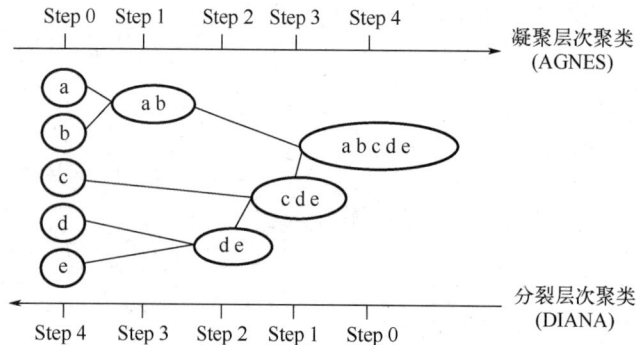

图 4-21　两种层次聚类方法的执行过程

在实际应用过程中，凝聚层次聚类方法的使用场景较多，而分裂层次聚类方法一般较少使用。Scikit-learn 的 sklearn.cluster 模块提供了 AgglomerativeClustering()函数来实现凝聚层次聚类算法，参数说明如下。

- n_clusters：指定簇的个数。
- linkage：指定合并两个簇的方法。
- affinity：指定计算距离的方式，一般默认为 euclidean，即欧氏距离。

sklearn 提供了三种合并两个簇的方法，分别是 ward、complete 和 average。ward 是 sklearn 中的默认选项，合并方式是选择方差最小的两个簇进行合并；complete 的合并方式是选择簇间样本点的最大距离最小的两个簇进行合并；average 的合并方式是选择簇间样本点的平均距离最小的两个簇进行合并。

下面通过一个具体的实例来说明凝聚层次聚类算法的应用。

【例 4-10】应用凝聚层次聚类方法将随机生成的 15 个样本点分成三个类别，两个簇的合并策略选择 ward，并绘制层次聚类树。

本例使用 NumPy 数据包随机生成样本点，使用 SciPy 工具包绘制层次聚类树。分段代码展示、讲解及运行结果如下。

（1）导入工具库，代码如下。

```
import pandas as pd
import numpy as np
import matplotlib.pyplot as plt
```

```
from scipy.cluster.hierarchy import linkage,dendrogram
from sklearn.cluster import AgglomerativeClustering
```

（2）准备数据：使用 NumPy 数据包随机生成 15 个具有 5 个特征的样本数据，代码如下。

```
#随机生成具有 5 个特征的 15 个样本数据
labels=['特征1','特征2','特征3','特征4','特征5']
np.random.seed(0)
X=np.random.random_sample（[15,5]）*10
df=pd.DataFrame（X,columns=labels)
print（df）
```

运行上述代码，输出结果如图 4-22 所示。

	特征1	特征2	特征3	特征4	特征5
0	5.488135	7.151894	6.027634	5.448832	4.236548
1	6.458941	4.375872	8.917730	9.636628	3.834415
2	7.917250	5.288949	5.680446	9.255966	0.710361
3	0.871293	0.202184	8.326198	7.781568	8.700121
4	9.786183	7.991586	4.614794	7.805292	1.182744
5	6.399210	1.433533	9.446689	5.218483	4.146619
6	2.645556	7.742337	4.561503	5.684339	0.187898
7	6.176355	6.120957	6.169340	9.437481	6.818203
8	3.595079	4.370320	6.976312	0.602255	6.667667
9	6.706379	2.103826	1.289263	3.154284	3.637108
10	5.701968	4.386015	9.883738	1.020448	2.088768
11	1.613095	6.531083	2.532916	4.663108	2.444256
12	1.589696	1.103751	6.563296	1.381830	1.965824
13	3.687252	8.209932	0.971013	8.379449	0.960984
14	9.764595	4.686512	9.767611	6.048455	7.392636

图 4-22 随机生成的样本数据

（3）应用层次聚类：设置目标簇类个数为 3，距离计算方式为欧氏距离，两个簇的合并策略选择 ward，代码如下。

```
cluster=AgglomerativeClustering(n_clusters=3,affinity='euclidean',linkage=
'ward')
fpred=cluster.fit_predict（X）
print（'划分结果为：',fpred）

#可视化聚类后的数据
plt.figure（figsize=（10,7））
plt.scatter（X[:,0],X[:,1],c=cluster.labels_）  #选择两个特征绘制二维散点图
plt.show()
```

运行上述代码，输出结果如图 4-23 所示。

在图 4-23 中，划分结果表示每个样本的类别标签，本例目标簇类个数为 3，所以应用聚类后样本类别被标定为 0、1 或 2。散点图中使用三种不同的颜色绘制样本点，可以看出每个簇类的样本点数与划分结果一致。

划分结果为：[1 1 1 0 1 0 2 1 0 0 0 2 0 2 1]

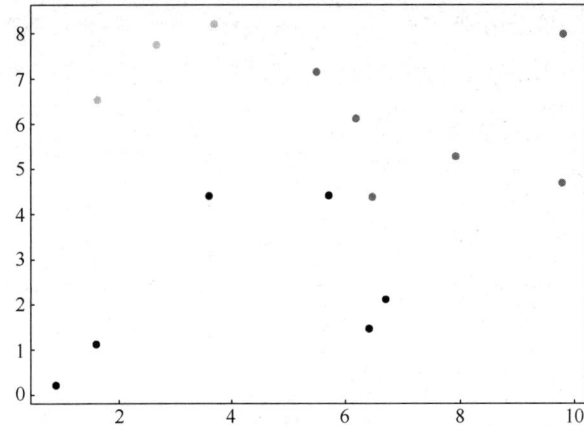

图 4-23　聚类结果

（4）绘制层次聚类树，代码如下。

```
plt.figure(figsize=(10,7))
dend=dendrogram(linkage(X,method='ward'))
plt.axhline(y=12.5,color='r',linestyle='--')
plt.show()
```

运行上述代码，输出结果如图 4-24 所示。

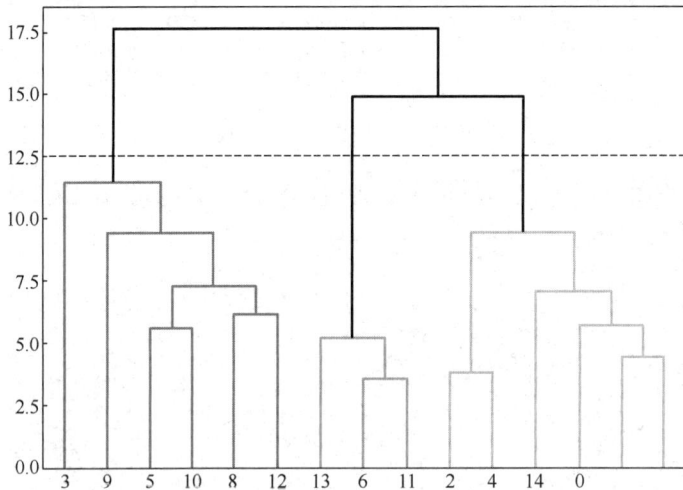

图 4-24　层次聚类树

图 4-24 直观地展示了凝聚层次聚类的过程，从图中可以看到聚类进行到虚线处时样本被成功地划分为了三个簇类。

4.5.11　DBSCAN 聚类

DBSCAN（Density-Based Spatial Clustering of Applications with Noise）算法是一种基于密度的空间聚类算法，能够识别出数据中的噪声点，并能发现任意形状的簇。DBSCAN 聚类算法的核心思想是，对于每个点，只要其邻域内的点数超过一个阈值，就可以将它们归为一个簇类。因此，该算法定义数据密度首先要给出邻域的最大半径ε与邻域内最小数据点数 MinPts 两个参数。然后算法按照以下方法循环处理每个数据点，从而得到聚类结果。

（1）任意选取一个数据点，找出以该点为中心的ε-邻域内的所有点，如果所获得的点数小于 MinPts，那么将该点标注为局外点，否则将该点及其邻域内的所有点标注为一个簇。

（2）遍历第（1）步中找到的所有点，以这些点作为新的中心，执行第（1）步的操作，不断地发现新的数据点扩大这个簇（被标记为局外点的数据点，在后续的聚类过程中如果满足条件，也可以被重新标记为簇中的点）。

（3）标记完一个簇后，重新选取一个未被标记的点，重复执行第（1）（2）两步，开始新一轮的聚类。

Scikit-learn 的 sklearn.cluster 模块提供了 DBSCAN()函数，下面通过一个具体的案例来说明 DBSCAN 聚类算法的应用。

【例 4-11】对随机生成的数据样本应用 DBSCAN 聚类算法，并可视化聚类结果。分段代码展示、讲解及运行结果如下。

（1）导入工具库：代码如下。

```
import numpy as np
import matplotlib.pyplot as plt
from sklearn.datasets import make_blobs
from sklearn.preprocessing import StandardScaler
from sklearn.cluster import DBSCAN
```

（2）定义绘图函数：用于可视化展示生成的原始数据和应用 DBSCAN 聚类算法后的分类结果，代码如下。

```
def draw (datas,labels):
    plt.figure (figsize=(8,5),dpi=144)          #设置画布
    clusters=len (np.unique (labels))           #获取类别个数
    colors=[plt.cm.Spectral(each) for each in np.linspace(0,1,clusters)]
                                                #设置颜色


    #遍历坐标点
    for i,lab in enumerate (labels):
        if lab == -1:                           #若是噪声点，则标记为三角符号
            plt.scatter (x_datas[i,0],x_datas[i,1],s=20,marker='v')
        else: #否则，按类别标记颜色
            plt.scatter (x_datas[i,0],x_datas[i,1],s=20,
                        color=colors[lab-1],edgecolor='k')
    plt.show()
```

（3）准备样本数据：使用 make_blobs()函数随机生成 4 组数据，并对生成的样本数据做正则化处理和可视化展示，代码如下。

```
centers=[[1,2],[-1,-2],[2,-1],[-2,1]]
#以 centers 为中心，方差是 0.6，随机生成 400 个样本数据
#x_datas 为样本数据集，y_true 为样本数据的真实标签
x_datas,y_true=make_blobs (n_samples=400,centers=centers,
```

```
                            cluster_std=0.6,random_state=5)
#正则化处理
x_datas=StandardScaler().fit_transform(x_datas)
#可视化展示生成的样本数据
draw(x_datas,y_true)
```

运行上述代码，输出结果如图 4-25 所示。

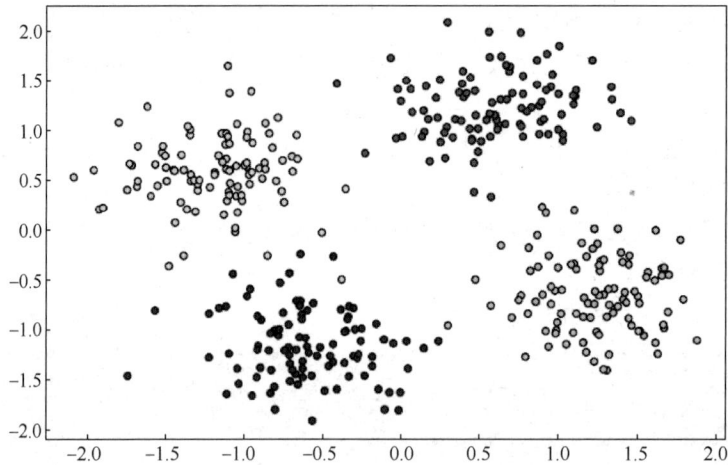

图 4-25　生成的样本数据

（4）应用 DBSCAN 聚类算法：对生成的数据进行聚类分析，最大半径设为 0.3，邻域内最小数据点数 MinPts 设为 10。输出聚类后的类别标签，并可视化聚类结果，代码如下。

```
db=DBSCAN(eps=0.3,min_samples=10).fit(x_datas)
y_dbs=db.labels_  #取得聚类后的类别标签
print('类别标签：\n',y_dbs)

#可视化聚类结果
draw(x_datas,y_dbs)
```

运行上述代码，输出结果如图 4-26 和图 4-27 所示。

```
类别标签：
[ 0 1 2 2 1 3 2 2 2 2 2 1 1 0 3 0 2 1 3 0 -1 3 0 2
 2 0 0 0 1 -1 2 0 2 0 2 2 2 2 0 1 2 1 0 3 3 0 3 0
 3 0 3 -1 2 2 2 1 3 -1 3 3 3 0 3 2 1 3 0 0 1 2 3
 2 1 0 1 2 1 2 1 2 0 1 0 1 0 1 1 0 1 0 2 0 0 1 0
 0 3 0 2 0 1 0 3 2 0 -1 2 0 1 2 3 1 2 3 2 3 1 3 0
 3 -1 1 3 -1 2 1 3 3 1 2 1 2 -1 2 0 3 1 1 1 -1 2 1
 1 2 1 3 2 3 0 2 2 3 -1 2 -1 3 0 3 1 2 1 3 1 2
 0 3 3 3 0 -1 2 3 1 0 0 2 0 3 2 3 3 -1 0 1 1 0 3 -1
 1 1 3 1 2 2 2 1 2 2 2 3 0 2 3 0 0 1 0 0 3 0 0 1
 2 1 -1 2 3 0 1 3 1 3 2 3 1 2 3 3 1 0 0 0 0 2 2
 0 1 3 0 3 -1 0 0 1 0 2 2 3 2 0 2 0 0 -1 3 1 0 3 1
 0 3 -1 2 2 1 2 3 1 0 2 1 1 -1 -1 3 3 3 -1 1 3 0 1 1
 2 3 0 2 1 0 0 2 1 2 1 3 3 3 1 2 0 1 2 2 3 1 3 0
 2 3 3 0 3 -1 1 0 1 1 -1 2 1 2 2 1 0 0 0 1 1 3 1 3
 2 0 3 3 0 0 1 3 0 2 1 0 1 0 0 0 3 1 3 3 1 2 0
 2 1 0 1 1 1 2 2 0 1 2 3 3 3 1 0 -1 2 3 1 2 0 -1 0
 0 0 0 2 0 2 3 0 1 0 1 0 1 1 3 3]
```

图 4-26　类别标签

从图 4-26 可以看出，应用 DBSCAN 聚类算法后，数据被分为了 4 个簇类，类别标签分别为 0、1、2、3。–1 表示噪声点，不属于任何一个簇类。

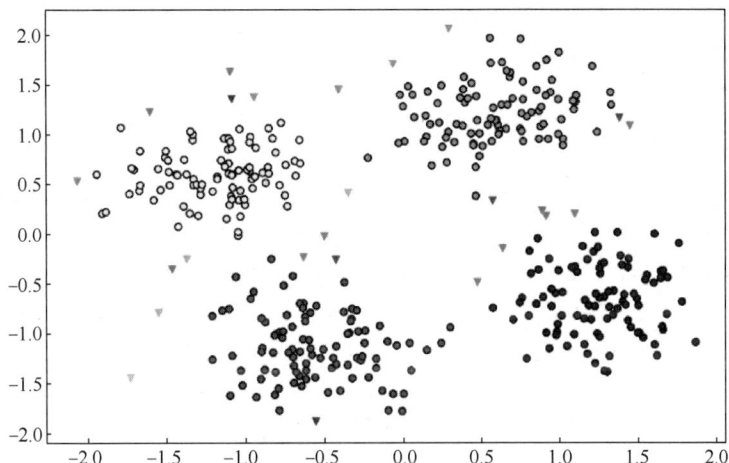

图 4-27　DBSCAN 聚类结果

图 4-27 直观地展示了聚类结果，4 个不同簇类的点用 4 种不同的颜色标注，噪声点用三角形标注。读者可以尝试调整最大半径和邻域内最小数据点数 MinPts 两个参数，观察聚类结果会发生怎样的变化。

4.5.12　主成分分析

主成分分析（Principal Component Analysis，PCA）是一种通过正交变换将一组可能存在相关性的变量转换为一组线性不相关的变量的统计方法，是一种广泛使用的数据降维技术。主成分分析算法通过正交变换将高维数据映射到低维空间，以找出数据中的主成分，从而减少数据的复杂性和提高分析的效率。在处理高维数据时，尤其是变量之间存在相关性的情况下，主成分分析能够有效提取最重要的信息，并将原始数据转化为互不相关的新变量，这些新变量即称为"主成分"。

下面通过一个简单的例子，帮助大家直观地理解降维和正交的概念。所谓正交，是指两个向量的夹角为 $90°$，对于三维空间来说，正交可以简单地理解为垂直。如图 4-28 所示，有一组二维数据样本（图中黑色数据点）。现在我们希望找到一个方向，使投影后数据尽可能分散，以保留更多的样本信息。图中的 x_1 方向就能够很好地满足条件，投影后，我们得到一组一维的数据（图中白色数据点），并且所有数据都不重合，数据从二维降到了一维。

Scikit-learn 的 sklearn.decomposition 模块提供了 PCA() 函数来实现主成分分析，下面通过一个具体的实例来说明主成分分析算法的应用。

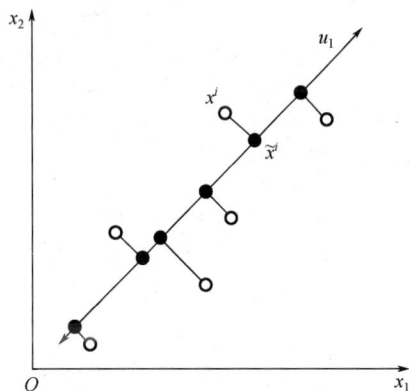

图 4-28　二维数据

【例 4-12】应用主成分分析算法将鸢尾花数据集的维度降至二维，并可视化降维后的结果。

本例使用 sklearn 的鸢尾花数据集（iris），数据集包括 150 个样本，三种鸢尾花类别，每个样本具有 4 个特征。因此数据集的特征集是四维的，四维的数据我们很难进行可视化展示，本例通过应用主成分分析算法，将数据维度降至二维，就可以很方便地在二维平面内展示数据了。具体代码及分段解释如下。

```
# （1）导入工具库
from sklearn.decomposition import PCA
from matplotlib import pyplot as plt
from sklearn.datasets import load_iris

# （2）加载数据集
iris=load_iris()
x=iris.data        #特征集
y=iris.target      #标签集
print('数据集维度: ',iris.data.shape)

# （3）应用 PCA 算法
pca=PCA(n_components=2)        #实例化 PCA 模型，指定返回主成分个数为 2
pca=pca.fit(x)                #训练模型
result=pca.transform(x)       #获取降维后的新数据
print('降维后数据集维度: ',result.shape)
print('降维后各主成分的方差值: ',pca.explained_variance_ )
print('降维后各主成分的方差值占总方差值的比例: ',pca.explained_variance_ratio_)

# （4）可视化展示降维后的结果
plt.figure()                  #创建画布
colors='rgw'                  #定义数据点颜色
edge_colors='rgb'             #定义数据点边缘颜色
marker='xvo' #定义数据点符号
#绘制散点图
for i in range(3):
    plt.scatter(result[y==i,0],result[y==i,1],alpha=0.7,color=colors[i],
                edgecolors=edge_colors[i],marker=marker[i],
                label=iris.target_names[i])

plt.legend() #显示图例
plt.show()
```

（1）导入工具集：sklearn.decomposition.PCA 用于降维，matplotlib.pyplot 用于可视化，sklearn.datasets.load_iris 用于加载鸢尾花数据集。

（2）加载数据集：加载数据集并查看数据集维度，代码运行结果如下，共 150 个样本，样本具有 4 个特征。

```
数据集维度: （150, 4）
```

（3）应用主成分分析算法：参数 n_components 用于指定降维后主成分的个数，即希望将数据集降至几维，本例中 n_components=2，代码运行结果如下。

```
降维后数据集维度：   (150, 2)
降维后各主成分的方差值：  [4.22824171 0.24267075]
降维后各主成分的方差值占总方差值的比例：  [0.92461872 0.05306648]
```

从以上运行结果可以看出，降维后数据集共有 150 个样本，每个样本具有 2 个特征向量。降维后各主成分的方差以及各主成分方差占总方差的比例都是数值越大，说明该主成分越重要。从运行结果可以看出，第一个主成分更重要。

（4）可视化展示降维后的结果：将降维后得到的两个特征分别作为 x 坐标和 y 坐标，具有相同标签的样本数据点形状和颜色相同，降维后结果如图 4-29 所示。

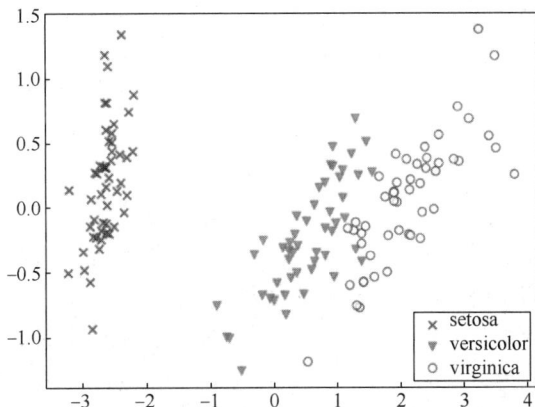

图 4-29　降维后结果

由图 4-29 可以看出，降维后三种鸢尾花类别可以方便地进行可视化展示，并能够清晰地区分开。

4.6　本 章 小 结

本章首先介绍了机器学习的基本概念，从机器学习模型的层次结构角度，介绍了机器学习发展的两个重要里程碑：浅层学习和深度学习，并进行了比较分析。其次，重点介绍了浅层学习，包括机器学习最常见的分类方式：监督学习、无监督学习、弱监督学习和强化学习。再次，介绍了数据集、预处理以及模型评估的相关概念和方法。最后，介绍了多种常用机器学习算法并给出应用案例。

读者通过学习本章内容，可以对机器学习有一个整体的认识。本章丰富的应用案例可以激发读者的学习兴趣，为后续深入学习机器学习和人工智能打下良好的基础。

习　题　4

一、单选题

1. 亚瑟·塞缪尔在机器学习领域的贡献包括＿＿＿＿＿＿＿。
   A．发明了支持向量机　　　　　　　B．编写了一个自我学习的跳棋程序
   C．提出了深度学习的早期理论　　　D．创立了强化学习

2．在塞缪尔的跳棋程序中，他采用_____方法来改进算法。
　　A．让计算机与人类对弈　　　　　　B．通过观看围棋比赛
　　C．让计算机自己与自己对弈　　　　D．不使用任何迭代方法
3．机器学习的数据一般由_____和_____两部分组成。
　　A．结构、流量　　　　　　　　　　B．结构、标签
　　C．特征、结构　　　　　　　　　　D．特征、标签
4．感知机模型在机器学习中的局限性是_____。
　　A．无法解决线性可分问题　　　　　B．可以解决所有类型的数据问题
　　C．无法解决非线性可分问题　　　　D．速度太慢，无法实际应用
5．BP 算法的提出解决了机器学习中的_____。
　　A．梯度消失问题　　　　　　　　　B．权重初始化问题
　　C．多层神经网络训练问题　　　　　D．数据收集问题
6．深度学习的兴起与_____技术密切相关。
　　A．CPU 计算能力的突破　　　　　　B．GPU 并行计算的发展
　　C．机械硬盘存储的提升　　　　　　D．光纤网络的普及
7．下列不属于深度学习相比浅层学习的优势的是_____。
　　A．更强的特征提取能力　　　　　　B．更少的训练数据需求
　　C．更好的泛化能力　　　　　　　　D．更适合处理高维度数据
8．ImageNet 项目对于深度学习的推动作用主要体现在_____。
　　A．提供了海量的图像识别数据集
　　B．开发了新的图像处理算法
　　C．建立了图像识别的国际标准
　　D．为图像识别提供了理论基础
9．GPT-3 模型在自然语言处理领域的特点不包括_____。
　　A．参数量巨大　　　　　　　　　　B．生成文本质量高
　　C．适用于低资源环境　　　　　　　D．引起了广泛的关注
10．在机器学习中，监督学习与无监督学习的主要区别是_____。
　　A．是否允许存在错误标记的数据
　　B．是否预设目标变量或分类标签
　　C．是否可以用于图像识别任务
　　D．是否可以应用于时间序列分析
11．K 均值聚类算法属于_____类型的学习。
　　A．监督学习　　B．无监督学习　　C．弱监督学习　　D．强化学习
12．在强化学习中，系统优化的目标是_____。
　　A．最大化利润　　　　　　　　　　B．最小化风险
　　C．最大化累积奖励　　　　　　　　D．最小化损失
13．PCA 主要用于_____。
　　A．数据压缩　　B．图像分割　　C．语音识别　　D．聚类分析
14．以下_____算法不是聚类算法。
　　A．K 均值聚类　　B．DBSCAN　　C．层次聚类　　D．PCA

15．随机森林是一种_____类型的学习方法。

　　A．监督学习　　　　B．无监督学习　　　　C．集成学习　　　　D．强化学习

16．SVM 主要用于解决_____问题。

　　A．数据压缩　　　　B．回归分析　　　　C．分类问题　　　　D．聚类分析

17．朴素贝叶斯分类器基于_____假设。

　　A．特征之间完全独立　　　　　　　　B．特征之间存在强依赖

　　C．特征之间没有任何关联　　　　　　D．特征之间部分独立

18．逻辑回归主要用于解决_____问题。

　　A．数据压缩　　　　B．回归分析　　　　C．二分类问题　　　　D．多分类问题

19．线性回归和逻辑回归的主要区别_____。

　　A．线性回归处理线性问题，逻辑回归处理非线性问题

　　B．线性回归用于分类，逻辑回归用于回归

　　C．线性回归输出连续值，逻辑回归输出概率值

　　D．线性回归适用于小数据集，逻辑回归适用于大数据集

20．下列不属于降维算法的是_____。

　　A．KNN　　　　　　B．PCA　　　　　　C．LLE　　　　　　D．MDS

二、填空题

1．_____训练机器学习算法的数据集。

2．监督学习的输出有两种，当算法的输出结果是离散值时，就是_____问题；当输出结果是连续值时，就是_____问题。

3．DBSCAN 是一种基于_____的空间聚类算法，能够识别出数据中的噪声点，并能发现任意形状的簇。

4．PCA 能够有效提取最重要的信息，并将原始数据转化为互不相关的新变量，这些新变量即称为_____。

5．SVM 是一种_____算法。

三、实践题

1．打开"课后习题\第 4 章\4-1.py"，参考例 4-5，使用 KNN 算法对鸢尾花数据集进行分类，并评估模型的性能指标。请根据程序中的注释，补全程序。

2．打开"课后习题\第 4 章\4-2.py"，使用 K 均值聚类算法对随机生成的一组样本数据进行聚类分析，并显示聚类结果。请根据程序中的注释，自行修改 K 均值聚类算法的参数 n_clusters，观察并比较聚类分析的结果。

3．利用 sklearn 中糖尿病数据集进行多元线性回归分析，其中，测试集所占比例为 20%，随机数种子为 22。

提示：糖尿病数据集使用 load_diabetes()。

4．利用 sklearn 中乳腺癌数据集进行分类分析与预测，其中，测试集所占比例为 25%，随机数种子为 3。

提示：乳腺癌数据集使用 load_breast_cancer()。

第 5 章　人工神经网络与深度学习

内容关键词:

- 人工神经网络、BP 神经网络的工作原理
- 卷积神经网络 CNN 的工作原理
- 循环神经网络 RNN、LSTM
- 生成对抗网络 GAN
- 深度学习工具

前面的章节中已经对人工智能、机器学习和深度学习之间的关系进行了简要概述,本章将深入介绍深度学习的发展历程,并揭示深度学习如何发展而来,与人工神经网络的关系,已经取得了哪些进展,以及它的重要性。

具体而言,深度学习是机器学习的一种,即允许计算机系统从经验和数据中得到提高的技术,作为一种特定类型的机器学习,具有极强的灵活性。它通过将现实世界表示为嵌套的层次概念体系,用简单概念之间的联系来定义复杂概念,从一般抽象概括到高级抽象表示,逐层递进,以构建复杂的、实际环境下运行的人工智能系统。图 5-1 所示为不同人工智能研究方向之间的关系。

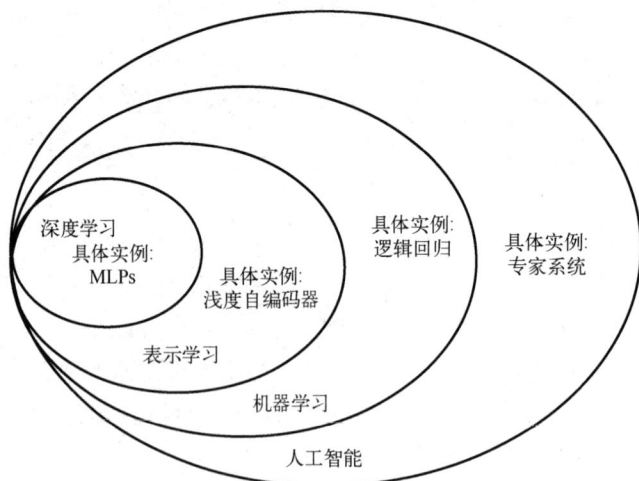

图 5-1　深度学习、表示学习、机器学习与人工智能之间的关系

5.1　人工神经网络

人工神经网络(Artificial Neural Network,ANN)是受生物神经网络启发而构建的数学模型,用于模拟人脑神经元的工作方式,属于连接主义学派,是连接主义学派的核心组成部

分。它通过模仿人脑神经元之间的连接机制，实现复杂的模式识别和智能决策。

连接主义学派认为人工智能源于仿生学，尤其是对人脑模型的研究，其代表性成果包括神经网络模型和脑模型。人工神经网络通过学习和训练，能够自动提取数据中的特征，用于分类、预测和决策支持等功能，是机器学习和深度学习领域的核心技术之一，广泛应用于图像识别、语音识别、自然语言处理、预测分析等领域。

5.1.1　人工神经网络的发展历程

在人工智能研究的过程中，在相当长的时间内，符号主义学派认为只要编写足够多的明确规则来处理知识，就一定可以实现与人类相当水平的智能，从 20 世纪 50 年代到 80 年代末是以符号主义学派人工智能研究为主的主流研究范式，不属于机器学习的方法，包括早期的国际象棋程序、跳棋程序等，这类解决明确逻辑问题的方法，难以解决更加复杂、不确定性的、模糊的问题，如图像分类、语音识别、语言翻译，因此机器学习成为新的替代方法。时至今日，人工神经网络构成了机器学习和深度学习的重要组成部分，从仅有少数神经元组成的简单早期网络，一直发展到具有数万亿参数（如 GPT-4）的最新网络。

回顾历史，人工神经网络的发展大致经历了以下 5 个阶段。

第一阶段：诞生时期（1943—1969 年）。早期人工神经网络受到生物学和人脑的启发，早在 1943 年，心理学家 W.S.McCulloch 和数理逻辑学家 W.Pitts 建立了神经网络与数学模型，称为 M-P 模型（见图 5-2）。他们提出了神经元的形式化数学描述和网络结构方法，并证明了单个神经元能执行逻辑功能，从而开创了对人工神经网络研究的发端。

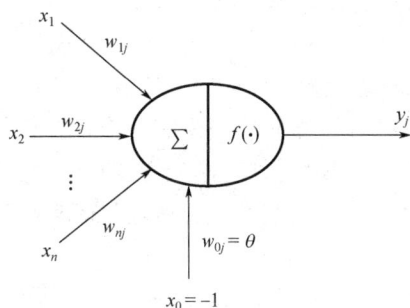

图 5-2　M-P 模型

1948 年，图灵提出了一种基于 Hebbian 法则学习的 "B 型图灵机"。1951 年，McCulloch 和 Pitts 的学生马文·明斯基（Marvin Minsky，1969 年图灵奖获得者）建造了第一台神经网络机 SNARC，提出了一种可以模拟人类感知能力的神经网络模型，以及一种接近人类学习过程（迭代试错）的学习算法。20 世纪 60 年代，人工神经网络得到了进一步的发展，比 M-P 模型更完善的神经网络模型被提出，如感知器和自适应线性元件等。这一时期，人工神经网络以其独特的结构和处理信息的方法，在某些应用领域如自动控制、模式识别等方面取得了显著的成效。

第二阶段：寒冬低潮期（1969—1983 年）。1968 年，Minsky 和 Papert 发表了争议性著作《感知机》（*Perceptrons*），指出神经网络的两个关键缺陷：一是感知机尽管可以很好地处理 "与" "或" "非" 的逻辑运算，但无法处理异或回路问题，即像感知机这样的单层神经网络无法解决非线性分割问题；二是若要解决异或问题，只能通过多层神经网络，然而当时的计算机能力有限，无法支持处理大型神经网络所需要的计算能力。作为人工智能先驱，明斯基在人工智能领域的影响力巨大，其对单层神经网络缺点的论证几乎无懈可击，并且连接主义学派的几位领军人物如皮茨、麦卡洛克、罗森布拉特在该书出版后短短两年内相继辞世，导致有关神经网络的研究迅速陷入了长达 10 多年的低谷。

受限于时代，计算技术、数据存储技术的发展都才刚刚萌芽，人工智能的研究者很难将他们的设想化为现实，这也是人工智能屡屡遭遇寒冬的客观原因。

这一时期，依然有不少学者提出了一些有用的神经网络模型和算法，如 1974 年哈佛大学的 Paul Werbos 发明了 BP 算法，因处于低潮时期，并未得到应有的重视。1980 年，日本科学家福岛邦彦受生物学启发提出了带卷积和子采样操作的多层神经网络，采用了无监督学习的方式训练，而没有采用反向传播算法，也没有引起学界足够重视。

第三阶段：复苏期（1983—1995 年）。人工神经网络的相关研究在 1978 年才开始逐渐复苏，其中的关键人物是杰弗里·辛顿（Geoffrey Hinton）和约翰·霍普菲尔德（John Hopfield）。1983 年霍普菲尔德提出一种用于联想记忆的神经网络——Hopfield 网络，在旅行商 NP 问题上取得了当时学界最好的结果，从而引起了轰动。1982 年辛顿举办了主题为联系记忆的分布式并行模型夏季研讨会，与会的哈佛大学神经生物学博士特里·谢伊诺斯基（Terry Senjnowski）正探索如何通过新方法来为大脑建模，两人于 1984 年创建了新的多层网络"玻耳兹曼机"，一种随机化的 Hopfield 网络，证明了明斯基预言感知机无法被推广至多层神经网络的谬误。1986 年，谢伊诺斯基发表 NetTalk 多层神经网络通过 BP 训练使机器学习阅读，从训练初期系统如同刚开始学习说话的婴儿，随着训练的不断积累，它的发音越来越好，这一现场报告和演示震惊了现场听众和业界。

真正引起人工神经网络第二次研究高潮的是 BP 算法，BP 算法最早是由加州大学圣迭戈分校的戴夫·鲁梅尔哈特在 1982 年提出的，并编写了程序，只可惜没有成功运行，跟随戴夫读博士后的辛顿发现其失败的原因出在了局部一些极为细微的问题上，所以用 LISP 语言使用戴夫的方法重新编写了程序，并成功运行。BP 算法逐渐成为分布式并行处理模型的主要算法，神经网络再次引起人们的注意，并成为新的研究热点，法国人工智能科学家杨立昆（Yann Le Cun，与辛顿、本吉奥共为 2018 年图灵奖获得者）1989 年将 BP 算法引入卷积神经网络，并在手写数字识别上取得了巨大成功。可以肯定，BP 算法是迄今最为成功的神经网络学习算法。

第四阶段：降温期（1995—2006 年）。20 世纪 90 年代中期之后，统计学习渐渐成为机器学习的主流方向，其代表性的技术是支持向量机以及更一般的核方法（Kernel Methods）。反观神经网络，其学习技术的局限性凸显，尤其循环神经网络在处理序列数据方面尽管展现了其独特优势，但在梯度消失和难以训练上面临巨大挑战。随着神经网络层数的增加、神经元数量变大，构建更大、更复杂的神经网络是容易的，但计算复杂性也随之增长，当时计算机性能和数据规模并不足以支持训练大规模神经网络。另外，基于神经网络和其他人工智能创业公司开始寻求投资，一些不切实际的夸张做法使得投资者无法相信人工智能可以达到不合理的期望，而在某些重要任务上，核方法与图模型这些机器学习的其他领域反而实现了很好的效果，因此人们把目光转向以统计学习理论为直接支撑的统计学习技术，导致神经网络的研究再次陷入低潮。

第五阶段：崛起阶段（2006 年至今）。2006 年，辛顿提出深度信念网络的概念，通过逐层预训练来学习，并将其权重作为一个多层前馈神经网络的初始化权重，再用 BP 算法进行微调，从而有效解决深度神经网络难以训练的问题。随着计算机硬件性能的提升，以前不可能训练的、层次比较深的深度神经网络得以训练，而 20 世纪 80 年代就存在并使用的算法，能在这种深度神经网络上工作得非常好，此时深度神经网络已经优于处于竞争对立面的其他机器学习技术和人工智能系统。2012 年深度学习的引入，使得语音识别错误率陡降，甚至降低了一半；2013 年在行人检测和图像分割方面也取得了引人注目的成功，在交通标志分类上超越了人类的表现。在处理日益复杂的任务上，随着深度神经网络的规模和精度的提高，在 ImageNet 大规模视觉识别挑战中每年都能赢得胜利。同时，值得注意的是，基于循环神经网络的 LSTM 算法，用于序列到序列的学习引领了另一个颠覆性的应用：机器翻译。截至 2020 年，机器翻译系统在英语和法语等语言上的表现已达到人类水平。

自 2012 年以来，DeepMind 的一个团队开发了深度强化学习的第一个重要成功案例 Atari 游戏智能体 DQN，达到了超出常人的水平。2016 年，被谷歌收购的 DeepMind 开发出的 AlphaGo 系统利用深度强化学习在围棋比赛中击败了最强人类选手李世石。尽管深度强化学习取得了非常令人瞩目的成功，但仍然面临重大阻碍，即通常很难获得良好的性能，在环境与训练数据变化的情况下，训练后的系统可能会非常不可预测，与其他深度学习的应用相比，其应用于商业环境的案例很少，尽管它仍然是一个非常活跃的研究领域。

2022 年 11 月 30 日，OpenAI 公司推出了一款大语言预训练模型的自然语言处理工具，即 ChatGPT 聊天机器人，迅速走红社交媒体，短短 5 天注册用户就超百万，两个月不到，其月活[①]用户已突破一亿，成为史上增长最快的消费者应用。所采用的 TransFormer 模型就是一种基于自注意力机制的神经网络模型，其核心组件包含注意力模块和前馈神经网络。ChatGPT 的成功成为自然语言处理中最重要的突破之一，也再次掀起了深度强化学习的研究狂潮，并成为推动通用人工智能应用落地的核心动力。

到现在为止，人工神经网络学习得到的模型依然缺乏直观的可解释性，它们的行为往往难以预测和理解。此外，深度学习模型需要大量的数据来进行训练，而且模型的训练过程非常耗时。改善的模型结构及训练算法的提高，使深度学习得到了爆发，尤其是直接应用在一些通过特征工程存在巨大困难、仅有原始数据的场景下，如语音识别、图像理解、自然语言处理、机器翻译、机器人强化学习等，性能有突破性的进展，都取得了显著的改进。目前，深度学习在自然语言处理领域占据主导地位，但深度学习的发展也严重依赖于软件基础架构的进展。未来几年，进一步研究深度学习并将其带入新的应用领域，充满了机遇与挑战。

5.1.2 人工神经网络简介

人工神经网络是更复杂版本的特征组合。实质上，人工神经网络会学习适合所需的相应特征组合。特征组合是指将两个或多个特征相乘形成的合成特征，它可能会提供超出这些特征单独提供的预测能力。如图 5-3 所示的分类问题属于非线性问题。

"非线性"意味着我们无法使用形式为 $b + w_1x_1 + w_2x_2$ 的模型准确预测标签。也就是说，"决策面"不是直线。之前，我们了解了对非线性问题进行建模的一种可行方法：特征组合，可用于更复杂的数据集，如图 5-4 所示的数据集分类问题完全无法用线性模型解决。

---

① 月活（Monthly Active Users，MAU）是指月活跃用户人数，是一个用户数量统计名词，用于衡量网站、应用程序等在一个月内的活跃用户数量。在互联网领域，月活是衡量网站或应用程序运营情况的重要指标之一。

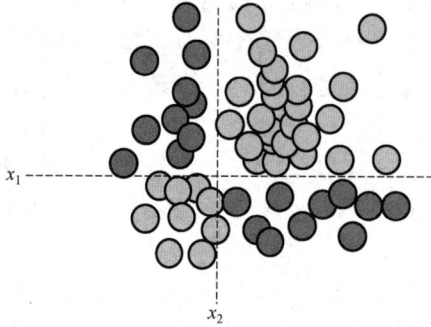

图 5-3　非线性分类问题

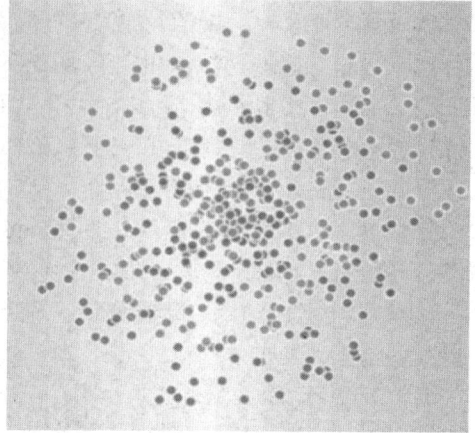

图 5-4　数据集分类问题

为了了解神经网络如何解决非线性问题，可以用图表呈现一个线性模型，如图 5-5 所示。

图 5-5 所示为一个简单的线性模型。每个黑色圆圈均表示一个输入特征，浅灰色圆圈表示各个输入的加权和。若要提高此模型处理非线性问题的能力，需要添加隐藏层。

1．隐藏层

在图 5-6 所示的模型中，添加了一个表示中间值的"隐藏层"，隐藏层中的每个深灰色节点均是黑色输入节点值的加权和，输出是深灰色节点的加权和。此模型是线性的，其输出仍是其输入的线性组合。然后再继续添加隐藏层。

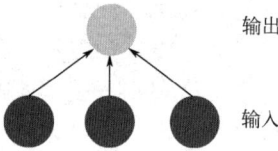

图 5-5　线性模型

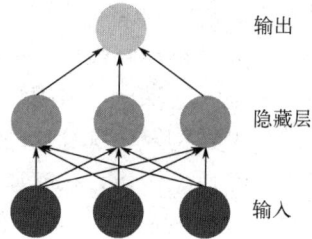

图 5-6　两层模型

在图 5-7 所示的模型中，又添加了一个表示加权和的"隐藏层"。

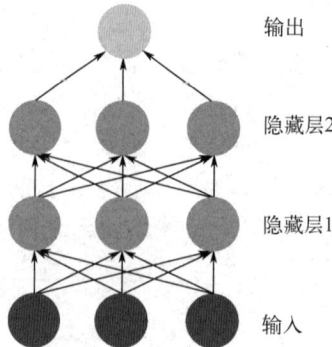

图 5-7　增加有两个隐藏层的 3 层线性模型

此模型仍是线性的。当将输出表示为输入的函数并进行简化时，只是获得输入的另一个加权和而已。该加权和无法对图 5-4 中的非线性问题进行有效建模。

2. 激活函数

如果要对非线性问题进行建模，可以直接引入非线性函数，即可以用非线性函数将每个隐藏层节点像管道一样连接起来。

在图 5-8 所示的模型中，在隐藏层 1 中的各个节点的值传递到下一层进行加权求和之前，采用了一个非线性函数对其进行转换。这种非线性函数称为激活函数。

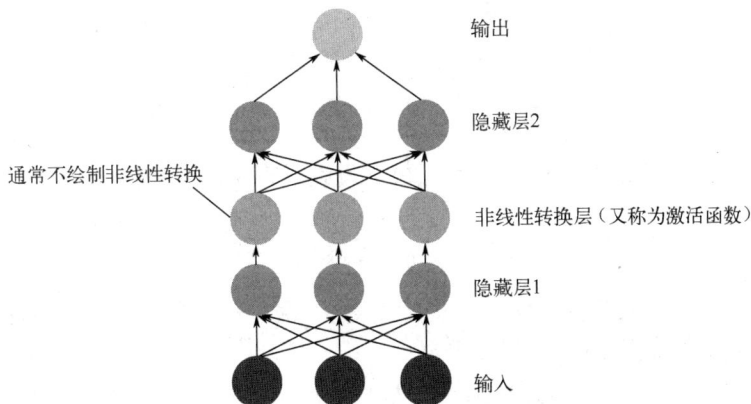

图 5-8　包含激活函数的 3 层模型

现在已添加了激活函数，若添加层，则会产生更多影响。通过在非线性上堆叠非线性，能够对输入和预测输出之间极其复杂的关系进行建模。简而言之，每层均可通过原始输入有效学习更复杂、更高级别的函数，这样就解决了非线性建模问题。

3. 常见的激活函数

以下 S 型激活函数（见图 5-9）将加权和转换为介于 0 和 1 之间的值。

$$F(x) = \frac{1}{1 + e^{-x}}$$

相较于 S 型激活函数等平滑函数，修正线性单元激活函数（简称 ReLU）的效果通常要好一点，同时非常易于计算。

ReLU 的优势在于它基于实证发现（可能由 ReLU 驱动），拥有更实用的响应范围。S 型激活函数的响应性在两端相对较快地降低。

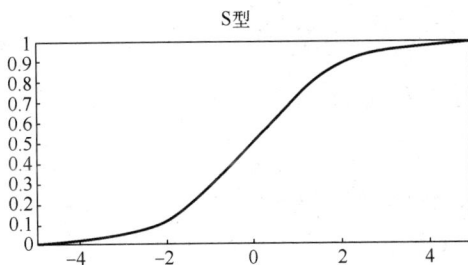

图 5-9　S 型激活函数曲线图

ReLU 的函数表达式为

$$F(x) = \max(0, x)$$

ReLU 激活函数曲线图如图 5-10 所示。

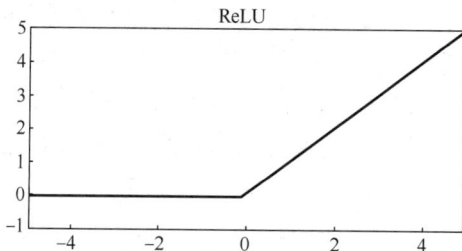

图 5-10　ReLU 激活函数曲线图

实际上，所有数学函数均可作为激活函数。假设 σ 表示激活函数（ReLU、S 型激活函数等），网络中节点的值由以下公式指定。

$$\sigma(\boldsymbol{\omega} \cdot \boldsymbol{x} + b) \tag{5.1}$$

归纳一下，现在创建的模型拥有了人们通常所说的"神经网络"的所有标准组件。

（1）一组节点，类似于神经元，位于层中。

（2）一组权重，表示每个神经网络层与其下方的层之间的关系。下方的层可能是另一个神经网络层，也可能是其他类型的层。

（3）一组偏差，每个节点有一个偏差。

（4）一个激活函数，对层中每个节点的输出进行转换。不同的层可能拥有不同的激活函数。

注意：人工神经网络不一定始终比特征组合好，但它确实可以提供适用于很多情形的灵活替代方案。

5.2　BP 神经网络

BP 算法是迄今最为成功的神经网络学习算法，即便目前在深度学习中主要使用的自动微分也可以看作 BP 算法的一种扩展。

西蒙·赫金（Simon Haykin）在 1994 年阐述过，神经网络是一种大规模的并行分布式处理器，它天然具有存储并使用经验知识的能力。神经网络从生物学、神经科学和仿生学受到启发来建立数学模型，知识从网络获取的方法是学习，内部神经元的连接强度，即权重，用于存储获取的知识。作为非线性模型，基本组成单元为具有非线性激活函数的大量神经元，神经元之间的连接权重就是需要学习的参数。

5.2.1　BP 神经网络的背景及原理

神经元（Neuron）是构成神经网络的基本单元，用于接收一组输入信号并产生输出，这个输出称为输出函数，也称为激活函数（Activation Function），模拟生物神经元的结构和特性。每两个节点间的连接都代表一个对于通过该连接信号的加权值，称为权重（Weight）。在认识 BP 神经网络模型之前，需要先了解一下什么是神经网络。神经网络就是一种运算模型，由大量神经元（又称为节点）之间相互连接构成。目前这种运算模型有数十种之多，主要分为前向（前馈）型、反馈型、随机型、竞争型 4 种。

最初的 M-P 模型具有以下 6 个特点。

（1）每个神经元都是一个多输入单输出的信息处理单元。

（2）神经元输入分兴奋和抑制两种输入。

（3）神经元具有空间整合特性和阈值特性。

（4）神经元输入与输出间有固定的延时，取决于突触延滞。

（5）忽略时间整合作用和不应期。

（6）神经元本身是非时变的，即其突触时延和强度均为常数。

这种"阈值加权和"神经元模型称为 M-P 模型，也称为神经网络的一个处理单元。

激活函数的选择是构建神经网络过程中的重要环节，常用的如下。

（1）线性函数（Linear Function）：$f(x) = kx + c$。

（2）斜面函数（Ramp Function）：$f(x) = \begin{cases} T, & x > c \\ kx, & |x| \leqslant c \\ -T, & x < -c \end{cases}$。

（3）阈值函数（Threshold Function）：$f(x) = \begin{cases} 1, & x \geqslant c \\ 0, & x < c \end{cases}$。

（4）S 型函数（Sigmoid Function）：$f(x) = \dfrac{1}{1 + e^{-ax}}$，$0 < f(x) < 1$。

（5）双极 S 型函数：$f(x) = \dfrac{2}{1 + e^{-ax}} - 1$，$-1 < f(x) < 1$。

这里（1）～（3）激活函数都属于线性函数，（4）和（5）为两个常用的非线性激活函数。BP 算法要求激活函数可导，由于 S 型函数与双极 S 型函数都是可导的（导函数是连续函数），因此适合用在 BP 神经网络中。最简单的神经网络结构是美国心理学家 Frank Rosenblatt 提出的一种具有单层计算单元的神经网络，称为感知器（Perceptron），其实就是 M-P 模型的结构。如图 5-11 所示，图中只有输入输出两层神经元之间的简单连接，其中输入层不算层数，因此称为单层神经网络。

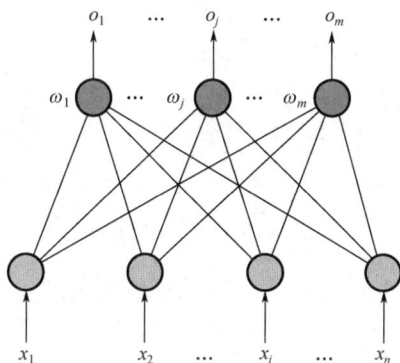

图 5-11　一个具有单层计算单元的神经网络——感知器模型

虽然单层感知器设计简单而优雅，但它显然不够聪明，仅对线性问题具有分类能力。什么是线性问题呢？简单来讲，就是用一条直线可分的图形。例如，逻辑"与"和逻辑"或"就是线性问题，可以用一条直线来分隔 0 和 1。

（1）逻辑"与"的真值表和二维样本图如图 5-12 所示。

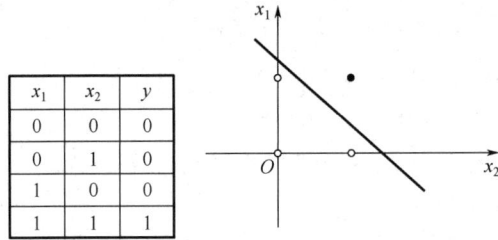

x_1	x_2	y
0	0	0
0	1	0
1	0	0
1	1	1

图 5-12　逻辑"与"的真值表和二维样本图

（2）逻辑"或"的真值表和二维样本图如图 5-13 所示。

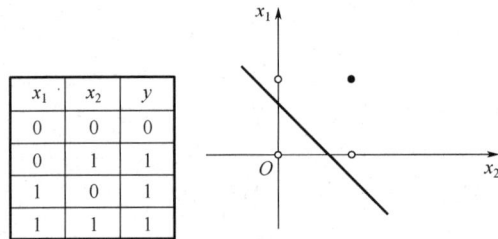

x_1	x_2	y
0	0	0
0	1	1
1	0	1
1	1	1

图 5-13　逻辑"或"的真值表和二维样本图

之所以能利用感知器解决线性问题，是由它的传递函数决定的。但要让它来处理非线性问题，单层感知器就无能为力了。例如，对于逻辑"异或"，就无法用一条直线来分割开来，单层感知器神经网络就没办法实现"异或"的分类功能。通过在输入层和输出层之间加入隐藏层，以形成能够将样本正确分类的凸域，称为多层感知器（Multi-Layer Perceptron，MLP），MLP 模型拓扑结构如图 5-14 所示。

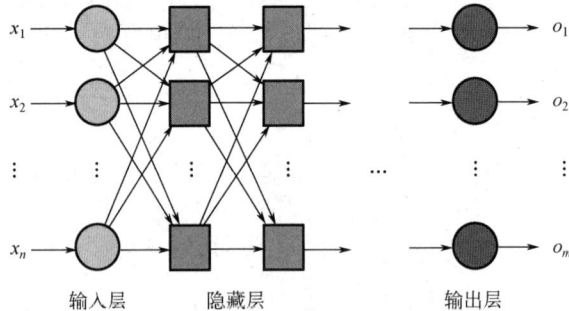

图 5-14　MLP 模型拓扑结构

随着隐藏层层数的增多，凸域可以形成任意形状，因此可以解决任何复杂的分类问题。多层感知器确实是非常理想的分类器，但问题也随之而来：隐藏层的权值怎么训练？对于各隐藏层的节点来说，它们并不存在期望输出，所以也无法通过感知器的学习规则来训练多层感知器。对于多层感知器 MLP 的瓶颈，David E. Rumelhart 和 James L. McCelland 发表了对具有非线性连续变换函数的多层感知器的误差反向传播（Error Back Propagation）算法进行详细分析的论文，实现并回答了早年 Minsky 关于多层神经网络设想中的疑问，这个 Error Back Propagation 算法简称 BP 算法，以 BP 算法实现的 MLP 网络就是 BP 网络。

5.2.2　BP 算法的基本思想

BP 神经网络是一种按误差逆向传播算法训练的多层前馈网络,是目前应用最广泛的神经网络模型之一。BP 神经网络能学习和存储大量的输入-输出模式映射关系,而无须事前揭示描述这种映射关系的数学方程。它的学习规则是使用最速下降法(一种梯度下降类算法),通过反向传播来不断调整网络的权值和阈值,使网络的误差平方和最小。在 5.2.1 节中提到,多层感知器在如何获取隐藏层权值的问题上遇到了瓶颈。那么能否先通过输出层得到输出结果和期望输出的误差来间接调整隐藏层的权值呢?BP 算法就是采用这样的思想设计出来的,其基本思想是学习过程由信号的正向传播与误差反向传播两个过程组成。当正向传播时,输入样本从输入层传入,流经各隐藏层逐层处理后传向输出层。若输出层的实际输出与期望的输出不符,则转入误差反向传播阶段。当反向传播时,将输出以某种形式通过隐藏层向输入层逐层反向传递并将误差分摊给各层的所有单元,从而获得各层单元的误差信号,此误差信号即作为修正各计算单元权值的依据。图 5-15 所示为 BP 算法信号流图。

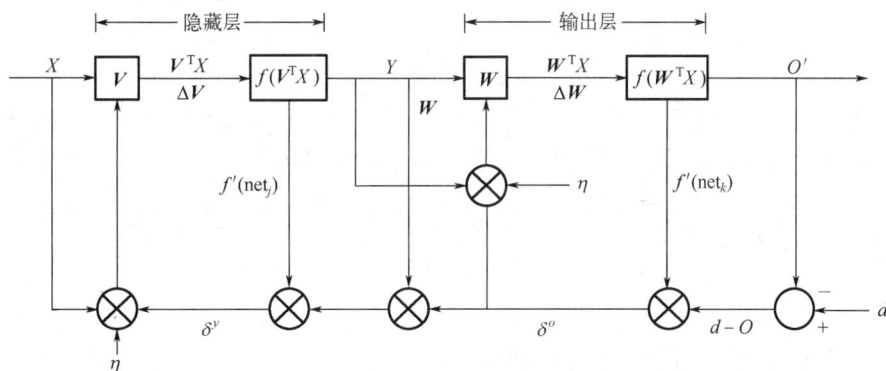

图 5-15　BP 算法信号流图

人工神经网络由三大核心要素构成:神经元变换函数(也称为激活函数)、网络拓扑结构,以及连接权值与学习算法(这些算法可以是监督学习、无监督学习、半监督学习或强化学习等中的一种或多种组合)。在分析一个人工神经网络时,通常会从这三个关键要素着手进行深入探讨,而 BP 网络也不例外,如图 5-16 所示。

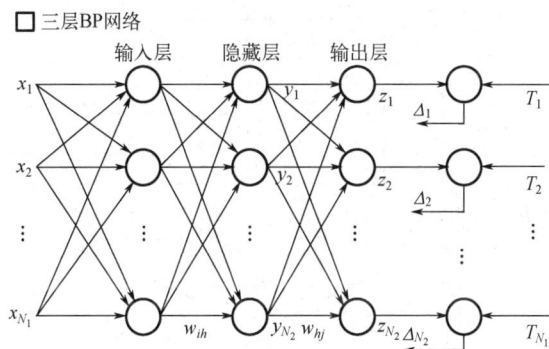

图 5-16　BP 拓扑结构图

BP 网络采用的传递函数是非线性变换函数——Sigmoid 函数(又称为 S 型函数),其特点是函数本身及其导数都是连续的。BP 网络的学习算法又称为 δ 算法，容易看出，在 BP 学习算法中，各层权值调整公式形式上都是一样的，均由以下三个因素决定。

（1）学习率 η。

（2）本层输出的误差信号 δ。

（3）本层输入信号 Y（或 X）。

BP 网络每层的计算公式为 $y = T(WX + b)$，其中，T 是激活函数，b 是激活阈值，W 是连接权重。对于多层网络，采用的是前馈传播的方式进行计算，即每层都按以上的公式进行计算，直到最后一个输出层。BP 算法的误差函数为均方差函数，即

$$E(W,b) = \frac{1}{m}\sum_{i=1}^{m}\frac{1}{k}\sum_{j=1}^{k}(\hat{y}_{ij} - y_{ij})^2 \tag{5.2}$$

式中，m 为训练样本个数；k 为输出个数；$\hat{y}_{ij}$ 为第 i 个样本第 j 个输出的预测值；y_{ij} 为对应的真实值。

BP 神经网络的学习也就是求解一组 W、b，使得 BP 神经网络的误差函数最小。BP 神经网络的训练所采用的反向传播算法是一种优化算法，通过不断调整网络中各神经元之间的连接权值，使得神经网络能够对输入和输出之间的映射关系进行学习。具体而言，BP 算法通过计算每层的状态和激活值，从最后一层向前推进计算误差，并更新参数以最小化网络的预测输出与实际输出之间的误差，这个过程不断迭代，直到满足停止准则（如相邻两次迭代的误差很小）。每迭代一步，就使误差减小一小步，最终求得一个局部最优的权重和阈值。

BP 算法训练流程如下。

（1）初始化权重、阈值。

（2）计算权重、阈值的梯度。

（3）将权重、阈值往负梯度方向迭代。

（4）检查是否满足终止条件，若满足则结束，否则重复步骤（2）、（3）。

BP 神经网络训练流程如图 5-17 所示。

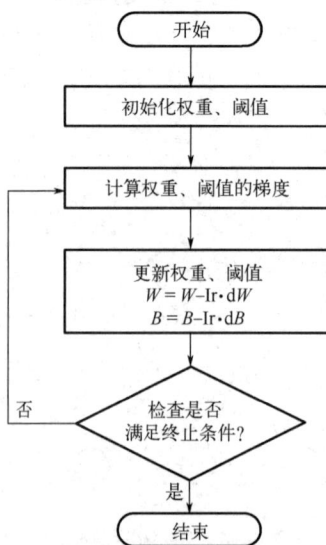

图 5-17　BP 神经网络训练流程

5.2.3   BP 神经网络算法实现

1. 数据准备

数据准备的代码如下。

```
1.  import numpy as np
2.  from sklearn import datasets, linear_model
3.  import matplotlib.pyplot as plt
4.  from sklearn.metrics import accuracy_score
5.
6.  #生成样本数据
7.  np.random.seed(0)
8.  x, y = datasets.make_moons(200, noise=0.20)
9.
10. y_true = np.array(y).astype(float)
11.
12. #生成神经网络输出目标
13. t = np.zeros((x.shape[0], 2))
14. print(x.shape[0])
15. t[np.where(y==0), 0] = 1
16. t[np.where(y==1), 1] = 1
17.
18. #画出准备好的数据
19. plt.scatter(x[:, 0], x[:, 1], c=y, cmap=plt.cm.Spectral)
20. plt.show()
```

图 5-18 所示为散点数据图。

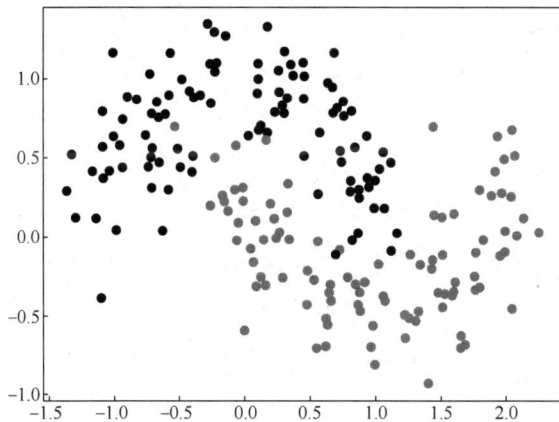

图 5-18   散点数据图

2. 神经网络训练程序

首先生成神经网络模型，初始化权重数据，然后定义 Sigmoid 和网络正向计算函数，具体代码如下。

```
1.  #生成神经网络模型
2.  class NN_Model:
```

```
3.        epsilon = 0.01                    #设置学习率
4.        n_epoch = 1000                    #初始化数据集遍历次数
5.
6.    nn = NN_Model()                       #实例化 NN_Model 类
7.    nn.n_input_dim = x.shape[1]           #输入层节点大小
8.    nn.n_hide_dim = 8                     #隐藏层节点大小
9.    nn.n_output_dim = 2                   #输出层节点大小
10.
11.   #初始化权重数组
12.   nn.W1 = np.random.randn (nn.n_input_dim, nn.n_hide_dim) / np.sqrt
(nn.n_input_dim)
13.   nn.b1 = np.zeros ((1, nn.n_hide_dim))
14.   nn.W2 = np.random.randn (nn.n_hide_dim, nn.n_output_dim) / np.sqrt
(nn.n_hide_dim)
15.   nn.b2 = np.zeros ((1, nn.n_output_dim))
16.
17.   #定义激活函数 Sigmod 和它的导数函数
18.   def sigmod (x):
19.       return 1.0/ (1+np.exp (-x))
20.
21.   #前馈网络计算
22.   def forward (n, x):
23.       n.z1 = sigmod (x.dot (n.W1) + n.b1)
24.       n.z2 = sigmod (n.z1.dot (n.W2) + n.b2)
25.       return n
26.
27.   #使用随机权重进行训练
28.   forward (nn, x)
29.   y_pred = np.argmax (nn.z2, axis=1)
30.
31.   #画图展示数据
32.   plt.scatter (x[:, 0], x[:, 1], c=y_pred, cmap=plt.cm.Spectral)
33.   plt.show()
```

上述程序中使用未经训练的随机权重进行预测,结果是所有数据的分类结果都是同一类。下面使用 BP 算法来进行训练,然后查看预测结果,具体代码如下。

```
1.    #BP 算法
2.    def backpropagation (n, x, t):
3.        for i in range (n.n_epoch):
4.            #正向计算每个节点的输出
5.            forward (n, x)
6.
7.            #print loss, accuracy
8.            L = np.sum ((n.z2 - t)**2)
9.
10.           y_pred = np.argmax (nn.z2, axis=1)
```

```
11.          acc = accuracy_score (y_true, y_pred)
12.
13.          if i % 100 == 0:
14.              print ("epoch [%4d] L = %f, acc = %f" % (i, L, acc))
15.
16.          #计算误差
17.          d2 = n.z2* (1-n.z2) * (t - n.z2)
18.          d1 = n.z1* (1-n.z1) * (np.dot (d2, n.W2.T))
19.
20.          #更新权重
21.          n.W2 += n.epsilon * np.dot (n.z1.T, d2)
22.          n.b2 += n.epsilon * np.sum (d2, axis=0)
23.          n.W1 += n.epsilon * np.dot (x.T, d1)
24.          n.b1 += n.epsilon * np.sum (d1, axis=0)
25.
26. nn.n_epoch = 2001
27. backpropagation (nn, x, t)
28.
29.
30. #plot data
31. y_pred = np.argmax (nn.z2, axis=1)
32.
33. plt.scatter (x[:, 0], x[:, 1], c=y, cmap=plt.cm.Spectral)
34. plt.title ("ground truth")
35. plt.show()
36.
37. plt.scatter (x[:, 0], x[:, 1], c=y_pred, cmap=plt.cm.Spectral)
38. plt.title ("predicted")
39. plt.show()
```

真实分类和预测分类的结果如图 5-19、图 5-20 所示。

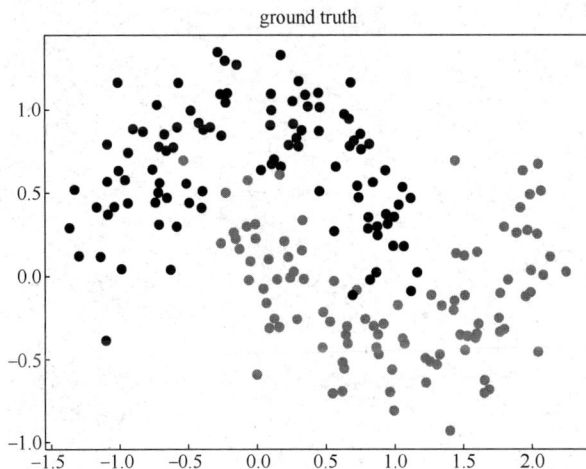

图 5-19　真实分类散点图

在本示例中，将 epoch 设置为 2001（epoch 是指整个训练集被神经网络完整地遍历一次的次数，即模型会一次又一次地使用数据集中的不同样本进行训练，以更新模型的权重）准确率（acc）达到 94.5%。若改变 epoch 为 4001，可以看到，当迭代到 3200 时，准确率达到96.5%之后，就无法提升了。显然，若要提高准确率，则必须增加样本数据。两者对比如图 5-21、图 5-22 所示。

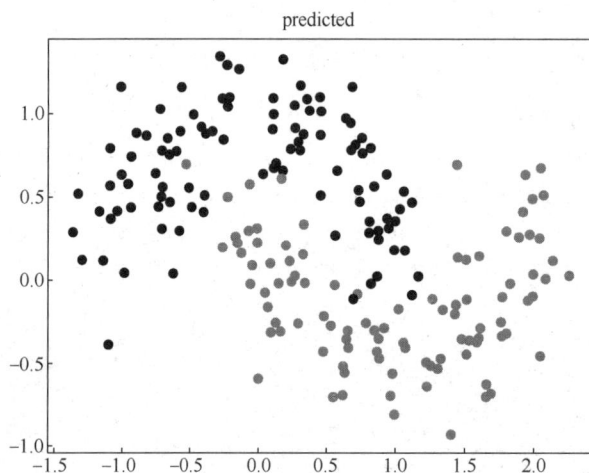

图 5-20　预测分类散点图

```
75          n.b1 += n.epsilon * np.sum(d1, axis=0)
76
77  nn.n_epoch = 2001
78  backpropagation(nn, x, t)
79
80  # plot data
81  y_pred = np.argmax(nn.z2, axis=1)
82
83  plt.scatter(x[:, 0], x[:, 1], c=y, cmap=plt.cm.Spectral)
84  plt.title("ground truth")
85  plt.show()
86
epoch [ 800] L = 38.218330, acc = 0.850000
epoch [ 900] L = 38.031606, acc = 0.850000
epoch [1000] L = 37.700218, acc = 0.855000
epoch [1100] L = 37.093093, acc = 0.865000
epoch [1200] L = 36.035521, acc = 0.865000
epoch [1300] L = 34.426662, acc = 0.875000
epoch [1400] L = 32.378129, acc = 0.895000
epoch [1500] L = 30.159633, acc = 0.910000
epoch [1600] L = 28.011835, acc = 0.915000
epoch [1700] L = 26.059731, acc = 0.930000
epoch [1800] L = 24.339998, acc = 0.930000
epoch [1900] L = 22.845633, acc = 0.935000
epoch [2000] L = 21.551449, acc = 0.945000
[Finished in 5.4s]
```

图 5-21　将 epoch 设置为 2001 时的准确率

```
75              n.b1 += n.epsilon * np.sum(d1, axis=0)
76
77  nn.n_epoch = 4001
78  backpropagation(nn, x, t)
79
80  # plot data
81  y_pred = np.argmax(nn.z2, axis=1)
82
83  plt.scatter(x[:, 0], x[:, 1], c=y, cmap=plt.cm.Spectral)
84  plt.title("ground truth")
85  plt.show()
86
epoch [2800] L = 15.355889, acc = 0.960000
epoch [2900] L = 14.880860, acc = 0.960000
epoch [3000] L = 14.446814, acc = 0.960000
epoch [3100] L = 14.049131, acc = 0.960000
epoch [3200] L = 13.683787, acc = 0.965000
epoch [3300] L = 13.347243, acc = 0.965000
epoch [3400] L = 13.036353, acc = 0.965000
epoch [3500] L = 12.748284, acc = 0.965000
epoch [3600] L = 12.480470, acc = 0.965000
epoch [3700] L = 12.230590, acc = 0.965000
epoch [3800] L = 11.996560, acc = 0.965000
epoch [3900] L = 11.776538, acc = 0.965000
epoch [4000] L = 11.568934, acc = 0.965000
[Finished in 5.7s]
```

图 5-22　将 epoch 设置为 4001 时的准确率

5.3　卷积神经网络

2006 年，执着于多隐藏层神经网络算法研究的 Hinton 提出了著名的深度学习框架，他认为多隐藏层神经网络其实就是浅层神经网络的深度版本，有更强大的学习能力，通过更多的神经元表达更多特征来描述对象，当训练深度神经网络时，可通过降维（Pre-training）来快速找到好的全局最优点。

为了更好地介绍卷积神经网络（Convolutional Neural Networks，CNN），有必要先了解一下什么是深度学习以及深度学习的发展趋势，这些基本的演变背景对理解深度学习是很有用的。

什么是深度学习呢？深度学习（Deep Learning）是机器学习的分支，是指使用多层神经网络进行机器学习的一种方法。它学习样本数据的内在规律和表示层次，最终目标是让机器能够像人一样具有分析学习能力，能够识别文字、图像和声音等数据。深度学习中的深度是指神经网络的层数，一般超过 8 层的神经网络称为深度学习。含多个隐藏层的多层学习模型是深度学习的架构，深度学习可以通过组合低层特征，形成更加抽象的高层以表示属性类别和特征，从而发现数据的分布式特征表示。

深度学习有着非常悠久而丰富的历史。21 世纪以前非常冷门，因不同的研究派别和相异的观点，其名称也各不相同。到目前为止，深度学习已经历了 4 次发展浪潮：20 世纪 40—60 年代的起步阶段，主要以控制论学派为主；20 世纪 80—90 年代，主要表现为连接主义学派，是发展阶段；到 2006 年，加拿大多伦多大学的辛顿（Hinton）等人提出深度学习的概念，才真正复兴，这个阶段可以称为突破阶段；随着大数据时代的到来（2012 年为大数据元年），深度学习得到了更广泛的应用，成为人工智能领域的热点研究方向，应用范围已扩展到自然语言处理、语音和图像识别、推荐系统等多个领域，这个阶段可称为繁荣阶段；从 2022 年 11 月 OpenAI 公司的 ChatGPT 横空出世以来，基于大语言预训练模型的聊天机器人取得了很大的成功，掀起了新的研究和应用浪潮，诸多 IT 大厂和科创企业的加入导致竞争异常激烈，可以说是各种深度学习模型群"模"乱舞。作为机器学习的分支，深度学习的第一、第二阶段就是机器学习的发展阶段，从辛顿提出深度信念网络可以使用贪婪逐层预训练策略有效地训练数据。相对其他人工智能方法取得显著效果，才真正引起世人瞩目，标志着深度学习进入了突破阶段。相比竞争对手，深度学习能更好地处理大量数据，并能自动提取数据的特征，大大提高模型的准确率和泛化能力。随着大数据时代的到来，深度神经网络此时已肉眼可见优于与之竞争的其他机器学习技术以及手工设计功能的人工智能系统（如专家系统），这主要得益于与日俱增的海量数据和模型规模、精度、复杂度。在这一波浪潮下，深度学习的另一个最大成就是其在强化学习领域的扩展。基于深度学习的强化学习系统能玩视频游戏，能在多种任务中与人类匹敌，能显著改善机器人强化学习性能。深度学习的成功应用案例非常多，包括微软的语音识别系统、谷歌的图像识别系统及机器翻译系统等，而最知名的案例就是2016 年 AlphaGo 打败人类围棋世界冠军李世石，以及仅一年之后，AlphaGo Zero 不依赖任何人类围棋专家的对局数据或人工监管，而是让其通过自我对弈来提升棋艺，即完败围棋第一人柯洁。

自 2016 年至今，深度神经网络的研究热度不减反增，尤其 OpenAI 公司在 2022 年 11 月推出 ChatGPT 3.5 聊天机器人之后，更掀起了新一轮人工智能与深度学习研究狂潮，其研究的重点也发生了巨大变化，并开始着眼于新的无监督学习技术和深度模型在小数据集的泛化能力。

尽管深度学习取得了很大成功，但也面临一些挑战，如训练过程非常耗时，深度学习模型的可解释性也是一个问题，其行为往往难以预测和理解。我们需要进一步探索深度学习的理论和方法，来应对这些挑战，同时需要进一步探索其在其他领域（如医疗、金融等）的应用。

总之，深度学习是机器学习最前沿的领域，它大量借鉴关于人脑、统计学和应用数学的知识，得益于计算机强大的并行计算能力、更海量的数据集、能训练更深网络的技术，促进了人工智能技术革命性进展，特别是给计算机视觉、语音识别、自然语言处理、棋牌游戏和电子游戏、机器人技术、生物信息学和化学、搜索引擎、网络广告、金融以及其他某些科学领域带来了颠覆性的突破。深度学习同时驱动了新的机器学习范式产生，如生成对抗学习、元学习等，并使强化学习和因果学习得以"复兴"，展示出更为强大的应用潜力。

从原理上看，辛顿提出的深度学习神经网络具体就是采用无监督的方法先分开对每层网络逐层进行预训练，得到每层的输出，同时引入编码器和解码器，通过原始输入与编码到再解码之后的误差来训练，这两步都是无监督训练，最后引入有标识样本通过监督训练来进行微调，从而获得更好的训练效果。在计算机视觉领域的实际应用中，当运用深度学习网络时，往往不可避免会碰到 CNN。CNN 也称为卷积网络，是一种专门用来处理具有类似网格结构数据的神经网络，即一种具有局部连接、权重共享等特性的深层前馈神经网络，最早主要用来处理图像信息。由于全连接前馈网络处理图像时会存在参数随隐藏层神经元数量增多导致参数规模急剧增长、整网训练效率低、易出现过拟合现象，另外对自然图像中物体的局部不变特征，全连接前馈网络很难提取，需要进行数据增强才能提高性能，基于这些不利因素，因此提出了 CNN 来进行改进。CNN 一般由卷积层、池化层（又称为汇聚层、采样层等）和全连接层交叉堆叠成前馈神经网络，结构上具有局部连接、权重共享、汇聚的特点，这些特点使得 CNN 具有一定程度上的平移、缩放和旋转不变性，相较纯粹的前馈神经网络，参数更少。

CNN 主要应用于图像和视频分析领域，如图像分类、人脸识别、物体识别、图像分割等方面，其准确度远超其他神经网络模型，在自然语言处理、推荐系统方面也有极为广泛的应用。

5.3.1　CNN 的原理

卷积（或称为旋积、褶积）是泛函分析中的一种数学运算，本质是一种特殊的积分变化，表征函数 f 与 g 经过翻转和平移的重叠部分函数值乘积对重叠长度的积分。卷积运算在许多方面得到了广泛应用，不局限于计算机和人工智能领域。

卷积用简单的数学形式描述了一个动态的过程。在 CNN 中，卷积操作是一种特殊的线性变换，卷积核（也称为滤波器）在输入数据上进行滑动，每次计算与卷积核重叠部分的点乘和。

卷积操作可以提取输入数据的局部特征，实现特征的共享和抽象，从而使得网络对输入数据的变化更加稳定和准确。卷积核是一种可学习的滤波器，用于对输入图像进行特征提取。卷积核通常是一个小的二维矩阵，其大小通常为 $k \times k$，其中 k 是一个正整数，称为卷积核大小。卷积核的值通常是由神经网络自动学习得到的。卷积核的作用是提取输入数据的局部特征。在卷积操作中，卷积核可以识别输入图像中的不同特征，如边缘、纹理、角落等，从而提取更加高级的特征表示。通过使用多个卷积核，可以提取不同类型的特征，形成更加复杂的特征表示，进而提高模型的性能。不同的卷积核（采用不同的二维矩阵）可以实现不同的效果，常见的卷积核如下。

（1）Sobel 卷积核：用于边缘检测。

（2）Scharr 卷积核：也用于边缘检测，比 Sobel 更加平滑。

（3）Laplacian 卷积核：用于检测图像中的边缘和角点，具有旋转不变性和尺度不变性。

（4）高斯卷积核：用于图像平滑，减少图像中的噪声和细节信息。

（5）梯度卷积核：用于检测图像中的梯度信息，如水平和垂直方向的梯度。

（6）Prewitt 卷积核：用于检测图像中的边缘信息，与 Sobel 卷积核类似，但效果略差。

（7）Roberts 卷积核：用于检测图像中的边缘信息，与 Sobel 卷积核类似，但计算速度更快，精度稍低。

（8）LoG 卷积核：全称是 Laplacian of Gaussian 卷积核，是 Laplacian 卷积核和 Gaussian 卷积核的组合，用于检测图像中的边缘和斑点。

卷积核的大小 k 是 CNN 中的一个超参数，通常与输入数据的尺寸以及需要提取的特征的大小有关。在 CNN 中，卷积核的大小通常比较小，如常见的卷积核大小为 3 或 5，因为较小的卷积核可以更好地保留输入图像中的局部特征。同时，卷积核的大小需要根据卷积操作的步幅和填充等超参数进行选择。填充的目的是保留输入图像的边缘信息，以避免在卷积操作中丢失像素。需要注意的是，卷积核大小的选择需要根据具体问题进行调整，通常需要通过实验来确定最佳超参数。

通常，CNN 中用到的卷积运算和其他领域（如工程领域及纯数学领域）中的定义并不完全一致。CNN 是神经科学原理影响深度学习的典型代表。在机器学习的应用中，输入通常是高维数据数组，而卷积核也是由算法产生的高维参数数组，这种高维数组称为张量。由于输入与卷积核的每个元素都分开存储，经常假设在存储了除数据的有限点集外，这些函数的值都为零。在机器学习中，学习算法会在卷积核合适的位置学得恰当的值。

一般的 CNN 由输入层、卷积层、池化层（或称为汇聚层、子抽样层）、输出层组成。CNN 的输入为二维图像，作为网络中间的卷积层和池化层交替出现，这两层也是至关重要的两层。

网络输出层为前馈网络的全连接方式，输出层的维数为分类任务中的类别数，其基本结构如图 5-23 所示。

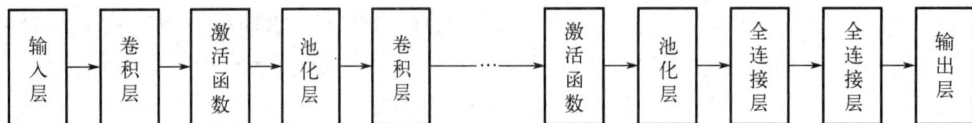

图 5-23　CNN 的基本结构

1. 卷积层

卷积层的作用是提取一个局部区域的特征，不同的卷积核相当于不同的特征提取器。图像处理作为 CNN 主要应用之一，其处理的对象图像为二维结构，为了充分利用图像的局部信息，将神经元组织为三维结构的神经层，大小为 M（高）$\times N$（宽）$\times D$（深），即由 D 个 $M\times N$ 的特征映射构成。特征映射为一幅图像在经过卷积后提取到的特征。为了提高 CNN 的表示能力，可以在每层使用多个不同的特征映射，以更好地表示图像的特征。

对输入层而言，特征映射就是图像本身，若是灰度图像，则有一个特征映射，输入层的深度 $D=1$；若为彩色图像，分别有 RGB 三个颜色通道的特征映射，输入层的深度 D 为 3。

卷积操作可以看作是输入样本和卷积核的内积运算，在第一层卷积层对输入样本进行卷积操作后，就可以得到特征图。所有的卷积层都是使用同一卷积核对每个输入样本进行卷积操作的。在第二层及其后的卷积层，把前一层的特征图（前一层的输出）作为输入数据，同样进行卷积操作。特征图的尺寸会小于输入样本，若要得到与原始输入样本同样大小的特征图，则可以采用对输入样本填充处理后再进行卷积操作。零填充法就是用 0 填充输入样本的边界，填充大小为 $P=(K-1)/2$，其中 K 为卷积核尺寸。卷积核的滑动步长越大，特征图越小。另外，卷积结果不能直接作为特征图，需通过激活函数计算后，把函数输出结果作为特征图。常用的激活函数包括 Sigmoid、Tanh、ReLU、Leaky ReLU、ELU、Maxout、Softmax 等，当然任何连续可导的数学函数都可以作为激活函数，目前常见的多是分段线性和具有指数形状的非线性函数。我们都知道，激活函数是将神经元的输入映射到输出端，如果不用激活函数，神经网络无论有多少层，输出都是输入的线性组合（无论多少层网络，无非矩阵相乘），是最原始的感知机，加入激活函数，给神经元引入了非线性因素，使得神经网络可以任意逼近任何非线性函数，从而应用到众多的非线性模型中。

选择激活函数需要考虑的因素包括以下三个。

（1）问题的类型：不同激活函数适用于不同类型的任务，如分类、回归等。

（2）梯度消失或爆炸：某些激活函数可能导致梯度消失或爆炸，影响模型的训练效果。

（3）计算复杂度：不同激活函数的计算复杂度不同，影响模型的训练速度和效率。

如图 5-24 所示，一个卷积层中可以有多个不同的卷积核，而每个卷积核都对应一个特征图。

若卷积层的输入样本是三通道的彩色图像，则卷积核就是三维的 $3\times K\times K$，其中 K 表示卷积核大小。在图 5-25 中，卷积核为 3。

前面讲过，第二层及其后的卷积层的输入是上一层的特征图，而特征图的个数是由上一层的卷积核个数决定的。

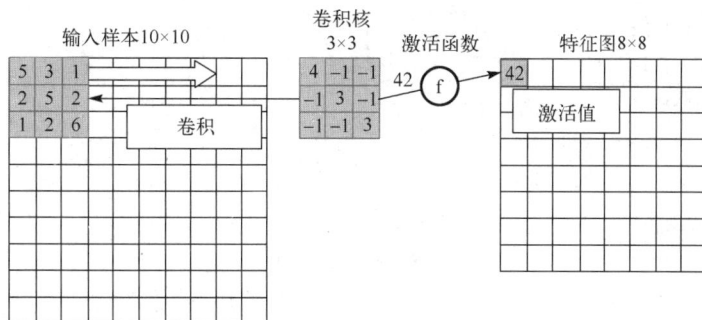

图 5-24　单卷积核的卷积层运算

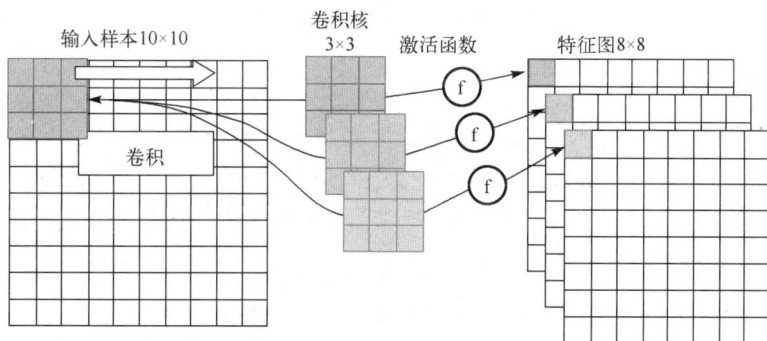

图 5-25　多卷积核的卷积层运算

2. 池化层

池化层属于中间层，又称为采样层、子抽样层或汇聚层，为特征映射层，一般在卷积层后使用。它的作用是减小卷积层产生的特征图尺寸，即选取一个区域，根据该区域的特征图得到新的特征图，这个过程就称为池化操作。例如，对一个 2×2 的区域进行池化操作，得到新的特征图会压缩到原来尺寸的 1/4。池化操作就是通过特征选择，减小特征数量，从而减小参数数量，使得特征表示对输入数据的位置变化具有稳健性，避免过拟合。

不管采用什么样的池化函数，当输入做少量平移时，池化能帮助我们实现特征表示近似不变。也就是说，当把输入值平移一个微小的量，通过池化函数的输出值并不会发生改变。局部平移不变性是一个很重要的性质，尤其当我们关心某个特征是否出现而并不关心它出现的具体位置时。例如，在判定一张图像中是否包含人脸时，并不需要知道眼睛的具体像素位置，只需要知道有一只眼睛在脸的左边，另一只眼睛在脸的右边即可。而在其他领域，保存特征的具体位置又很重要，如在进行边沿检测，需要寻找一个两边相交而成的拐角时，边的位置就很重要。若卷积层学得的函数具有对少量平移不变性成立，则池化层则可以极大地提高网络的统计效率。

池化方法最常用的是最大池化（Max Pooling），即选取图像区域内的最大值作为新的特征图。另外，还有平均池化（Mean Pooling）、Lp 池化等。平均池化是取图像区域内的平均值为新的特征图，Lp 池化则是突出图像区域内的中心值而计算新的特征图。

典型的汇聚层是将每个特征映射划分为 2×2 大小的不重叠区域，然后使用最大池化的方式进行下采样。过大的采样区域会急剧减少神经元的数量，也会造成过多的信息损失，故应避免采样区域过大。三种池化方法示例如图 5-26 所示。

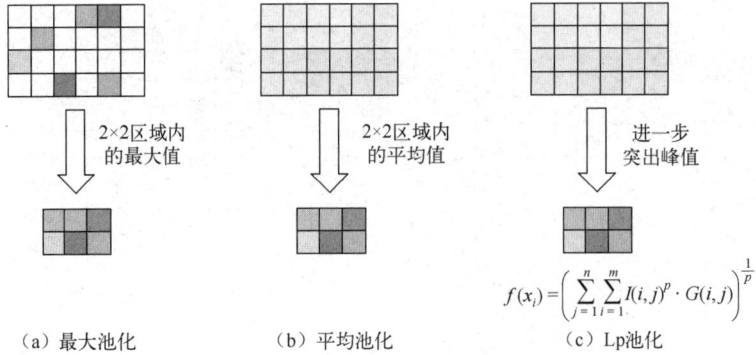

$$f(x_l) = \left(\sum_{j=1}^{n} \sum_{i=1}^{m} I(i,j)^p \cdot G(i,j) \right)^{\frac{1}{p}}$$

（a）最大池化　　　　　　　（b）平均池化　　　　　　　（c）Lp池化

图 5-26　三种池化方法示例

3. 全连接层

和 MLP 一样，全连接层通过激活函数计算各单元的输出值，激活函数的选择与卷积层类似，包括 Sigmoid、Tanh、ReLU 等。全连接层的输入就是卷积层或池化层的输出（参见前面神经网络整体结构图），是二维特征图，所以需要进行降维处理。全连接层输入如图 5-27 所示。

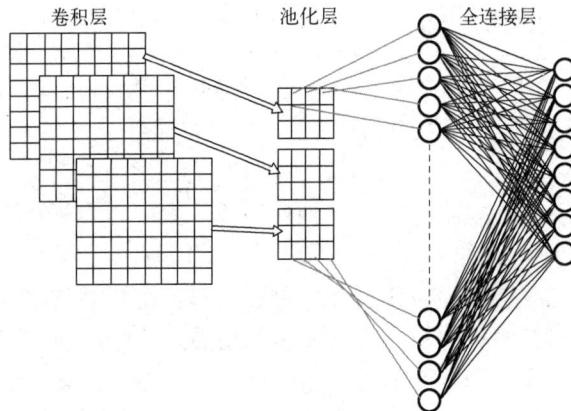

图 5-27　全连接层输入

4. 输出层

CNN 的输出层与其他神经前馈网络一样为全连接方式，即最后一层隐藏层所得到的特征被做成一维向量，与输出层采用全连接方式相连，是使用似然函数计算各类别的似然概率，即输出层节点的数目和需要分类的类别总数一致，输出值往往代表属于对应类的概率值。CNN 最先被应用在手写数字分类上，手写数字识别用到的是 0~9 共 10 个数字，共有 10 个输出单元，是一个多分类任务，每个输出单元对应一个类别，使用式（5.3）的 Softmax 函数可以计算输出单元的似然概率，把概率最大的数字作为分类结果输出。当使用 Softmax 函数作为输出节点的激活函数时，一般使用交叉熵作为损失函数。当输出值比较大时，会发生溢出现象，为了数值计算的稳定性，TensorFlow 提供了一个统一的接口，实现了 Softmax 函数与交叉熵损失函数，并处理数值不稳定的异常问题。

$$P(y^k) = \frac{\exp(u_{2k})}{\sum\limits_{q=1}^{Q} \exp(u_{2q})} \tag{5.3}$$

在递归问题中，往往使用线性输出函数公式计算各单元的输出值，即

$$P(y^p) = \sum_{m=1}^{M} w_{pm} x_m \tag{5.4}$$

5. CNN 的训练方法

神经网络有两种基本运算模式：前向传播和反向传播。前向传播是指输入信号通过前一层中的一个或多个网络层传递信号，然后在输出层得到输出的过程。反向传播算法是神经网络监督学习中的常用方法，目标是根据训练样本和期望输出来估计网络参数。CNN 的训练比全连接神经网络的训练要复杂一些，但原理一样，都是利用链式求导计算损失函数对每个权重的偏导数（梯度），再根据梯度下降公式更新权重。训练算法依然是 BP 算法，对 CNN 而言，主要是优化卷积核参数 k、池化层网络权重参数 β、全连接层网络权重 w 和各层的偏置参数 b 等。BP 算法主要基于梯度下降法，网络参数首先被初始化为随机值，通过梯度下降法向训练误差减小的方向调整。

现代 CNN 的应用通常涉及包含超过百万个单元的网络，强大的实现要利用并行计算资源，是很关键的。在很多情况下，也可以通过选择适当的卷积算法来加速卷积。

在 CNN 中，有大量需要预设的参数。与 CNN 有关的主要参数如下。

（1）卷积层的卷积核大小、卷积核个数。

（2）激活函数的种类。

（3）池化方法的种类。

（4）网络的层结构（卷积层的个数、全连接层的个数等）。

（5）全连接层的个数。

（6）Dropout 的概率。

（7）有无预处理。

（8）有无归一化。

与训练有关的参数如下。

（1）Mini-Batch 的大小。

（2）学习率。

（3）迭代次数。

（4）有无预训练。

在调整参数时，重要的是先调整卷积层的卷积核个数、激活函数的种类以及输入图像的预处理。其他参数虽然也会对性能或多或少地产生影响，但是差异不大，所以首先确定重要参数，然后对其他参数进行微调即可。不过，上述实验结果的趋势也会根据数据集和问题设定发生变化，不能一概而论。重要的是，根据要解决的问题适当改变调整范围及顺序。

CNN 能够通过卷积层和池化层使得特征映射具有位移不变性。与 MLP 一样，CNN 的训练同样使用误差反向传播算法，卷积层和池化层都可以使用误差反向传播算法进行训练。在比较不同的参数设定后，发现近年来提出的激活函数和 Dropout 等技术能够提高网

络的泛化能力。与 MLP 相比，CNN 参数更少，不易发生过拟合，网络的泛化能力能够得以提高。

5.3.2 经典的 CNN

随着深度学习技术的发展，出现了许多不同的 CNN 网络架构，每种架构都有其独特的特点和优势。之所以出现这么多 CNN 网络架构，是因为以下三个方面。

（1）随着研究的进展，新的网络架构能够提供更好的性能，如更快的训练速度、更高的准确率等。

（2）针对不同领域的特定问题，对网络架构进行了优化。

（3）根据应用场景的变化，如为了适应计算资源受限的环境（如移动设备或嵌入式系统），一些 CNN 网络架构需要设计成轻量化。每种网络架构的提出都是基于现有技术的改进和优化，以适应不同的应用需求和解决特定的技术挑战。随着技术的不断进步，未来可能还会出现更多创新的网络架构。

经典的 CNN 主要有 LeNet（1998）、AlexNet（2012）、ZFNet（2013）、VGGNet（2014）、NiN（2014）、GoogleNet（2014）、ResNet（2015）、DenseNet（2017）、Darknet-19（2016）、Darknet-53（2018）、EfficientNetV1（2019）、EfficientNetV2（2021）、CSPNet（2020）。另外，还有一些轻量化网络架构如 SqueezeNet（2016）、MobileNetV1/2/3（2017/2018/2019）、ShffleNet（2017）、Xception（2017）、GhostNet（2020）等。

1. LeNet（1998）

LeNet-5 是 Yann LeCun 等人在很多次研究后提出的最终 CNN 结构，一般 LeNet 就是 LeNet-5，这是最早的 CNN 之一，由 Yann LeCun 等人在 1998 年提出，主要用来处理手写数字识别，是深度学习和 CNN 的先驱。Yann LeCun 与辛顿、本吉奥一起获得了 2018 年图灵奖。

LeNet-5 阐述了图像中像素特征之间的相关性能够由参数共享的卷积操作所提取，同时使用卷积、下采样（池化）和非线性映射这样的组合结构，是当前流行的大多数深度图像识别网络的基础。

LeNet 网络包括三个主要模型：LeNet-1、LeNet-4 和 LeNet-5，其中 LeNet-5 是最著名的版本。

LeNet-5 网络结构由输入层开始，经过两次卷积层和池化层，然后是三个全连接层，最后输出层用于分类。具体来说，LeNet-5 网络结构包括以下几层。

（1）输入层：接收 32×32 像素的灰度图像。

（2）C1 卷积层：使用 6 个 5×5 的卷积核，输出 28×28 的特征图。

（3）S2 池化层：使用 2×2 的池化核，输出 14×14 的特征图。

（4）C3 卷积层：使用 16 个 5×5 的卷积核，输出 10×10 的特征图。

（5）S4 池化层：再次使用 2×2 的池化核，输出 5×5 的特征图。

（6）C5 卷积层：通常在一些变体中使用，但在原始 LeNet-5 中可能不包含此层。

（7）F6 全连接层：将特征图展平后连接到全连接层。

（8）输出层：通常使用 Softmax 函数进行多类别分类。

LeNet-5 的激活函数最初使用的是 Sigmoid 函数，但在现代深度学习实践中更倾向于使用 Tanh 或 ReLU 等非线性激活函数。

LeNet-5 是深度学习和 CNN 历史上的一个重要里程碑，它首次展示了 CNN 在图像识别任务上的有效性。尽管随着技术的发展，出现了更复杂的网络结构，但 LeNet-5 作为基础模型，对理解 CNN 的工作原理仍然具有重要意义。

在代码实现方面，LeNet-5 可以使用 PyTorch 等深度学习框架进行构建。定义 LeNet-5 模型的 PyTorch 代码会包含一系列的卷积层、激活函数、池化层和全连接层，最终通过 Softmax 函数输出分类概率。

2. AlexNet（2012）

AlexNet 是由 Alex Krizhevsky、Ilya Sutskever 和 Geoffrey Hinton 在 2012 年提出的深度 CNN，它是深度学习和计算机视觉领域的一个里程碑，因为在当年的 ImageNet 竞赛中，AlexNet 以显著的优势赢得了冠军，从而引发了深度学习技术的热潮。

AlexNet 的关键特点包括以下几个。

（1）深层结构：AlexNet 是一个具有 8 层的深度网络，包括 5 个卷积层和 3 个全连接层。

（2）ReLU 激活函数：AlexNet 使用了 ReLU 作为非线性激活函数，这有助于解决梯度消失问题，并加速网络训练。

（3）局部响应归一化（Local Response Normalization，LRN）：AlexNet 引入了 LRN 层，用于归一化输入特征，增强网络的泛化能力。

（4）数据增强：在训练过程中，AlexNet 采用了随机扰动的数据增强技术，如随机水平翻转、随机缩放等，以提高模型的鲁棒性。

（5）Dropout 正则化：在全连接层中使用了 Dropout 技术，以减少过拟合。

（6）GPU 加速：AlexNet 是最早利用 GPU 进行并行计算的深度学习模型之一，这大大提高了训练速度。

AlexNet 的网络结构细节如下。

（1）输入层：接收 224 像素×224 像素或 227 像素×227 像素的 RGB 图像。

（2）卷积层：5 个卷积层，前两个卷积层后跟 LRN 层和最大池化层，卷积核大小分别为 11×11 和 5×5，步长分别为 4 和 1。

（3）LRN 层：在前两个卷积层后使用，以归一化特征。

（4）池化层：最大池化层使用 3×3 的池化核和 2 的步长。

（5）全连接层：3 个全连接层，最后一个全连接层输出类别预测。

（6）Dropout 层：在全连接层之间使用，丢弃一定比例的神经元输出，以防止过拟合。

（7）输出层：使用 Softmax 函数进行多类别分类。

AlexNet 的成功不仅在于其优异的性能，还在于它为后续的深度学习模型设计并提供了许多重要的设计思想和技术路线。

3. GoogleNet（2014）

GoogleNet 也称为 GoogLeNet，是一种由 Google 团队在 2014 年提出的深度 CNN，并在当年的 ImageNet 竞赛中获得了分类任务比赛的第一名。GoogleNet 的创新之处在于引入了 Inception 结构，这种结构通过并行的多个分支（每个分支具有不同尺寸的卷积核），来捕获不同尺度的特征信息。此外，GoogleNet 还使用了 1×1 的卷积核进行降维和映射处理，有效地减少了模型的参数数量和计算量。

GoogleNet 的网络结构由多个 Inception 模块组成,这些模块的后面通常会跟一个池化层,以及可选的辅助分类器。辅助分类器可以在网络的中间层提供额外的损失信号,帮助梯度更好地反向传播,同时防止过拟合。在网络的最后,GoogleNet 使用全局平均池化层代替了传统的全连接层,进一步减少了参数数量。

GoogleNet 的 Inception 模块具有多个分支,包括 1×1 卷积、3×3 卷积、5×5 卷积和 3×3 最大池化,每个分支的输出在通道维度上进行拼接,形成最终的输出。1×1 卷积核在分支 2、3、4 上用于降维,以减小模型训练参数。

GoogleNet 由 9 个 Inception v1 模块和 5 个池化层以及其他一些卷积层和全连接层构成,共为 22 层网络,其网络结构可查阅相关文献。

在 PyTorch 框架中,GoogleNet 可以通过定义不同的类来实现,如将卷积层、Inception 模块和辅助分类器定义为单独的类,以便于模型的构建和调用。GoogleNet 的模型结构和参数设置可以在 GitHub 上找到相应的实现代码。

然而,GoogleNet 也存在一些局限性。由于模型结构的复杂性,它需要大量的计算资源和时间来训练与推断,这对于资源受限的应用场景来说可能是一个挑战。此外,GoogleNet 的参数量虽然比一些其他深度模型要少,但仍然相对较多,这可能对一些内存受限的移动设备不太友好。此外,GoogleNet 对输入图像的分辨率比较敏感,当输入图像分辨率较低时,可能会影响网络的性能。

总体来说,GoogleNet 在深度学习和计算机视觉领域中是一项重要的技术突破,它通过创新的网络结构和正则化技术实现了高效的特征提取与分类性能。尽管存在一些局限性,但 GoogleNet 在多个领域,如医学图像分类、遥感图像分类等,已经得到了广泛的应用并取得了良好的效果。对于实际应用,建议确保训练数据高质量、数据数量足够大,使用预训练模型进行微调,并采用数据增强和正则化技术来提高模型的泛化能力并防止过拟合。

GoogleNet 通过其创新的 Inception 模块和辅助分类器,有效地提高了网络的性能,同时控制了模型的大小和计算量,是深度学习和计算机视觉领域的一个重要里程碑。

4. ResNet(2015)

ResNet 全称为残差网络(Residual Networks),是由微软研究院的 Kaiming He 等人在 2015 年提出的一种深度学习架构。它在深度学习领域,特别是在需要训练非常深网络结构的领域,具有里程碑意义。ResNet 的核心创新是引入了"残差学习"的概念,这使得网络能够在学习过程中保持梯度的流动,从而能够成功训练更深的网络而不会遇到梯度消失或爆炸的问题。

ResNet 的关键特点包括以下几个。

(1)残差块(Residual Blocks):是 ResNet 的基本构建单元。每个残差块包含两条路径:一条是卷积层的堆叠;另一条是恒等连接(Identity Connection)。恒等连接允许输入直接跳过一些层的输出,然后与这些层的输出相加。

(2)恒等连接:残差块中的恒等连接是跨层的直接连接,它允许梯度在训练过程中直接流向前面的层,解决了深层网络训练中的梯度消失问题。

(3)深层网络结构:ResNet 能够实现非常深的网络结构,如最初的 ResNet 有 152 层,这在当时是前所未有的。

（4）批量归一化（Batch Normalization）：ResNet 在每个卷积层之后使用批量归一化，这有助于加速训练过程并提高模型的稳定性。

（5）ReLU 激活函数：在卷积层和批量归一化之后，ResNet 使用 ReLU 激活函数来引入非线性。

（6）下采样：在某些残差块中，ResNet 通过步长大于 1 的卷积来实现下采样，减少了特征图的空间维度。

（7）多尺度架构：ResNet 通过使用不同数量的残差块和层构建不同大小的模型，以适应不同的计算能力和任务需求。

ResNet 的网络结构示例（以 ResNet-50 为例）如下。

（1）输入层：接收 224×224 像素的 RGB 图像。

（2）卷积层：首先是具有 7×7 卷积核的卷积层，步长为 2，进行下采样。

（3）批量归一化和 ReLU：在卷积层之后进行批量归一化和 ReLU 激活。

（4）最大池化：使用 3×3 的最大池化进一步下采样。

（5）残差块：是多个残差块的堆叠，每个残差块包含若干卷积层和恒等连接。

（6）全连接层：在所有残差块之后是全局平均池化，然后是全连接层输出类别预测。

ResNet 的影响：ResNet 的提出极大地推动了深度学习的发展，特别是在需要训练非常深的网络时。它在多个视觉识别任务中取得了显著的成功，包括 ImageNet 和 COCO 竞赛。此外，ResNet 的设计思想也启发了后续许多其他深度学习架构的发展，如 DenseNet、ResNeXt 等。

ResNet 的成功证明了残差学习在训练深层网络中的重要性，并且展示了批量归一化和恒等连接在提高网络性能与稳定性方面的作用。尽管 ResNet 在某些情况下可能会遇到过拟合的问题，但通过适当的正则化技术和数据增强，这些问题可以得到缓解。

5.3.3　CNN 应用案例

基于 MNIST 数据集的手写数字识别是深度学习和 CNN 入门的经典案例。MNIST 数据集包含 60000 个训练样本和 10000 个测试样本，每个样本是 28 像素×28 像素的手写数字图像，范围从 0 到 9。本节使用 Python 和 PyTorch 库实现简单 CNN 模型，用于实现 MNIST 手写数字的识别。

在进行下面步骤之前，应先安装 torch 和 PyTorch 库，具体命令如下。

```
pip install torch torchvision torchaudio  -i https://pypi.tuna.tsinghua.edu.cn/simple
```

Windows 命令行界面如图 5-28 所示，其他操作系统（如 macOS）的命令行界面与 Linux 的类似。

1. 导入必要的库

```
import torch
import torch.nn as nn
import torch.optim as optim
from torchvision import datasets, transforms
from torch.utils.data import DataLoader
```

图 5-28　Windows 命令行界面

2. 定义超参数

超参数是在开始学习过程前设置值的参数，而非通过训练得到的参数数据。超参数的重要性体现在：①影响模型性能，包括训练速度、收敛速度及最终的预测准确性；②调优手段；③手动与自动调整，以此来观察模型表现，或者通过自动化工具高效查找最佳超参数组合。

```
batch_size = 64
learning_rate = 0.001
num_epochs = 10
```

3. 加载和预处理数据

```
transform = transforms.Compose ([
    transforms.ToTensor(),
    transforms.Normalize ((0.1307,), (0.3081,))
])

train_dataset = datasets.MNIST (root='./data', train=True, transform=
transform, download=True)
    test_dataset = datasets.MNIST (root='./data', train=False, transform=
transform)

    train_loader = DataLoader (dataset=train_dataset, batch_size=batch_size,
shuffle=True)
    test_loader = DataLoader (dataset=test_dataset, batch_size=batch_size,
shuffle=False)
```

4. 定义 CNN 模型

```
class CNN (nn.Module) :
    def __init__ (self):
        super (CNN, self).__init__()
        self.conv1 = nn.Conv2d (1, 32, kernel_size=3, padding=1)
        self.conv2 = nn.Conv2d (32, 64, kernel_size=3)
        self.dropout = nn.Dropout2d (0.25)
        self.fc1 = nn.Linear (64 * 7 * 7, 128)
```

```
        self.fc2 = nn.Linear (128, 10)

    def forward (self, x):
        x = nn.functional.relu (self.conv1 (x))
        x = nn.functional.max_pool2d (x, 2)
        x = self.dropout (x)
        x = nn.functional.relu (self.conv2 (x))
        x = nn.functional.max_pool2d (x, 2)
        x = self.dropout (x)
        x = torch.flatten (x, 1)
        x = nn.functional.relu (self.fc1 (x))
        x = self.fc2 (x)
        return nn.functional.log_softmax (x, dim=1)

model = CNN()
```

5. 定义损失函数和优化器

```
    criterion = nn.CrossEntropyLoss() optimizer = optim.Adam (model.parameters(),
lr=learning_rate)
```

6. 训练模型

```
for epoch in range (num_epochs):
    for images, labels in train_loader:
        outputs = model (images)
        loss = criterion (outputs, labels)

        optimizer.zero_grad()
        loss.backward()
        optimizer.step()

    print (f'Epoch [{epoch+1}/{num_epochs}], Loss: {loss.item():.4f}')
```

7. 测试模型

```
model.eval()
with torch.no_grad():
    correct = 0
    total = 0
    for images, labels in test_loader:
        outputs = model (images)
        _, predicted = torch.max (outputs.data, 1)
        total += labels.size (0)
        correct += (predicted == labels).sum().item()

    print (f'Accuracy of the network on the 10000 test images: {100 * correct
/ total}%')
```

8. 保存模型（可选）

```
torch.save(model.state_dict(), 'mnist_cnn.pth')
```

这个简单的 CNN 模型包括两个卷积层、两个池化层及两个全连接层。在训练过程中，使用 Adam 优化器和交叉熵损失函数。训练完成后，可以在测试集上评估模型的准确性。此外，还可以将训练好的模型参数保存到文件中，以便将来使用或进一步分析。

5.4　循环神经网络

循环神经网络（Recurrent Neural Networks，RNN）是用来处理时间序列数据的神经网络，也是一类具有短期记忆能力的神经网络。与 CNN 等其他类型的神经网络不同，RNN 能够处理不定长的序列输入，并且能够在序列的时间步之间传递信息。RNN 的这种特性使得其在处理时间序列、自然语言处理、语音识别、机器翻译、问答系统、股票预测等领域有着广泛的应用。

21 世纪初，基于隐马尔可夫模型（Hidden Markov Model，HMM）的算法主导着语音识别领域。2003 年，基于长短期记忆（Long Short-Term Memory，LSTM）模型（RNN 的一种）的算法已取得媲美主流最先进 HMM 的性能，到 2007 年在关键词识别任务中则超越了 HMM 算法，再到 2013 年 LSTM 模型在著名的 TIMIT 音素识别数据集上达到最佳性能，即在语音识别领域取得了成功，同时通过与其他技术组合，在手写文字识别领域、语种识别、语音合成等多个方面得到良好应用。

5.4.1　RNN 的原理与演变

不同于前馈神经网络，前馈神经网络神经元之间的连接不形成环路，而 RNN 的神经元连接形成有向环，这种特性使得它可以处理序列数据。具体而言，RNN 依次以序列的每个输入数据机器对应的前一时刻系统状态作为输入，通过一定的函数映射，得到当前时刻的系统状态。也就是说，系统当前时刻的状态既与当前时刻的输入数据有关，也与前一时刻的系统状态有关，以此机制来刻画数据时序上的相关性。我们可以从另一个角度来理解 RNN，即它可以将过去发生的信息以一种方式进行编码存储下来（用系统状态来描述），相当于拥有一定的记忆功能。理论上，RNN 可以利用任意长序列中的信息进行编码。

1. RNN 模型结构

RNN 的隐藏层节点之间是有连接的，其输入不仅包括输入层，还有上一时刻隐藏层的输出，与其他网络一样，RNN 也包含输入层、隐藏层和输出层。隐藏层的连接方式是 RNN 最主要的特色，如图 5-29 所示。

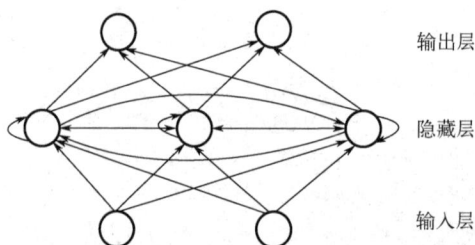

图 5-29　RNN 结构图

最简单的 RNN 模型基本结构如图 5-30 所示。图中左边是 RNN 的普通形式，它可以展开为右边的类似前馈神经网络的形式，即根据时间序列把反馈形式表示为普通的非反馈形式。

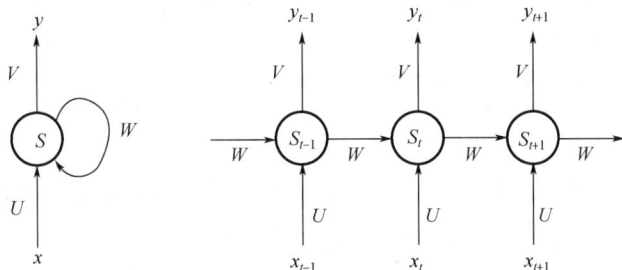

图 5-30　最简单的 RNN 模型基本结构

在图 5-30 中，x_t 表示在时刻 t 的输入数据；S_t 表示时刻 t 的系统隐藏状态变量，用以表示系统对从起始时刻到当前时刻所有输入信息的一种编码，它由系统前一时刻的状态 S_{t-1} 以及系统当前输入 x_t 共同计算得到；y_t 表示时刻 t 的系统输出。

RNN 的数学表达式如式（5.5）所示，其中函数 σ 表示 RNN 的激活函数，可以是 Tan 或 ReLU。往往将系统初始状态 S_0 置为 0。

$$S_t = \sigma(WS_{t-1} + UX_t + b)$$

$$Y_t = \sigma(VS_t) \qquad\qquad (5.5)$$

由 RNN 基本结构和数学表达式可知，不同时刻的网络参数 (W, U, V, b) 都是共享的，这样可以大幅度减少自由参数的个数，避免过训练。图 5-30 仅是 RNN 的一个基本结构图，在实际应用中，可以根据需要进行按需修改。RNN 的计算能力是符合图灵完备的，即所有的图灵机都可以被一个由使用 Sigmoid 激活函数的神经元构成的全连接 RNN 来模拟。也就是说，一个全连接的 RNN 可以近似解决所有的可计算问题。

2. RNN 训练

与传统 ANN 训练类似，RNN 训练也使用 BP 算法，由于 RNN 基于时间展开，参数 (W, U, V, b) 共享，并依赖前面若干步 RNN 网络的状态，因此前馈网络的 BP 算法不能直接用于 RNN 网络。因为误差的反馈是以节点之间的连接没有环形结构为前提的，所以 RNN 使用 BPTT（Back Propagation Through Time）训练算法，它沿着时间展开，重新定义网络中的连接，从而形成序列，但基本原理和 BP 算法一样，同样包含三个步骤。

（1）前向计算每个神经元的输出值。

（2）反向计算每个神经元的误差项值，这个值是误差函数对神经元加权输入的偏导数。

（3）先计算每个权重的梯度，最后再用随机梯度下降法更新权重。

对于 RNN 中每一步计算的函数项，只是输入值不同，因此极大地减小了网络中需要学习的参数，其关键之处在于隐藏层具有记忆能力，能够记忆序列信息。

3. RNN 训练技巧

BPTT 无法解决长时依赖问题，即当前输出与前面很长的序列有关时，超过 10 步就无能为力了，因为 BPTT 会带来梯度消失或梯度爆炸问题，导致在训练时梯度无法一直传递下去，RNN 无法捕捉到长距离依赖。梯度爆炸问题较易处理，这是因为在发生梯度爆炸时程序会收到 NaN 错误，也可设置一个梯度阈值，超过阈值则直接截取。梯度消失问题难以检测也难以处理，对待梯度消失问题，可以采取如下三种方法。

（1）合理初始化权重，使每个神经元尽可能不要取极大值或极小值，避开梯度消失区域。

（2）优化激活函数，使用 ReLU 代替 Sigmoid 和 Tanh。

（3）优化 RNN 结构，使用 RNNs 的变体如 LSTM、GRU（Gated Recurrent Unit）等。

4. LSTM

为改善 RNN 的长距离依赖问题，一种非常好的解决方案是在模型中引入门控机制来控制信息的累积速度，包括有选择的加入新信息，有选择的丢弃之前累积的信息，这类改进的 RNN 称为基于门控的 RNN。常用的有两种：LSTM 和 GRU 门控循环单元网络，下面主要介绍 LSTM。

作为 RNN 的一个变体，LSTM 于 1997 年提出，可以有效解决简单 RNN 的梯度爆炸或梯度消失问题。在模型上，主要改进了以下两个方面。

（1）引入新的内部状态，进行线性的循环信息传递，同时非线性地输出信息给隐藏层的外部状态。

（2）引入门控机制来控制信息传递的路径。

这里的门控，如逻辑电路中的二值变量 $\{0,1\}$，其中，0 表示关闭，1 表示开放。LSTM 在神经元循环单元引入三个门：输入门 i_t、遗忘门 f_t 和输出门 o_t，其作用分别为：输入门 i_t 控制当前时刻的候选状态 $\tilde{c}_t$ 有多少信息需要保存；遗忘门 f_t 用于控制上一个时刻的内部状态 c_{t-1} 需要遗忘多少信息；输出门 o_t 用于控制当前时刻的内部状态 c_t 有多少信息需要输出给外部状态 h_t。

LSTM 中的门控是一种取值在区间 [0,1] 内的值，表示以一定比例允许信息通过，其计算方式分别为

$$i_t = \sigma(W_i x_t + U_i h_{t-1} + b_i)$$

$$f_t = \sigma(W_f x_t + U_f h_{t-1} + b_f)$$

$$o_t = \sigma(W_o x_t + U_o h_{t-1} + b_o)$$

在三个门控公式中，$\sigma(\cdot)$ 为 Logistic 函数，是一种 S 型函数，其数学表达式为 $y = \dfrac{1}{1+e^{-x}}$，这种函数的特性使得其输出值始终位于区间 [0,1] 内，非常适用于建模概率问题；x_t 为当前时刻的输入；h_{t-1} 为上一时刻的外部状态。在 LSTM 的循环单元里，其计算过程为：先利用上一时刻的外部状态 h_{t-1} 和当前时刻的输入 x_t 计算三个门，以及候选状态 $\tilde{c}_t$，然后结合遗忘门 f_t 和输入门 i_t 来更新记忆单元 c_t，最后结合输出门 o_t，将内部状态的信息传递给外部状态 h_t。LSTM 的循环单元结构如图 5-31 所示。

RNN 的核心原理是其能够捕获序列数据中的时间动态特性。不同于前馈神经网络（如多层感知机），RNN 可以处理序列中的每个元素（如时间序列、句子中的单词等），并且能够记住之前处理过的元素信息。RNN 的关键原理和组成部分如下。

（1）序列数据的处理：RNN 用来处理序列数据，即数据点之间存在时间或顺序上的关联。

（2）循环连接：RNN 的名称来源于其网络结构中存在的循环，即网络的当前状态不仅受当前输入的影响，还受前一状态的影响。

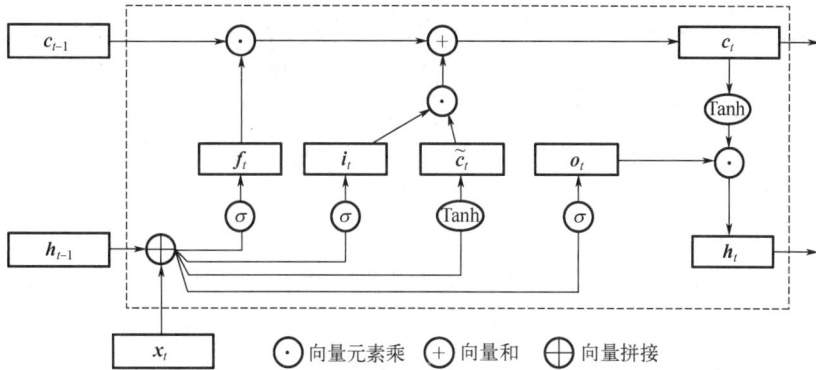

图 5-31　LSTM 的循环单元结构

（3）隐藏状态（Hidden State）：（通常表示为 h_t）是 RNN 中的关键概念，它携带了序列中先前时间步的信息，并且会在每个时间步更新。

（4）权重共享：在 RNN 中，同一个权重矩阵在序列的每个时间步都会被用到，这意味着无论序列有多长，模型学习的参数数量是固定的。

（5）时间步更新：每个时间步的隐藏状态都是基于前一个时间步的隐藏状态和当前时间步的输入计算得到的。这个过程可以表示为 $h_t = f(W \cdot h_{t-1} + U \cdot x_t + b)$，其中，$f$ 是激活函数（如 Tanh 或 ReLU）；W 是隐藏状态到隐藏状态的权重矩阵；U 是输入到隐藏状态的权重矩阵；x_t 是当前时间步的输入；b 是偏置项。

（6）梯度计算和传播：在训练 RNN 时，梯度需要从输出端反向传播到每个时间步的输入端。这个过程称为反向传播通过时间（Back Propagation Through Time，BPTT）。

（7）梯度消失或爆炸问题：由于权重在每个时间步重复使用，梯度可能会随着时间步的增加而逐渐消失或爆炸，导致长期依赖关系难以学习。

（8）门控机制：为了解决梯度问题，LSTM 和 GRU 等高级 RNN 引入了门控机制，通过控制信息的流动来避免梯度问题，并能够学习长期依赖关系。

（9）输出生成：RNN 的输出可以是序列中每个时间步的隐藏状态，也可以是经过额外的全连接层处理后的最终输出。

（10）应用广泛：RNN 因其能够处理序列数据的特性，被广泛应用于自然语言处理、语音识别、时间序列预测等领域。

RNN 的设计使其能够捕获序列数据中的时间依赖性，但同时带来了梯度消失或爆炸的挑战。现代的 RNN 变体，如 LSTM 和 GRU，通过引入复杂的门控机制来解决这些问题，从而在处理长序列数据时表现更好。

5.4.2　RNN 应用案例

前面阐述过，RNN 作为一种适用于处理序列数据的神经网络，能够处理不定长的序列输入，并且能够在序列的时间步之间传递信息，这种特性使其在处理时间序列、自然语言处理（Natural Language Processing，NLP）等领域有着广泛的应用。RNN 可以应用到很多不同类型的机器学习任务中。根据这些任务的特点可以分为以下三种模式。

（1）序列到类别模式：主要用于序列数据的分类问题，输入为序列，输出为类别。例如，在文本分类中，输入为单词的序列，输出为该文本的类别。

（2）同步序列到序列模式：主要用于序列标注任务，即每一时刻都有输入、输出，输入序列和输出序列的长度相同。例如，在词性标注中，每个单词都需要标注其对应的词性标签。

（3）异步序列到序列模式：又称为编码器-解码器模型，即输入序列和输出序列不需要有严格的对应关系，也不需要保持相同的长度。例如，在机器翻译中，输入源语言的单词序列，输出为目标语言的单词序列。

RNN 在实践中被证明对 NLP 是非常成功的，如词向量表达、语句合法性检查、词性标注等。其实际应用包括语言模型、文本生成、语音识别、机器翻译、问答系统、推荐系统、股票预测等。主要得到实际应用认可的是 RNN 的诸多变体如 LSTM、GRU、Bi-LSTM（Bidirectional LSTM）即双向 LSTM。

RNN 的应用案例如下。

（1）语言模型和文本生成：RNN 可以用于构建语言模型，生成连贯的文本序列。

（2）机器翻译：尤其是 Bi-LSTM，常用于机器翻译任务，将一种语言的文本转换为另一种语言。

（3）语音识别：RNN 可以处理音频信号的时间序列，用于语音到文本的转换。

（4）时间序列预测：在金融、气象等领域，RNN 可以用于基于历史数据进行未来趋势的预测。

（5）命名实体识别（Named Entity Recognition，NER）：在自然语言处理中，RNN 可以识别文本中的特定实体，如人名、地点等。

下面定义一个简单的 RNN 模型，它接收输入序列，通过一个 RNN 层来传递信息，并在最后一个时间步通过一个全连接层输出最终的预测结果。这种模型可以用于简单的序列分类任务，对于更复杂的任务，可能需要使用 LSTM 或 GRU 等更高级的 RNN 变体。下面使用 Python 结合 PyTorch，用简短的代码做示例，限于篇幅，这里没有选择演示基于 LSTM 的语音识别系统的例子。

```python
import torch
import torch.nn as nn
import numpy as np

#假设有一个简单的时间序列数据集
time_series_data = np.array([1, 3, 5, 7, 9, 11, 13, 15])

#定义超参数
input_size = 1
hidden_size = 10
num_layers = 1
learning_rate = 0.01
num_epochs = 100

#将数据转换为 PyTorch 张量
time_series_data = torch.from_numpy(time_series_data).float()

#定义 RNN 模型
class TimeSeriesRNN(nn.Module):
    def __init__(self, input_size, hidden_size, num_layers):
```

```python
        super (TimeSeriesRNN, self).__init__()
        self.rnn = nn.RNN (input_size, hidden_size, num_layers, batch_first=True)
        self.fc = nn.Linear (hidden_size, 1)    #预测下一个时间步

    def forward (self, x):
        #初始化隐藏状态
        h0 = torch.zeros (num_layers, x.size(0), hidden_size).to(x.device)

        #前向传播
        out, _ = self.rnn (x, h0)
        #取出最后一个时间步的输出
        out = self.fc (out[:, -1, :]).squeeze (1)
        return out

#实例化模型
model = TimeSeriesRNN (input_size, hidden_size, num_layers)

#损失函数和优化器
criterion = nn.MSELoss()
optimizer = torch.optim.Adam (model.parameters(), lr=learning_rate)

#将时间序列数据转换为序列数据集
sequence_length = 3
data = []
for i in range (len (time_series_data) - sequence_length):
    data.append (time_series_data[i:i + sequence_length + 1])

#将序列数据转换为 PyTorch 数据集
dataset = torch.utils.data.TensorDataset(torch.tensor(data), torch.tensor(data)
[:, -1])

#创建数据加载器
dataloader = torch.utils.data.DataLoader (dataset, batch_size=1, shuffle=False)

#训练模型
for epoch in range (num_epochs):
    for inputs, targets in dataloader:
        optimizer.zero_grad()

        #训练模型
        outputs = model (inputs)
        loss = criterion (outputs, targets)

        #反向传播和优化
        loss.backward()
        optimizer.step()
```

```
        print (f'Epoch {epoch+1}/{num_epochs}, Loss: {loss.item()}')

#使用模型进行预测
last_sequence = time_series_data[-sequence_length:]
last_sequence = last_sequence.reshape (1, -1)
predicted_value = model (last_sequence) .item()

print (f'Predicted next value: {predicted_value}')
```

这个示例展示了如何使用一个简单的 RNN 模型对时间序列数据进行训练和预测。模型首先在数据集上进行训练，然后在最后观察到的序列上进行预测。注意，这个示例非常简化，实际应用中可能需要更复杂的数据预处理、模型结构和训练策略。

5.5　生成对抗网络

是否可以让机器模型自动生成一张图片、一段语音？而且可以通过调整不同模型输入向量来获得特定的图片和声音呢？例如，是否可以调整输入参数来获得一张红头发、蓝眼睛的人脸；或者是否可以调整输入参数，得到女性的声音片段？也就是说，是否存在某种机器模型能够根据用户需求，自动生成用户想要的东西。当然可以，这就是生成对抗网络能够办到的事了！

生成对抗网络（Generative Adversarial Networks，GAN）也是一种深度学习模型，是由 Goodfellow 等人在 2014 年提出的一种基于博弈论的、二人零和游戏的机器学习新框架。GAN 由两部分组成：生成器（Generator）和判别器（Discriminator）。这两部分在训练过程中相互竞争，促进对方提高性能，最终达到生成高质量、逼真数据的目的。

5.5.1　GAN 的原理

GAN 的基本架构是根据博弈论的二人零和游戏来设计的，即游戏双方的利益总和是一个常数，一方利益增加，另一方就会减少。它的组成部分"生成器"和"判别器"就是游戏的双方。

生成器负责产生与样本数据尽可能相似的假样本，而判别器负责辨别一个样本是来自真实样本数据还是来自生成器产生的假样本数据。生成器的目标是要通过不断地训练来产生以假乱真的假样本，而判别器的目标是要通过不断地训练从数据中尽可能把假样本甄别出来。最终，经过多轮调整，生成器产生的假样本已经让判别器无法区分，这样就达到了 GAN 的目标，即学习到一个可以产生和真实样本数据独立同分布的数据生成器。在 GAN 中，生成器和判别器有多种模型选择方式，一般会选择非线性映射函数模型（可以是各种深度学习模型）来充当生成器和判别器。

1. GAN 基本模型

在 GAN 中，要同时训练一个生成器 G 和一个判别器 D。生成器 G 从一个预先定义好的噪声分布 $P_z(z)$ 中随机抽取一个噪声向量 z 作为输入，然后产生一个假样本 $G(z;\theta_g)$，其中 θ_g 包含生成器的参数。判别器 $D(x;\theta_d)$ 把真实样本和假样本分别作为正例和负例输入，并对它们进行二分类的判别，其中 θ_d 包含判别器的参数。生成器和判别器的训练是交替进行的。在训练生成器时，固定判别器，通过优化参数 θ_g 来最小化损失函数 $\log(1-D(G(z)))$；在训练判别器时，固定生成器，通过优化参数 θ_d 来最小化损失函数 $\log(1-D(x))$。也就是说，生成器和判别器在进行一场极小极大化价值函数 $V(G,D)$ 的二人博弈，即进行如下优化。

$$\min_G \max_D V(G,D) = E_{x \sim p_{\text{data}}(x)}[\log D(x)] + E_{z \sim p_z(z)}[\log(1-D(G(z)))] \tag{5.6}$$

GAN 的目标是让生成器可以产生与真实数据几乎没有区别的样本，即假样本可以达到以假乱真的目的。GAN 的基本结构如图 5-32 所示。

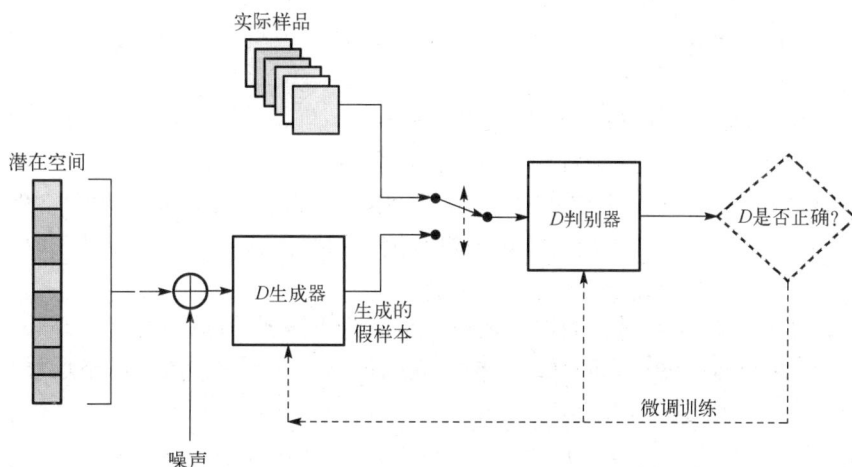

图 5-32　GAN 的基本结构

2．模型训练

在 GAN 的训练过程中，对判别器和生成器的优化是交替进行的。在每次迭代中，首先优化判别器，然后优化生成器。这里不再从概率统计学的公式角度展开阐述。

根据经验，在上述过程中，一般对判别器的优化进行 k 次迭代，然后对生成器进行一次优化。这样做一方面可以避免在优化判别器时候出现过拟合；另一方面可以避免生成器因更新次数过多而导致收敛缓慢的问题。

一般来说，在 GAN 的训练过程中，初始状态的生成器和判别器都比较弱，主要通过交替训练来逐步共同提高。而且应尽量避免训练中出现一个模型很强而另一个模型很弱的情形，因为这样会导致训练的优化方向出现问题。一个比较强的模型不知道自己在和一个比较弱的模型博弈，而把对方也当成一个比较强的模型从而使得自己过度拟合对方，最后导致训练收敛缓慢甚至训练失败。

在多数情况下，生成器会比较弱，而判别器会比较强。所以，我们可以考虑对生成器进行一定程度的预训练（Pre-training）以得到一个相对较好的初始状态，然后可以有意地选取一些相对弱的判别器来防止其快速收敛变强。

3．GAN 扩展模型

经典的 GAN 的生成器和判别器都选用了全连接神经网络，这种结构适合简单的图像分类任务。对于相对复杂的任务则不大能胜任，对于使用不同的神经网络作为生成器和判别器，以及加入额外的条件信息，GAN 产生了诸多变体。

（1）DCGAN（Deep Convolutional GAN）：是第一个将转置 CNN 架构应用于生成器的方法，使用跨步卷积代替池化层，并通过批量归一化提高训练效率。

（2）CGAN（Conditional GAN）：在生成器和判别器中加入额外的条件信息，如类标签，以生成特定类型的数据。

（3）EBGAN（Energy-Based GAN）：使用自编码器作为判别器，鉴别样本的重构性，而非真假。

（4）BiGAN（Bidirectional GAN）：包含编码器和生成器，学习数据到隐空间的双向映射。

（5）ACGAN（Auxiliary Classifier GAN）：在 CGAN 的基础上增加了辅助分类器，进一步提高生成图像的质量和多样性。

（6）WGAN（Wasserstein GAN）：通过 Wasserstein 距离衡量真实数据分布和生成数据分布之间的差异，改进了 GAN 的训练稳定性和生成质量。

（7）StyleGAN：引入了基于样式的生成器结构，允许更直观地控制合成图像的特征。

（8）Self-attention GAN：利用自注意力机制捕捉长距离依赖关系，提高生成图像的质量和分辨率。

（9）ProGAN：采用逐步增长的训练策略，从低分辨率逐渐过渡到高分辨率的图像生成。

这些 GAN 的变体通过不同的网络结构和训练策略，在图像生成、风格迁移、数据增强等多个领域展现出广泛的应用潜力。

4．小结

GAN 的关键特点包括如下几个。

（1）生成器：负责生成数据，通常是一个深度神经网络能够从随机噪声中生成新的数据样本。

（2）判别器：也是一个深度神经网络，其任务是区分生成器生成的假数据和真实数据集中的真实数据。

（3）对抗训练（Adversarial Training）：生成器和判别器在训练过程中相互对抗。生成器试图生成越来越逼真的数据，而判别器不断提高其区分真假数据的能力。

（4）损失函数：GAN 的训练涉及一种特殊的损失函数，即最小最大损失（Min-Max Loss），生成器试图最大化判别器做出错误判断的概率，而判别器试图最小化这种概率。

（5）模式崩溃（Mode Collapse）：GAN 训练中可能出现的问题，即生成器开始生成非常相似或重复的样本，而不能捕捉到数据的多样性。

（6）应用广泛：GAN 被广泛应用于图像生成、风格迁移、数据增强、超分辨率、图像编辑等领域。

GAN 的实现步骤如下。

（1）初始化：生成器和判别器的网络被初始化，通常使用随机权重。

（2）生成假数据：生成器从随机噪声开始，生成一批假数据。

（3）判别：判别器评估一批真实数据和生成器生成的假数据，输出每个样本为真实数据的概率。

（4）计算损失：根据判别器的结果，计算生成器和判别器的损失。生成器的损失是其生成的数据被判别器错误判断为真实数据的概率，而判别器的损失是其正确分类真假数据的能力。

（5）反向传播：使用计算出的损失对生成器和判别器的网络参数进行反向传播，并更新权重。

（6）迭代训练：重复步骤（2）～（5），直到生成器生成的数据足够逼真，或者达到预定的训练迭代次数。

5.5.2　GAN 应用案例

GAN 是一种强大的深度学习模型，用于生成逼真的图像。深度卷积生成对抗网络（DCGAN）是 GAN 的一种扩展，通过使用卷积层和转置卷积层来生成高质量的图像。在本节中将使用 TensorFlow 库来实现一个 DCGAN，并生成一些逼真的图像。

1．导入所需的库

```
import tensorflow as tf
from tensorflow.keras import layers
import matplotlib. pyplot as plt
import numpy as np
```

2．定义超参数

```
BUFFER_SIZE = 60000
BATCH_SIZE = 256
EPOCHS = 5
noise_dim = 100
num_examples_to_generate = 16
```

3．加载和预处理数据集（这里以 MNIST 数据集为例）

```
(train_images, _), (_, _) = tf.keras.datasets.mnist.load_data()
train_images = train_images.reshape (train_images.shape[0], 28, 28, 1).astype ('float32')
train_images = (train_images - 127.5) / 127.5  #Normalize the images to [-1, 1]
```

4．创建数据加载器

```
train_dataset = tf.data.Dataset.from_tensor_slices (train_images).shuffle (BUFFER_SIZE)
train_dataset = train_dataset.batch (BATCH_SIZE)
```

5．定义 DCGAN 的生成器

```
def make_generator_model():
    model = tf.keras.Sequential ([
        layers.Dense(7*7*256, use_bias=False, input_shape=(noise_dim,)),
        layers.BatchNormalization(),
        layers.LeakyReLU(),
        layers.Reshape ((7, 7, 256)),
        layers.Conv2DTranspose(128, (5, 5), strides=(1,1),padding='same', use_bias=False),
        layers. BatchNormalization(),
        layers.LeakyReLU(),
        layers.Conv2DTranspose(64, (5,5), strides=(2,2),padding='same',
```

```
use_bias=False),
            layers.BatchNormalization(),
            layers.LeakyReLU(),
            layers.Conv2DTranspose(1, (5,5), strides=(2,2), padding='same',
use_bias=False, activation='tanh')
        ])
        return model

    generator = make_generator_model()
```

6. 定义 DCGAN 的判别器

```
def make_discriminator_model():
    model = tf.keras.Sequential([
        layers.Conv2D(64, (5, 5), strides=(2, 2), padding='same',
input_shape=[28, 28, 1]),
        layers.LeakyReLU(),
        layers.Dropout(0.3),
        layers.Conv2D(128, (5, 5), strides=(2, 2), padding='same'),
        layers.LeakyReLU(),
        layers.Dropout(0.3),
        layers.Flatten(),
        layers.Dense(1)
    ])
    return model

discriminator = make_discriminator_model()
```

7. 定义损失函数和优化器

```
cross_entropy = tf.keras.losses.BinaryCrossentropy(from_logits=True)

def discriminator_loss(real_output, fake_output):
    real_loss = cross_entropy(tf.ones_like(real_output), real_output)
    fake_loss = cross_entropy(tf.zeros_like(fake_output), fake_output)
    total_loss = real_loss + fake_loss
    return total_loss

def generator_loss(fake_output):
    return cross_entropy(tf.ones_like(fake_output), fake_output)

generator_optimizer = tf.keras.optimizers.Adam(1e-4)
discriminator_optimizer = tf.keras.optimizers.Adam(1e-4)
```

8. 训练 DCGAN

```
@tf.function
def train_step(images):
```

```
        noise = tf.random.normal([BATCH_SIZE, noise_dim])

        with tf.GradientTape() as gen_tape, tf.GradientTape() as disc_tape:
            generated_images = generator(noise, training=True)

            real_output = discriminator(images, training=True)
            fake_output = discriminator(generated_images, training=True)

            gen_loss = generator_loss(fake_output)
            disc_loss = discriminator_loss(real_output, fake_output)

        gradients_of_generator = gen_tape.gradient(gen_loss, generator.trainable_
variables)
        gradients_of_discriminator=disc_tape.gradient(disc_loss,discriminator.
trainable_variables)

        generator_optimizer.apply_gradients(zip(gradients_of_generator,
generator.trainable_variables))
        discriminator_optimizer.apply_gradients(zip(gradients_of_discriminator,
discriminator.trainable_variables))

    for epoch in range(EPOCHS):
        for image_batch in train_dataset:
            train_step(image_batch)
```

9. 生成和展示图像

```
    def generate_and_save_images(model, epoch, test_input):
        predictions = model(test_input, training=False)
        plt.close()
        plt.figure(figsize=(4, 4))

        for i in range(predictions.shape[0]):
            plt.subplot(4, 4, i + 1)
            plt.imshow(predictions[i, :, :, 0], cmap='gray')
            plt.axis('off')

        plt.savefig('image_at_epoch_{:04d}.png'.format(epoch))
        plt.show()

    #We will reuse the test_input repeatedly while generating images
    test_input = tf.random.normal([noise_dim])
    for epoch in range(EPOCHS):
    #Train the model
    #Produce images for the GIF as we go
    display.clear_output(wait=True)
    generate_and_save_images(generator, epoch + 1, test_input)
```

注意，这是一个简化的示例，在实际应用中可能需要更复杂的数据预处理、模型调优和训练逻辑。此外，生成的图像质量会随着网络结构的改进、训练时间的增加和超参数的调整而提高。

5.6 深度学习工具

前面介绍了深度学习的方法和技巧，也给出了相关模型下的应用案例，显然从零开始来实现这些方法是不现实的，也是困难的。深度学习发展到如今，已出现了许多经典好用的深度学习框架，利用这些框架可以快速实现我们自己的深度学习应用。在深度学习领域中存在多种工具，用于不同的目的，包括但不限于深度学习框架、可视化工具、开发环境、包管理和 GPU 加速库等。下面简要介绍主要的深度学习工具。

1. 深度学习框架

（1）TensorFlow：由 Google 开发的开源机器学习库，具有强大的社区支持和广泛的应用场景。除了矩阵运算和深度学习相关的函数，TensorFlow 还提供了图像插补及图像旋转等图像处理相关的函数，其灵活性很强，组合函数能实现所需的算法，而且在嵌入式设备、单片机乃至更大规模的分布式环境上都能运行。它的基本思路是使用有向图来表示计算任务。TensorFlow 的核心部分采用 C++编写以实现高效计算，其函数接口支持 C++和 Python 两种编程语言。它于 2015 年 11 月 9 日在 Apache 2.0 开源许可证下发布，2017 年 12 月发布动态图机制。

（2）PyTorch：由 Facebook 于 2017 年 1 月 18 日发布，是 Python 端的开源深度学习库，基于 Torch。它支持动态计算图，具有很好的灵活性，与 Caffe 2 无缝结合。

（3）MXNet：由 DMLC（Distributed Machine Learning Community）社区开发，支持多种编程语言，具有良好的分布式性能。它是一款开源的、轻量级、可移植的、灵活的深度学习库，它让用户可以混合使用符号编程模式和指令式编程模式来最大化效率与灵活性，目前已经是亚马逊 AWS 官方推荐的深度学习框架。MXNet 的很多作者都是中国人，其最大的贡献组织为百度。

（4）PaddlePaddle（飞桨）：是由百度自行开发的开源深度学习平台，它具有易用、高效、灵活和可扩展的特点，并为百度内部多项产品提供深度学习算法支持。PaddlePaddle 支持大规模深度学习并行训练，能够轻松处理千亿规模参数、数百个节点的训练任务。PaddlePaddle 深度学习框架以其易学易用的前端编程界面和统一高效的内部核心架构而受到开发者的青睐。PaddlePaddle 支持命令式和声明式编程范式，是业内首个实现动静统一的深度学习框架。

（5）Caffe：作为早期流行的深度学习框架，特别适合图像处理任务。它是由加州大学伯克利分校视觉与学习中心贾扬清博士开发的一套深度学习工具，支持 macOS X、Linux 和 CUDA，可以使用 C++和 Python 进行开发，是图像识别领域应用最多的深度学习工具，其原因在于训练和测试简单。经由 Caffe 训练的神经网络公开后任何人都能使用，当搭建 Caffe 环境及训练网络时，可通过互联网获取大量参考信息，在 GPU 上的运行速度也优于其他工具。

（6）Keras：一个用 Python 编写的开源高层神经网络库，它能够在 TensorFlow、CNTK、Theano 或 MXNet 等多种后端上运行。它旨在实现深度神经网络的快速实验，专注于界面友好、模块化和可扩展性。其主要作者和维护者是 Google 工程师 François Chollet。

（7）CNTK（Cognitive Toolkit）：是由微软开发的深度学习框架，它支持多种神经网络结构和优化算法，适用于图像识别、自然语言处理、语音识别等任务。CNTK 的核心设计思想是将神经网络模型分解为多个小的、可组合的层，这些层可以通过简单的 API 来组合和训练。CNTK 的性能在某些情况下被认为比 Caffe、Theano、TensorFlow 等主流工具更强，同时支持 CPU 和 GPU 模式。

（8）Theano：蒙特利尔大学于 2010 年公开的深度学习开发环境，是一种数值计算工具，基于 Theano 的深度学习源码已公开，因没有大公司支持，现在已式微。

（9）DIGITS：英伟达公司发布的深度学习 GPU 训练系统，包括创建训练数据集、创建模型、监控模型训练情况以及模型测试等多项功能。得益于其直观清晰的用户界面，用户能够简单明了地解决如何训练、如何可视化等常见问题。DIGITS 支持 Caffe、Torch7 深度学习框架，非常适合即将开启学习深度学习之旅的初学者以及希望能够更便捷地创建应用的使用者。从 DIGITS 官网下载 all - in-one-package 安装包，可安装试用。

2．可视化工具

可视化工具如 Draw_convnet、NNSVG、PlotNeuralNet、TensorBoard 等，用于设计和可视化神经网络结构。

3．开发环境（IDE）

Jupyter Notebook 和 Spyder 通常与 Anaconda 一起使用，适合进行数据分析和可视化。PyCharm 是一个功能丰富的 Python IDE，支持深度学习项目的开发。另外，微软公司的 VSCode，也是一个功能丰富的 Python 编辑集成环境，提供了支持深度学习项目开发的功能。

4．GPU 加速库

提供 AI 算力支撑的硬件主要有 GPU、Google 的 TPU 和寒武纪芯片。

除了软件开发工具和深度学习框架，硬件的支持工具还有以下两个。

（1）CUDA：是 NVIDIA 提供的用于通用并行计算的编程模型和 API。

（2）cuDNN：是 NVIDIA 提供的深度神经网络 GPU 加速库。

5.7　本 章 小 结

本章通过人工神经网络的发展历程，介绍人工智能连接主义学派在机器学习领域技术发展的 5 个阶段。首先简要介绍了出于仿生学的人工神经网络的基本原理，以及如何发展到深度学习。其次通过 ANN 与深度学习不同时期的里程碑式成果，阐述了 BP 神经网络及其 BP 算法，CNN、RNN、GAN 的基本原理、模型及其变种、应用场景和案例，并相应给出了某些具体代码实现。最后介绍了深度学习工具，包括深度学习框架、可视化工具、集成开发环境 IDE 及硬件加速库工具等。

习　题　5

一、单选题

1．人工神经网络的基本组成单元是＿＿＿＿＿＿＿。

　　A．神经元　　　　　　　B．晶体管　　　　　C．电阻　　　　　D．电容

2．BP 神经网络中的 BP 代表_____。

　　A．Back Propagation（反向传播）

　　B．Binary Propagation（二进制传播）

　　C．Basic Propagation（基本传播）

　　D．Batch Propagation（批量传播）

3．以下关于深度学习的描述，不正确的是_____。

　　A．深度学习是机器学习的一种，允许计算机系统从经验和数据中得到提高

　　B．深度学习不具有灵活性，其模型结构固定不变

　　C．深度学习通过将现实世界表示为嵌套的层次概念体系来构建复杂的 AI 系统

　　D．深度学习利用简单概念之间的联系来定义复杂概念，从一般抽象到高级抽象逐层递进

4．BP 算法的基本思想是_____。

　　A．通过正向传播过程计算输出误差，并直接调整输入层的权重和偏差

　　B．通过反向传播过程将输出误差逐层反向传递，并根据误差梯度调整各层的权重和偏差

　　C．仅在输出层计算误差，并根据该误差调整整个网络的权重和偏差

　　D．无须计算误差，直接通过梯度下降法调整网络的权重和偏差

5．以下选项不是 BP 神经网络算法实现的关键步骤的是_____。

　　A．初始化网络权重和偏差

　　B．计算输出层的误差

　　C．通过反向传播过程调整权重和偏差

　　D．直接根据输入数据调整网络的拓扑结构

6．以下关于人工神经网络（ANN）的描述，不准确的是_____。

　　A．ANN 是受生物神经网络启发而构建的数学模型

　　B．ANN 完全复制了人脑神经元的工作方式，包括生物化学过程

　　C．ANN 属于连接主义学派，是连接主义学派的核心组成部分

　　D．ANN 通过模仿人脑神经元之间的连接机制，实现复杂的模式识别和智能决策

7．下列属于线性激活函数的是_____。

　　A．Linear　　　　　　B．Threshold　　　C．Sigmoid　　　　D．Ramp

8．以下关于卷积神经网络（CNN）的描述，正确的是_____。

　　A．CNN 是一种专门用来处理文本数据的神经网络

　　B．在处理图像时，CNN 参数规模会随着隐藏层神经元数量的增多而急剧增长

　　C．CNN 具有局部连接、权重共享和汇聚的特点

　　D．CNN 对自然图像中物体的局部不变特征很容易提取，无须进行数据增强

9．池化层通常在以下_____之后使用。

　　A．输入层　　　　　　B．卷积层　　　　C．全连接层　　　　D．输出层

10．池化操作的主要目的是_____。

　　A．增加特征图尺寸　　　　　　　　B．减少特征数量

　　C．提高计算效率　　　　　　　　　D．改变图像分辨率

11. 在进行边沿检测时，_____信息很重要。
　　A．特征的具体位置　　　　　　　　B．特征的数量
　　C．特征的尺寸　　　　　　　　　　D．特征的形状

12. 下面关于池化的描述中，错误的是_____。
　　A．池化在 CNN 中可以减少较多的计算量，加快模型训练
　　B．池化的常用方法主要包括最大池化和平均池化
　　C．池化之后图像的尺寸没有变化
　　D．池化方法可以自定义

13. 循环神经网络（RNN）主要用于处理_____类型的数据。
　　A．静态图像　　　　B．时间序列数据　C．非结构化数据　　　D．图形数据

14. 以下_____是 RNN 的一种，并具有长期和短期记忆能力。
　　A．卷积神经网络（CNN）　　　　　B．长短期记忆模型（LSTM）
　　C．隐马尔可夫模型（HMM）　　　　D．支持向量机（SVM）

15. _____能够根据需求自动生成图片或语音。
　　A．卷积神经网络（CNN）　　　　　B．生成对抗网络（GAN）
　　C．循环神经网络（RNN）　　　　　D．支持向量机（SVM）

16. 在 GAN 模型中，_____负责生成数据。
　　A．判别器（Discriminator）　　　　B．生成器（Generator）
　　C．卷积层（Convolutional Layer）　　D．池化层（Pooling Layer）

17. 在处理图像时，CNN（卷积神经网络）主要利用_____来提取特征。
　　A．全连接　　　　　B．卷积　　　　　C．池化　　　　D．激活

18. 下列选项不是 RNN（循环神经网络）特点的是_____。
　　A．能够处理序列数据　　　　　　　B．具有记忆能力
　　C．适用于并行计算　　　　　　　　D．可以处理变长输入

19. GAN（生成对抗网络）由_____组成。
　　A．生成器和判别器　　　　　　　　B．编码器和解码器
　　C．输入层和输出层　　　　　　　　D．隐藏层和卷积层

20. 以下不属于深度学习框架的是_____。
　　A．C 语言　　　　B．TensorFlow　　C．PyTorch　　　D．Keras

二、填空题

1. BP 神经网络通过_____算法来调整网络中的权重，以最小化输出误差。

2. CNN 中的_____层用于提取输入数据的局部特征。

3. RNN 在处理序列数据时，通过_____机制来保持对之前信息的记忆。

4. 在深度学习工具中，_____是一个广泛使用的开源框架，支持多种编程语言和平台。

5. LSTM 是 RNN 的一种，全称为_____。

6. RNN 通过与其他技术组合，在_____、语种识别、语音合成等多个方面得到了良好应用。

7. 池化层属于_____层，一般在_____后使用。

8. 最常用的池化方法是_____，即选取图像区域内的_____作为新的特征图。

9．CNN 相较于全连接前馈网络，在处理图像时具有参数更少、训练效率更_____、不易出现过拟合现象等优点。

10．GAN 的实现步骤包括初始化、生成假数据、计算损失、反向传播、_____。

三、简答题

1．CNN 在处理图像时，为什么需要池化层？

2．GAN 的关键特点包括哪些？

3．列举几个常用的深度学习工具或框架，并简要说明它们的特点。

四、实践题

1．导入 Torch 库，生成一个神经网络，包含一个具有 256 个单元和 ReLU 激活函数的全连接隐藏层，然后是一个具有 10 个隐藏单元且不带激活函数的全连接输出层。

2．打开"课后习题\第 5 章\5-2.py"，此示例程序利用 TensorFlow 和 Keras 第三方库构建 CNN，对 Fashion-MNIST 数据集进行分类。根据程序中的注释，补全程序。

3．打开"课后习题\第 5 章\5-3.py"，利用前面实践题 CNN 训练的基础，在输出层前增加神经元数目，并展现最终的测试集分类结果，根据程序中的注释，补全程序。

第6章　人工智能应用

内容关键词：

● 人工智能应用领域

● 计算机视觉、自然语言处理、语音识别的典型应用案例

● 传统 AI 技术在现代场景下的应用案例，包括专家系统、知识图谱、多智能体、智能机器人等

人工智能的应用非常广泛，涵盖了从日常生活到工业生产的各个领域。例如，健康医疗领域如辅助诊断、药物研发、患者监护；自然语言处理领域如机器翻译、情感分析、语音识别；计算机视觉领域如图像识别、面部识别、自动驾驶；推荐系统如电商推荐、内容推荐；游戏和娱乐领域如游戏 AI、虚拟现实（VR）和增强现实（AR）；教育如智能辅导、自动评分；金融服务如算法交易、风险管理、信贷评估；客户服务如聊天机器人、语音助手；制造业如预测性维护、质量控制；农业如精准农业、病虫害监测；安全监控如视频监控分析、网络安全；交通物流如智能调度、仓库自动化；智能家居如家庭自动化、智能音箱和助手；环境监测和保护如气候模型预测、野生动物保护等。

人工智能的这些应用正在快速发展，随着人工智能技术在各领域的逐步深入融合，未来将有更多的创新应用出现。下面从人工智能各个研究方向简要介绍其应用案例。

6.1　计算机视觉

计算机视觉（Computer Vision，CV）是一门研究如何使计算机"看"的科学，更进一步地说，是指用摄影机与计算机代替人眼对目标进行识别、跟踪和测量的机器视觉，并进一步做图形处理，使计算机处理成为更适合人眼观察或传送给仪器检测的图像。作为一个科学学科，计算机视觉研究相关的理论和技术，试图建立能够从图像或多维数据中获取"信息"的人工智能系统。计算机视觉既是工程领域，也是科学领域中的一个富有挑战性的重要研究领域，尤其经过 2023 年，计算机视觉领域很明显经历了充满创新和技术飞跃的一年，人工智能驱动的视觉技术取得了显著进步，深刻地改变了人们对视觉数据的交互与解释。从生成式人工智能到复杂的分析工具，计算机视觉不断发展，甚至重新定义了其研究和应用边界。

6.1.1　十大算法模型

计算机视觉作为人工智能的一个重要分支，涉及多种算法和技术，用于使计算机能够理解和解释视觉信息。一些广泛应用的主流计算机视觉算法模型，如表 6-1 所示。

表 6-1　主流计算机视觉算法模型

算法模型分类	简要说明
卷积神经网络	一种深度学习架构，能提供一种设计神经网络的方式自动学习数据中的复杂特征（特别对于图像数据），在计算机视觉中应用最为广泛。CNN 可用于图像识别、图像分类、图像检测和图像分割任务
图像分类算法	常用算法包括 LeNet、AlexNet、VGGNet、GoogLeNet、ResNet、Inception 和 DenseNet 等，用于识别图像中的不同对象
目标检测算法	常用算法有 R-CNN、Fast R-CNN、Faster R-CNN、YOLO 和 SSD 等
语义分割和实例分割	常用算法有 DeepLab、Mask R-CNN 和 U-Net
图像生成与转换算法	分为自编码器（VAE）和生成对抗网络（GAN）模型
图像重构算法	自动回归模型（PixelRNN、PixelCNN）、生成对抗网络的 DCGAN 及 SRGAN 等
人体关键点检测	常用算法有 AlphaPose、PyTorch-OpenPose、PoseC3D、ST-GCN、MobilePose 和 CPM 等，可识别人体的各个部位和姿态，广泛应用于动作识别和虚拟现实等领域
场景文字识别	常用算法有 OCR、CNN、LSTM、SVM。此外，还有一些特定的算法和技术用于场景文字识别，如 Fourier Contour Embedding、Progressive Contour Regression、Adaptive Boundary Proposal Network 等，这些技术专注于任意形状文本的检测和识别
目标跟踪	常用算法有 TLD、基于运动行为分析的目标跟踪算法、基于 Mean-Shift 的无监督方法、连续自适应 CamShift、高效速度跟踪 KCF、基于检测的 MOT 和实时 SORT（用于多目标跟踪）、SiameseFC（利用深度学习网络进行目标匹配和跟踪）等
三维重建	常用算法有 3DLSTM、PointOutNet（基于点云数据）、图卷积网络、Shear-Warp、清华大学的 O²-Recon

这些算法共同推动了计算机视觉技术在医疗、工业、农业、安全监控、自动驾驶、游戏和娱乐等多个领域的应用与发展。随着技术的不断进步，未来计算机视觉将在更多领域展现出其潜力和价值。2023 年，在计算机视觉领域发挥关键作用的十大技术如下。

1. SAM

SAM（Segment Anything Model）由 Meta AI 开发，成为 CV 中分割任务的基础模型，彻底改变了像素级分类，几乎可以分割图像中的任何内容，这一发展为跨各种数据集的复杂分割任务开辟了新的途径。图像分割 Demo 如图 6-1 所示。

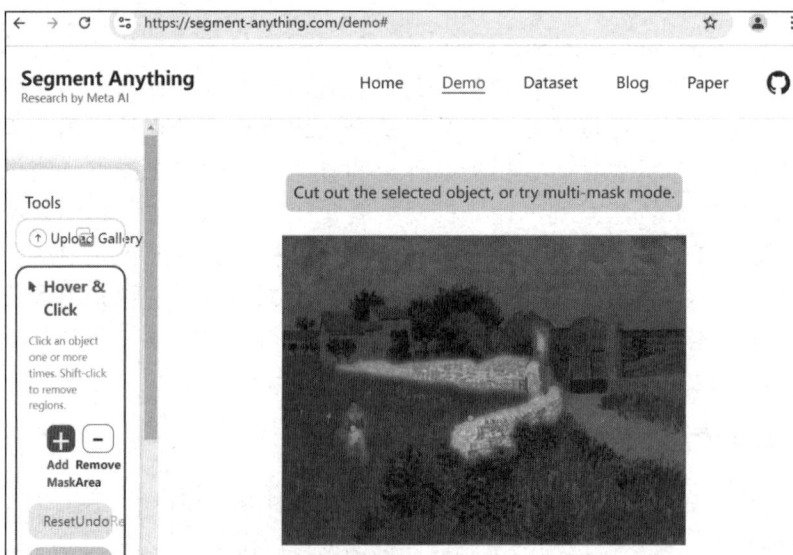

图 6-1　图像分割 Demo

2．多模态大型语言模型

在多模态大型语言模型（Large Language Model，LLM）出现之前，计算机视觉过去依赖于设计和训练特定任务的专用模型（该领域最流行的模型之一是卷积神经网络）来解决物体检测、人脸识别、场景分割和光学字符识别等特定任务。GPT-4 等这些模型弥合了文本和视觉数据之间的差距，使人工智能能够理解和解释复杂的多模态输入。它们在增强人工智能处理、响应文本和视觉线索组合的能力方面发挥了至关重要的作用，从而产生了更复杂的人工智能应用。

截至 2024 年 5 月 13 日，OpenAI 在官网宣布推出 GPT-4o 新旗舰机型，可以实时跨音频、视觉和文本进行推理。

3．YOLO v11

YOLO（You Only Look Once）是一种先进的深度学习目标检测算法，由 Joseph Redmon 等人在 2015 年首次提出。YOLO 系列的迭代以其更高的速度和准确性为目标检测树立了新的标准。YOLO v11 的进步使其成为需要快速精确物体检测的实时应用的首选。

4．DINO v2

DINO v2（无监督学习模型）标志着计算机视觉中无监督学习的重要一步。通过减少对大型注释数据集的依赖，它展示了无监督方法在训练具有较少标记图像的高质量模型方面的潜力。它提供一组基础模型，产生适用于图像级视觉任务（图像分类、实例检索、视频理解）以及像素级视觉任务的通用特征（深度估计、语义分割）。深度估计旨在从图像中推断出场景中物体的距离信息，在三维重建、增强现实、自动驾驶等应用场景具有重要作用。深度估计 Demo 如图 6-2 所示。

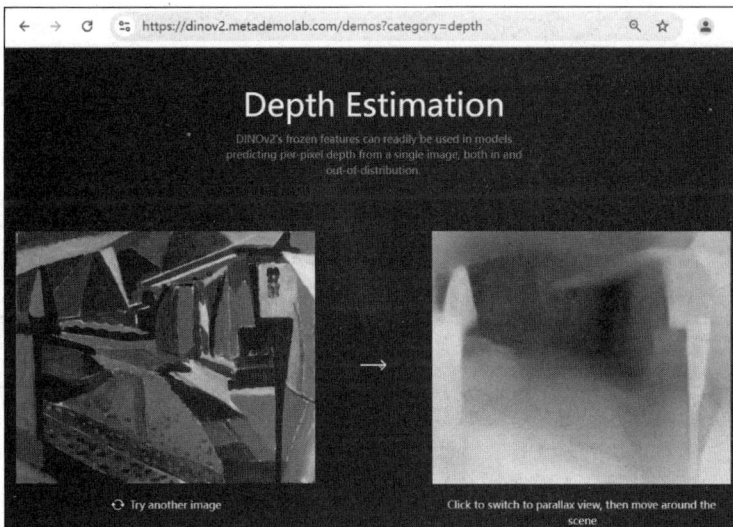

图 6-2　深度估计 Demo

5．文本到图像（T2I）模型

文本到图像模型有很多，如 Midjourney creations、DALL-E 3、Stable Diffusion XL、Imagen 2 等，它们极大地提高了人工智能从文本描述中生成的图像的质量和真实感。它们促进了数字艺术生成等创意应用，使人工智能成为艺术家和设计师的宝贵工具。

6. LoRA

LoRA 最初是为微调大型语言模型而开发的，却在计算机视觉中发现了新的应用。它提供了一种灵活而有效的方法来调整现有模型以执行特定任务，从而大大增强了计算机视觉模型的多功能性。

7. Meta 的 Ego-Exo4D 数据集

该数据集代表了视频学习和多模态感知的重大进步。它提供了丰富的第一人称和第三人称镜头集合，能够为人类活动识别和其他应用开发更复杂的模型。

8. 文本转视频（T2V）模型

T2V 模型（如 Runway、Pika Labs 和 Emu Video）通过从文本描述创建高质量视频，为 AI 生成的内容带来新的维度。这项创新为娱乐和教育等领域开辟了可能性，在这些领域中，动态视觉内容是必不可少的。

9. 用于视图合成的高斯点染

该技术代表了视图合成领域的一种新方法。它对神经辐射场（NeRF）等现有方法进行了改进，特别是在训练时间、延迟和准确性方面，从而重塑了 3D 渲染的格局。

10. NVIDIA 的 StyleGAN3

StyleGAN3 突破了生成模型的界限，尤其是在创建超逼真的图像和视频方面，这一进步扩展了生成模型在创建详细而逼真的数字艺术和动画方面的能力。GAN 示例如图 6-3 所示。

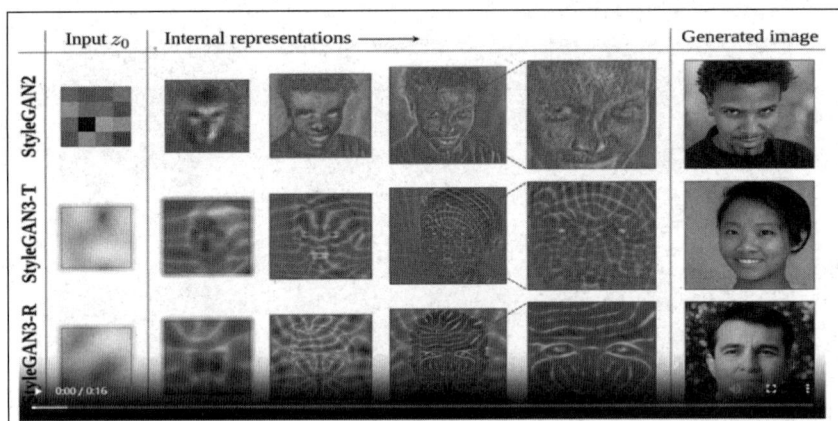

图 6-3　GAN 示例

展望未来几年，进一步彻底改变计算机视觉这一动态领域的预期趋势主要可能在：增强现实集成、机器人语言视觉模型（RLVM）、复杂的卫星视觉、3D 计算机视觉、计算机视觉中的伦理考虑、合成数据与生成式人工智能、计算机视觉的边缘计算、CV-Native 医疗保健应用、检测深度伪造技术以及实时计算机视觉。这些趋势预示着未来，计算机视觉不仅可以增强技术能力，还可以解决社会和伦理挑战，为人工智能开发和应用塑造更明智与负责任的方法。

6.1.2　典型应用

YOLO（You Only Look Once）是基于深度学习和计算机视觉领域的尖端技术，在速度和准确性方面具有无与伦比的性能。其流线型设计使其适用于各种应用，并可轻松适应从边缘设备到云 API 等不同硬件平台。YOLO 是一种流行的物体检测和图像分割模型，由华盛顿大学的约瑟夫·雷德蒙（Joseph Redmon）和阿里·法哈迪（Ali Farhadi）开发。YOLO 于 2015 年推出，因其高速度和高精确度而迅速受到欢迎，2024 年的版本已更新至 YOLO v11。

YOLO 由 Ultralytics 提供，支持全方位的视觉 AI 任务，包括检测、分割、姿态估计、跟踪和分类。这种多功能性使用户能够在各种应用和领域中利用 YOLO 的功能。YOLO 从 v9 就引入了可编程梯度信息（Programmable Gradient Information，PGI）和广义高效层聚合网络（Generalized Efficient Layer Aggregation Network，GELAN）等创新方法。YOLO v10 是由清华大学的研究人员使用该软件包创建的最新版本，该版本通过引入端到端头（End-to-End Head），消除了非最大抑制（Non-Maximum Suppression，NMS）要求，实现了实时目标检测的进步。这里使用已训练好的 YOLO v8 模型来作为演示实时目标检测的示例。

安装命令：`pip install ultralytics` 以及 `pip install imutils`

在数据集上训练自定义 YOLO 模型需要以下详细步骤。

（1）准备附加注释的数据集。

（2）在 YAML 文件中配置训练参数。

（3）使用 yolo train 命令开始训练。

在开始训练前，需要一份数据集。如何获取一个 YOLO v8 的数据集，用户可以通过 Roboflow 免费下载各种格式的数据集，进行数据预处理和增强，简化训练过程，提高效率。

下面是一个命令示例：

```
yolo train model=yolov8n.pt data=coco128.yaml epochs=100 imgsz=640
```

Ultralytics YOLO 支持高效和可定制的多目标跟踪。如果要利用跟踪功能，可以使用 yolo track 命令，具体如下。

```
yolo track model=yolov8n.pt source=video.mp4
```

实时目标检测的代码见教材所提供的源码：ch6_1_2_yolo.py。

6.2　自然语言处理

自然语言处理是人工智能的一个分支，它具有让计算机理解、解释和生成人类语言的能力。自然语言处理是以计算机为工具，对书面和口头形式的自然语言信息进行处理与加工的技术，其中文本是自然语言处理的一个重要对象。这项技术现在已经形成一门交叉性学科，涉及语言学、数学和计算机等众多学科。自然语言处理的目的在于建立各种自然语言处理系统，如机器翻译系统、自然语言理解系统、信息检索系统等。其目标是利用算法和数据结构设计计算模型，建立计算框架，在此基础上设计各种实用系统。

以下是一些自然语言处理的典型应用案例。

（1）机器翻译：自动将一种语言翻译成另一种语言，如 Google 翻译、百度翻译、IBM

和微软的机器翻译产品等。

（2）情感分析：识别文本中的情绪倾向，如产品评论是正面的还是负面的。

（3）语音识别：将语音转换为文本，用于智能助手、自动字幕生成等。

（4）聊天机器人：通过对话与用户互动，提供信息查询、客户服务等，主要以 ChatGPT 为代表的聊天机器人取得了极大的市场关注度。

（5）文本摘要：自动生成文本内容的简短摘要，常用于新闻摘要或会议记录。

（6）问答系统：根据用户的问题提供准确的答案，如 Siri、Alexa 等智能助手。

（7）文本分类：将文本分配到预定义的类别中，如垃圾邮件检测、主题分类等。

（8）命名实体识别（Named Entity Recognition，NER）：识别文本中的特定实体，如人名、地点、组织等。

（9）语言生成：生成自然语言文本，用于撰写报告、生成创意内容等。

（10）语音合成：将文本转换为语音，用于朗读服务、语音助手等。

（11）文档处理：自动进行文档审查、合同分析等，以提取关键信息。

（12）社交媒体分析：分析社交媒体上的文本数据，了解公众情绪、市场趋势等。

（13）知识图谱构建：从非结构化文本中提取实体和关系，构建知识图谱。

（14）对话系统：在特定领域内与用户进行多轮对话，如客户咨询、健康咨询等。

（15）机器写作：自动撰写新闻报道、体育赛事更新、财务报告等。

（16）自动代码生成：根据自然语言描述自动生成代码，辅助软件开发。

（17）语言模型微调：使用特定领域的文本数据微调预训练的语言模型，以提高任务性能。

（18）多模态处理：结合图像和文本数据，进行图像描述生成或图文匹配。

这些应用案例展示了自然语言处理技术在各个领域的广泛应用，随着技术的进步，未来将有更多的创新应用出现。

6.3　语　音　识　别

语音识别技术，也称为自动语音识别（Automatic Speech Recognition，ASR），它所要解决的问题是让计算机能够"听明白"人类的语音，将语音信号中包含的文字信息"剥离"出来，其研究内容仍然属于自然语言处理技术范畴。语音识别技术相当于人类的"耳朵"，在"能听会说"的智能计算机系统中扮演着至关重要的角色，是一种将人类语音转化为可理解的文本的技术，主要包括三个关键部分：预处理、特征提取、后处理。

（1）预处理：主要是对输入的语音信号进行预处理，包括降噪、标准化等，以便于后续的特征提取。

（2）特征提取：将语音信号转化为适合机器理解的形式。常用的特征包括梅尔频率倒谱系数（Mel-Frequency Cepstral Coefficient，MFCC）、线性预测编码（Linear Predictive Coding，LPC）等。

（3）后处理：主要是对识别结果进行整理和优化，如语言模型和声学模型的解码等。

语音识别的发展经历了从最初的孤立词识别系统到规模较小的小词汇量连续语音识别系统，再到今天复杂的大词汇量连续语音识别（Large Vocabulary Continuous Speech Recognition，LVCSR）系统三个阶段。自动语音识别技术的发展历史可以追溯到 20 世纪 50 年代，那时的研究主要集中在基于模式匹配的语音识别方法。随着深度学习技术的快速发展，特别是自

2000 年以来，基于神经网络的语音识别技术取得了突破性的进展。现在，我们已经有能力实现高准确率的连续语音识别，以及面对嘈杂环境、口音和语速的多变具有很好的鲁棒性。初级阶段涌现出来的核心技术主要有混合高斯模型、隐马尔可夫模型、梅尔频率倒谱系数和差分等。2010 年以前，无论理论还是实践都发展得相对缓慢，到 2010 年之后，随着深度学习的兴起和快速发展、算力的增长，以及大规模数据集的出现，人们对模型有了更好理解。

深度神经网络隐马尔可夫模型（DNN-HMM）混合系统利用 DNN 极强的表现学习能力以及 HMM 的序列化建模能力，使其声学模型成为主流技术，并获得了极大成功。在很多大规模连续语音识别任务中，其性能都远优于传统的混合高斯模型 GMM-HMM 系统。一系列研究的实验成果表明，使 DNN-HMM 性能提升的三大关键因素是：①使用足够深的深度神经网络；②使用一长段的帧作为输入；③直接对三音素进行建模。

对于基础语音识别的扩展包括添加自适应的说话人相关的特征方法，可以进一步降低错误率。语音识别上的深度神经网络从最初的使用受限玻耳兹曼机进行预训练发展到了使用整流线性单元和 Dropout 等较为先进的技术。从那时开始，工业界的几个语音研究组开始寻求与学术圈的研究者之间的合作。2014—2015 年，工业界大多数的语音识别产品都包含了深度学习，这种成功也激发了自动语音识别领域对深度学习算法和结构的一波新的研究浪潮，并且影响至今。

自动语音识别最大应用案例是我国科大讯飞的语音输入法，另外 IBM 的 ViaVoice 和微软的语音输入法也属于实用的语音输入系统。我国主要是科大讯飞、搜狗知音、百度语音识别三大语音识别技术。

自动语音识别其他的应用示例如下。

（1）智能助手：自动语音识别技术广泛应用于智能助手，如 Siri、Alexa 等。这些助手通过自动语音识别技术理解用户的语音指令，执行搜索、播放音乐、设定提醒等任务。

（2）语音转文本：语音转文本是自动语音识别的另一个重要应用。无论是电话会议还是音频书籍，自动语音识别都可以实现实时语音到文本的转换。这不仅提高了效率，还为听力有障碍的人提供了便利。

（3）情感分析：通过自动语音识别技术可以分析讲话者的语调、用词和语速，从而判断其情感状态，如快乐、悲伤或愤怒。这在企业客户关怀、市场调研和心理咨询等领域有着广泛的应用。

（4）无障碍技术：对于那些视力或听力有障碍的人来说，自动语音识别技术是帮助他们与计算机进行交互的重要工具。例如，屏幕阅读器使用自动语音识别技术将文本转化为语音，帮助视力障碍者使用计算机。

（5）安全监控：在安全监控领域，自动语音识别技术可以用于音频数据的分析和理解。例如，它可以帮助警方在大量的报警电话中筛选出有用的信息，快速响应紧急情况。

（6）健康领域：在健康领域，自动语音识别技术可用于远程医疗会诊记录、病患语言行为的分析以及用于产生医疗报告的自动文字记录等。

自动语音识别技术作为自然语言处理的一个重要分支，已经渗透到人们日常生活中的方方面面。从智能助手到语音转文本，从情感分析到无障碍技术，自动语音识别在各个领域都有广泛的应用。随着技术的不断发展，可以期待自动语音识别在未来的应用将更加广泛和深入。

6.4　专　家　系　统

专家系统（Expert Systems，ES）是一种模拟人类专家决策能力的人工智能系统，它通过知识库、推理引擎和用户接口三个主要组成部分来实现特定领域的复杂问题求解。作为一种智能计算机程序系统,它包含某个领域专家水平的知识与经验,能够应用人工智能技术和计算机技术,根据系统中的知识与经验进行推理和判断,模拟人类专家的决策过程,以解决那些需要人类专家处理的复杂问题。

专家系统经历了 5 个发展阶段:基于规则、基于框架、基于案例、基于模型及基于网络的基本逻辑和侧重点。

1. 基于规则

基于规则的专家系统是目前最常用的方式,主要归功于大量成功的实例以及简单灵活的开发工具。它直接模仿人类的心理过程,利用一系列规则来表示专家知识。算法规则是通过专家集体讨论得到的。这样形成的规则存在以下三个缺点:需要专家提出规则,而许多情况下没有真正的专家存在;前项限制条件较多,且规则库过于复杂,比较好的解决方法是采用中间事实;在某些情况下,只能选取超大空间的列举属性或数字属性,此时该属性值的选取需要大量样本及复杂的运算。因此,更倾向于采用一套算法体系,能自动从数据中获得规则。

2. 基于框架

基于框架的专家系统可看作是基于规则专家系统的一种自然推广,是一种完全不同的编程风格。用"框架"来描述数据结构,框架包含某个概念的名称、知识、槽。

3. 基于案例

基于案例的专家系统是采用以前的案例求解当前问题的技术。首先获取当前问题的信息,然后寻找最相似的以往案例。如果找到了合理的匹配,就建议用过去所用的解;如果搜索相似案例失败,就将这个案例作为新案例。因此,基于案例的专家系统能够不断学习新的经验,以增强系统求解问题的能力。

4. 基于模型

第四阶段为基于模型的专家系统。传统专家系统的主要缺点是缺乏知识的重用性和共享性,而采用基于模型的专家系统可以解决该问题。

5. 基于网络

第五阶段是基于网络的专家系统。在第三波人工智能高潮到来之前,随着移动互联网的高速发展,网络已成为用户的交互接口,软件也逐步走向网络化。因此专家系统的发展也顺应该趋势,将人机交互定位在网络层次。也就是说,专家、工程师与用户通过浏览器访问专家系统服务器,将问题传递给服务器;服务器则通过后台的推理机,调用当地或远程的数据库、知识库来推导结论,并将这些结论反馈给用户。

专家系统因其强大的专业知识和推理能力,在众多领域得到广泛应用,包括但不限于以下领域。

(1)医疗领域:专家系统在医疗领域中被用来辅助诊断疾病,提供治疗建议,如早期的MYCIN 系统能够提供抗生素使用的推荐。根据患者的症状和病史,辅助医生进行疾病诊断和治疗方案的制订。例如,基于深度学习技术的医学图像诊断系统可以自动识别和分析医学图像中的异常区域,提高诊断的准确性和效率。

（2）金融领域风险评估：在金融行业，专家系统帮助分析市场趋势和财务报告，提供投资建议，检测可能的欺诈行为，分析市场数据、预测股票价格、评估投资风险等。通过对大量历史数据的学习和分析，专家系统可以发现市场的规律和趋势，为投资者提供决策支持。

（3）客户服务：许多公司使用专家系统来提供 24×7 的客户服务，通过智能客服自动回答用户问题，提供个性化服务。

（4）工程领域：专家系统辅助工程师进行复杂系统的设计和优化。

（5）农业领域：专家系统在农业中帮助农民优化作物管理，提供关于灌溉、施肥和病虫害防治的建议，根据气象、土壤、作物生长等数据，提供种植建议、病虫害预测和防治方案等，帮助农民科学种植，提高产量和降低生产成本。

（6）法律咨询：在法律领域，专家系统能够协助律师进行案例分析，提供相关的法律建议和文档起草。

（7）教育与培训领域：专家系统也被用于教育领域，提供个性化学习路径，模拟复杂情景来培训专业人员，如教育领域的智能辅导系统。

（8）制造业优化：在制造业中，专家系统监控生产流程、优化产品质量和提高生产效率。

（9）环境监测：专家系统用于环境管理，具有监测污染水平、预测自然灾害、辅助环境保护等功能。

专家系统的成功应用展示了它们在增强决策过程、提供专业知识和提高效率方面的潜力。随着技术的发展，专家系统预计将更加集成化、个性化，并在更多领域得到应用。

下面简单介绍专家系统的经典案例：MYCIN。MYCIN 是由美国斯坦福大学研制的用于细菌感染患者诊断和治疗的专家系统。MYCIN 系统于 1972 年开始建造，1978 年完成，用 INTER LISP 语言编写（麦卡锡发明的人工智能语言）。MYCIN 知识库有 200 多条规则，可识别 51 种病菌，能正确处理 23 种抗生素。MYCIN 对于专家系统的发展有着重要影响，被人们视为专家系统的设计规范，现在的专家系统大多都是参考 MYCIN 而设计研发的基于规则的专家系统。

MYCIN 系统的设计目标有以下三个。

（1）在临床上提出有用的建议。

（2）在需要时针对决策进行说明解释。

（3）从行业专家处直接获取行业知识。

MYCIN 系统的临床咨询过程模拟人类的诊疗过程。医生用户（非专家）提交其患者数据，接收反馈的临床建议，以及经由内部说明机制反馈的信息。例如，经由普通问题解答器或推理状态检查器反馈的问题解答和咨询建议。所有决策的基础是行业专家所需的领域知识，也就是静态知识。一组计算机程序即规则解析器，利用这些知识及患者数据，经过逻辑分析，形成临床结论及治疗建议。

MYCIN 系统巨大的影响力在于其知识表达和推理方案所体现出的强大功能。但是，随着 MYCIN 的发展，也出现了难以克服的困难，即必须从行业专家工作领域中抽取出所需的知识，并转化为规则库，这就形成了知识获取的瓶颈。后来随着新技术的出现，人们把更多的注意力放在了自学习能力更强的神经网络和深度学习等方向。

MYCIN 系统的组成：经过几年的发展，MYCIN 系统已经形成了一套成熟的功能齐全的结构体系，经过不断优化后的现阶段最新系统组成要素有咨询子系统、解释子系统、知识获取子系统、诊断信息库、训练知识库。其中，数据库中的知识数据都用形如(对象 属性 值)

的三元组描述。MYCIN 系统结构如图 6-4 所示。

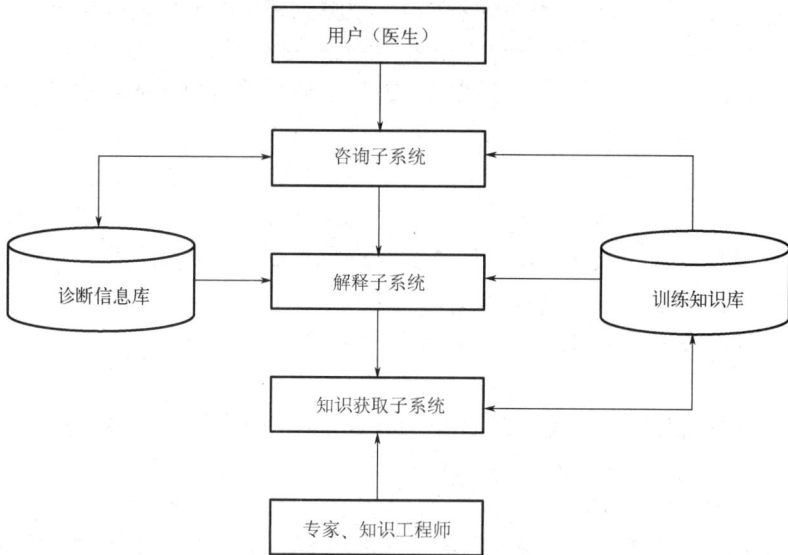

图 6-4　MYCIN 系统结构

MYCIN 的推理控制采用逆向推理和深度优先的搜索策略，推理过程分为以下两个阶段。

（1）诊断阶段：确定病人有无治疗细菌感染的需要，确定引起感染的细菌。

（2）治疗阶段：制订若干可能的治疗方案，从中制订最佳的综合治疗方案。

国内很多学者在 MYCIN 的基础上进行了优化，有的增加了案例库，从而形成了基于规则的专家系统与基于案例的专家系统的融合，并有了一定自学习能力；有的在功能模块中增加了神经网络，通过不断输入病人案例增强系统的机器学习能力，从而使专家系统与时俱进，结合现代人工智能的研究成果，焕发出新的活力。

总之，MYCIN 是一个非常经典的原型系统，对现代专家系统有非常重要的启迪效果。通过对 MYCIN 的分析，再结合企业的业务领域和实际需求，完全可以创造出非常适合企业的现代专家系统。

6.5　知识图谱

知识图谱作为人工智能和语义网络技术的重要组成部分，其核心在于将现实世界的对象和概念以及它们之间的多种关系以图形的方式组织起来。它不只是一种数据结构，更是一种知识的表达和存储方式，能够为机器学习提供丰富、结构化的背景知识，从而提升算法的理解和推理能力。

在人工智能领域，知识图谱的重要性不言而喻。它提供了一种机器可读的知识表达方式，使计算机能够更好地理解和处理复杂的人类语言与现实世界的关系。通过构建知识图谱，人工智能系统可以更有效地进行知识的整合、推理和查询，从而在众多应用领域发挥重要作用。

具体到应用场景，知识图谱被广泛应用于搜索引擎优化、智能问答系统、推荐系统、自然语言处理等领域。例如，在搜索引擎优化中，通过知识图谱可以更精确地理解用户的查询意图和上下文，提供更相关和丰富的搜索结果。在智能问答系统中，知识图谱使得机器能够理解和回答更复杂的问题，实现更准确的信息检索和知识发现。

此外，知识图谱还在医疗健康、金融分析、风险管理等领域展现出巨大潜力。在医疗健康领域，利用知识图谱可以整合和分析大量的医疗数据，为疾病诊断和药物研发提供支持。在金融分析领域，则可以通过知识图谱对市场趋势、风险因素进行更深入的分析和预测。

知识图谱是一种通过图形结构表达知识的方法，它通过节点（实体）和边（关系）来表示与存储现实世界中的各种对象及其相互联系。这些实体和关系构成了一个复杂的网络，使得知识的存储不再是孤立的，而是相互关联和支撑的。

知识图谱根据其内容和应用领域可以分为多种类型。例如，通用知识图谱旨在覆盖广泛的领域知识，如 Google 的 Knowledge Graph；而领域知识图谱专注于特定领域，如医疗、金融等。此外，根据构建方法的不同，知识图谱还可分为基于规则的、基于统计的和混合型知识图谱。知识图谱的核心组成元素包括实体、关系和属性。实体是知识图谱中的基本单位，代表现实世界中的对象，如人、地点、组织等。关系则描述了实体之间的各种联系，如"属于""位于"等。属性是对实体的具体描述，如年龄、位置等。这些元素共同构成了知识图谱的骨架，使得知识的组织和检索变得更加高效与精确。知识图谱的概念最早可以追溯到语义网络和链接数据的概念。早期的语义网络关注于如何使网络上的数据更加清晰可读，而链接数据强调了数据之间的关联。知识图谱的出现是对这些理念的进一步发展和实践应用，它通过更加高效的数据结构和技术，使得知识的表示、存储和检索更加高效与智能。

随着人工智能和大数据技术的发展，知识图谱在自然语言处理、机器学习等领域得到了广泛应用。例如，知识图谱在提升搜索引擎的智能化、优化推荐系统的准确性等方面发挥了重要作用。此外，随着技术的不断进步，知识图谱的构建与应用也在不断地演变和优化，包括利用深度学习技术进行知识提取和图谱构建，以及在更多领域的应用拓展。图 6-5 所示为 Google 的知识图谱结构。

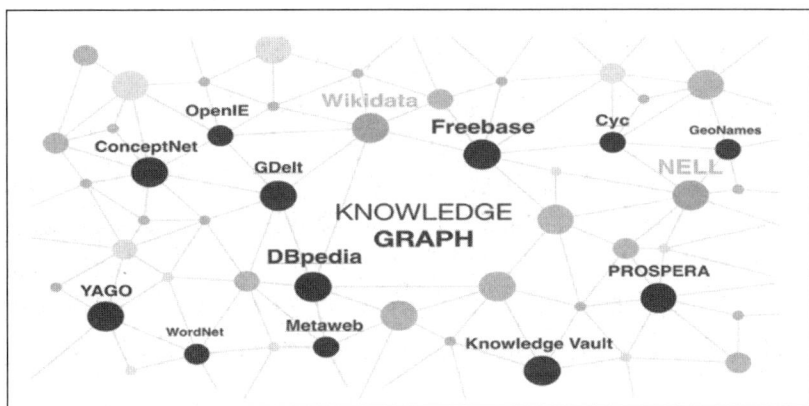

图 6-5　Google 的知识图谱结构

知识图谱构建的首要步骤是确定和获取数据源。数据源的选择直接影响知识图谱的质量和应用范围。通常，数据源可以分为两大类：公开数据集和私有数据。公开数据集，如 Wikipedia、Freebase、DBpedia 等，提供了丰富的通用知识，适用于构建通用知识图谱。私有数据，如企业内部数据库、专业期刊等，更适用于构建特定领域的知识图谱。

在选择数据源时，应考虑数据的可靠性、相关性、完整性和更新频率。可靠性保证了数据的准确性，相关性和完整性直接影响知识图谱的应用价值，而更新频率关系到知识图谱的时效性。在实践中，通常需要结合多个数据源，以获取更全面和深入的知识覆盖。获取数据后，下一步是数据清洗，再下一步是实体识别。实体识别是指从文本中识别出知识图谱中的实体，这是构建知识图谱的核心步骤之一。实体识别通常依赖于自然语言处理技术，特别是命名实体识别（Named Entity Recognition，NER）。NER 技术能够从非结构化的文本中识别出具有特定意义的片段，如人名、地名、机构名等。实体识别的方法多种多样，包括基于规则的方法、统计模型以及近年来兴起的基于深度学习的方法。基于深度学习的方法，如使用长短时记忆网络或 BERT 等预训练模型，能够更有效地处理语言的复杂性和多样性，提高识别的准确率和鲁棒性。

构建知识图谱是一个复杂的过程，涉及数据处理、知识提取、存储管理等多个阶段。下面简单探讨知识图谱构建的关键技术，并提供具体示例代码。

知识图谱的构建技术框图如图 6-6 所示。

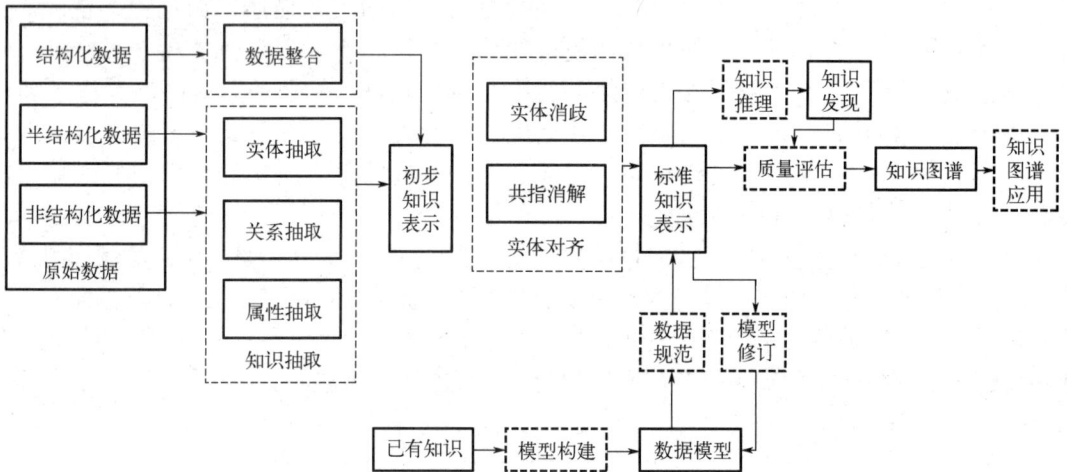

图 6-6 知识图谱的构建技术框图

1. 图数据库选择

选择合适的图数据库是构建知识图谱的首要步骤。图数据库专为处理图形数据而设计，用来提供高效的节点、边查询和存储能力。常见的图数据库有 Neo4j、ArangoDB 等。Neo4j 是一个高性能的 NoSQL 图形数据库，支持 Cypher 查询语言，适用于处理复杂的关系数据。它的优势在于强大的关系处理能力和良好的社区支持。ArangoDB 是一个多模型数据库，支持文档、键值及图形数据。它在灵活性和扩展性方面表现出色，适用于多种类型的数据存储需求。

2. 构建流程

构建知识图谱的过程大致可分为数据预处理、实体关系识别、图数据库存储及优化和索引。

（1）数据预处理：包括数据清洗、实体识别等步骤，其目的是将原始数据转换为适合构建知识图谱的格式。

代码示例如下。

```python
import pandas as pd

#示例：清洗和准备数据
def clean_data (data):
    #数据清洗逻辑
    cleaned_data = data.dropna ()  #去除空值
    return cleaned_data

#假设有一个原始数据集
raw_data = pd.read_csv ('example_dataset.csv')
cleaned_data = clean_data (raw_data)
```

（2）实体关系识别：从清洗后的数据中提取实体和关系。这里以 Python 和 PyTorch 实现一个简单的命名实体识别模型为例，示例代码如下。

```python
import torch
import torch.nn as nn
import torch.optim as optim

#示例：定义一个简单的命名实体识别模型
class NERModel (nn.Module):
    def init (self, vocab_size, embedding_dim, hidden_dim):
        super (NERModel, self)._init ()
        self.embedding = nn.Embedding (vocab_size, embedding_dim)
        self.lstm = nn.LSTM (embedding_dim, hidden_dim, batch_first=True)
        self.fc = nn.Linear (hidden_dim, vocab_size)

    def forward (self, x):
        embedded = self.embedding (x)
        lstm_out, = self.lstm (embedded)
        out = self.fc (lstm_out)
        return out

#初始化模型、损失函数和优化器
model = NERModel (vocab_size=1000, embedding_dim=64, hidden_dim=128)
loss_function = nn.CrossEntropyLoss ()
optimizer = optim.Adam (model.parameters (), lr=0.001)
```

（3）图数据库存储：将提取的实体和关系存储到图数据库中。以 Neo4j 为例，展示如何使用 Cypher 语言存储数据，示例代码如下。

```cypher
// 示例：使用 Cypher 语言在 Neo4j 中创建节点和关系
CREATE (p1:Person {name: 'Alice'})
CREATE (p2:Person {name: 'Bob'})
CREATE (p1) -[:KNOWS]-> (p2)
```

（4）优化和索引：为提高查询效率，可以在图数据库中创建索引，示例代码如下。

```
// 示例：在 Neo4j 中为 Person 节点的 name 属性创建索引
CREATE INDEX ON :Person（name）
```

3. 深度学习在构建知识图谱中的应用

深度学习技术在知识图谱构建中主要用于实体识别、关系提取和知识融合。以下展示一个使用深度学习进行关系提取的示例。在这个模型中，使用长短时记忆网络从文本数据中提取特征，并通过全连接层预测实体间的关系类型。

```python
#示例：使用深度学习进行关系提取
class RelationExtractionModel（nn.Module）:
    def __init__（self, input_dim, hidden_dim）:
        super（RelationExtractionModel, self）.__init__（）
        self.lstm = nn.LSTM（input_dim, hidden_dim, batch_first=True）
        self.fc = nn.Linear（hidden_dim, 2）  #假设有两种关系类型

    def forward（self, x）:
        lstm_out, _ = self.lstm（x）
        out = self.fc（lstm_out[:, -1, :]）
        return out

#初始化模型、损失函数和优化器
relation_model = RelationExtractionModel（input_dim=300, hidden_dim=128）
loss_function = nn.CrossEntropyLoss（）
optimizer = optim.Adam（relation_model.parameters（）, lr=0.001）
```

总体来说，知识图谱作为连接数据、知识和智能的桥梁，其在人工智能的各个领域都扮演着至关重要的角色。随着技术的不断进步和应用领域的拓展，知识图谱将在智能化社会中发挥越来越重要的作用。

6.6　多智能体

多智能体一般专指多智能体系统（Multi-Agent System，MAS）或多智能体技术（Multi-Agent Technology，MAT）。多智能体系统是分布式人工智能的一个重要分支，是 20 世纪末至 21 世纪初国际上人工智能的前沿学科。其研究的目的在于解决大型、复杂的现实问题，而解决这类问题已超出了单个智能体的能力。

多智能体系统是多个智能体组成的集合，它的目标是将大而复杂的系统建设成小的、彼此互相通信和协调的，易于管理的系统。它主要研究智能体之间的交互通信、协调合作、冲突消解等方面，而非个体能力的自治和发挥，主要说明如何分析、设计和集成多个单智能体构成相互协作的系统。通过分布式计算技术，多智能体系统已经成为进行复杂系统分析与模拟的思想方法和工具。

同时，人们意识到，人类智能的本质是一种社会性智能，社会的对应物——多智能体系统，也成为人工智能研究的基本对象，从而促进了对多智能体系统的行为理论、体系结构和通信语言的深入研究，这极大地繁荣了智能体技术的研究与开发。

多智能体系统具有自主性、分布性、协调性，并具有自组织能力、学习能力和推理能力。

采用多智能体系统解决实际应用问题，具有很强的鲁棒性、可靠性和较高的问题求解效率。多智能体系统研究领域主要包括多智能体规划、学习、推理、协商、交互机制等理论及其实际应用。

多智能体系统的应用领域主要有：灾难救援、搜索和救援任务，智能电网或智能交通管理，环境监测，在线游戏和竞技场景，电子市场和交易系统，智能家居和服务机器人，供应链优化，在线广告投放，股票交易，社交网络分析，智能客服系统，网络安全，智能制造，城市规划，自动驾驶车辆集成等诸多领域。

在多智能体系统的研究和开发中，模拟和仿真工具是非常重要的，它们能够帮助研究人员和开发者在控制的环境中测试与验证多智能体系统的设计和算法。其中一个广泛使用的多智能体模拟和仿真工具是 NetLogo。

NetLogo 是一个多智能体模拟环境，为模拟自然和社会现象提供了一个简单且强大的平台。它特别适用于模拟复杂系统和多智能体系统的交互与行为。

1．NetLogo 的主要特点

（1）交互式界面：NetLogo 提供了一个图形用户界面，使用户能够快速构建和运行多智能体模拟。用户可以通过拖放和设置参数来创建与配置模拟环境。

（2）强大的建模语言：NetLogo 具有一种特定的、专门为多智能体模拟设计的建模语言。这种语言提供了丰富的原语和函数，使用户能够方便地定义智能体的属性和行为。

（3）丰富的模型库：NetLogo 附带了一个丰富的模型库（包括许多预先构建的模型），覆盖了从生物学到经济学各个领域，为用户提供了学习和探索多智能体模拟的例子。

（4）2D 和 3D 模拟：NetLogo 支持 2D 和 3D 模拟，使用户能够在二维和三维空间中创建与可视化多智能体系统。

（5）可扩展性：用户可以通过扩展、导入外部库来增强 NetLogo 的功能。例如，可以通过连接其他的软件和硬件平台来实现更复杂的模拟与实验。

（6）跨平台：NetLogo 是跨平台的软件，它支持 Windows、macOS 和 Linux 等不同类型的操作系统。

2．NetLogo 的应用示例

（1）生态系统模拟：用户可以使用 NetLogo 来模拟生态系统中的物种交互和群体动态，如捕食者-猎物系统或植物竞争。

（2）社会经济系统模拟：通过 NetLogo，用户可以模拟社会经济系统中的行为和过程，如市场交易或社交网络的演化。

（3）交通和城市系统模拟：NetLogo 可以用于模拟交通流和城市发展，帮助研究和理解交通拥堵与城市扩张的动态。

NetLogo 是一个非常适合入门和探索多智能体系统模拟的工具，它为用户提供了一个直观且强大的平台来学习、研究多智能体系统的设计和行为。

6.7　智能机器人

机器人是通过操纵真实世界去完成任务的实体智能体，在很大程度上，与多智能体有一定的相似之处，但两者在功能、形态、应用领域等方面存在显著差异。多智能体能够根据环境数据自主做出决策，即使它们没有物理形态也可以存在于计算机系统、移动设备或云平台中。智能机器人则是集合了人工智能技术的物理实体，机器人学的问题是非确定性的、部分可观测的及多智能体的。它不仅能够执行复杂的计算任务，还能在现实世界中进行物理互动。

智能机器人的主要特点如下。

（1）物理形态：拥有实体形态，能够在物理世界中直接执行任务。

（2）环境互动：可以感知环境，通过机械部件与环境进行直接互动。

（3）特定任务执行：通常被设计用于执行特定的物理任务，如搬运、组装、清洁、手术等。

智能机器人大多是一种具有人类特征的机器人，它可以自主执行任务并与环境互动，通常具有感知能力、决策能力和行动能力，可以执行一系列复杂的任务。当然，要它和人类思维一模一样，这是不可能办到的。不过，仍然有专家学者试图建立计算机能够理解的某种"微观世界"。

按智能程度分类，智能机器人分为以下 5 种。

1．工业机器人

工业机器人只能按照人给它规定的程序工作，不管外界条件有何变化，都不能对程序即对所做的工作做相应的调整。若要改变机器人所做的工作，必须由人对程序做相应的改变。如图 6-7 所示为工业机器人示例。

图 6-7　工业机器人示例

2．初级智能机器人

初级智能机器人具有像人那样的感受、识别、推理和判断能力，初级智能机器人已拥有一定的智能，虽然还没有自动规划能力，但是也开始走向成熟，达到实用水平。

3．智能农业机器人

智能农业机器人具备良好作业能力、超长续航能力、终端路径规划、配备甚高频无线遥控和高带宽图像传输技术，真正实现了自动控制。图 6-8 所示为智能农业机器人示例。

图 6-8　智能农业机器人示例

4．家庭智能陪护机器人

家庭智能陪护机器人应用于养老院或社区服务站环境，具有生理信号检测、语音交互、远程医疗、智能聊天、自主避障漫游等功能，为人口老龄化带来的重大社会问题提供了解决方案。

5．高级智能机器人

高级智能机器人是在初级智能机器人基础上，拥有一定的自主规划能力，可以不需要人为干预，完全独立的工作，故也称为高级自律机器人，这种机器人走向实用。

智能机器人所处环境往往未知，难以预测，因此研究智能机器人涉及的关键技术主要有多传感器信息融合、导航与定位、路径规划、机器人视觉、智能控制、人机接口技术等，每个方向都是近年来十分活跃、热门的研究课题，也分别取得了长足的进展。图 6-9 所示为获得沙特阿拉伯国家公民身份的机器人索菲亚。

图 6-9　第一位"机器人公民"——索菲亚

科学家认为，智能机器人的研发方向是给机器人装上"大脑芯片"，从而使其智能性更强，在认知学习、自动组织、模糊信息综合处理等方面将会前进一大步。2018年，第一台人形机器人索菲亚已获得沙特阿拉伯国籍。虽然有人表示担忧：这种装有"大脑芯片"的智能机器人将来是否会在智能上超越人类，甚至会对人类造成威胁？不少科学家认为，这类担心是完全没有必要的。就智能而言，机器人的智商相当于4岁儿童的智商，而机器人的"常识"比起正常成年人就差得更远了。不管怎样，随着人工智能技术的快速演进，强人工智能还是值得人类关注并警惕的。

智能机器人技术在多个领域迅速发展，并被应用于各种场景。例如，制造业自动化、农业监控与作业、客户服务、医疗手术辅助、家庭助手、灾难救援、物流与配送、环境清洁、探索与监测、日常服务（如酒店送餐、照看）、教育与研究（教学辅助）、军事与安全、艺术与娱乐、个人移动设备（包括平衡车、自动驾驶、自动泊车）、空中摄影与监控、深海探测等。

这些场景展示了智能机器人在不同领域的多样化应用，它们不仅提高了工作效率，也拓展了人类活动的范围，还改善了人们的生活质量。随着现代人工智能技术的不断演进，智能机器人的应用领域将更加广泛。

智能机器人技术的最新发展趋势，主要体现在以下几个方面。

（1）自主化与多机协作：未来机器人将朝着自主化更强、容错性更好的多机协作方向发展，网络化、自主化、协同化、灵巧化成为主要特点。

（2）感知技术：在视觉传感器方面，发展迅速的是支持性的光学成像、机器学习及实时硬件处理，以应对高实时、高可靠、高性能的视觉感知系统。

（3）控制系统发展：机器人的控制系统正在迅速发展，包括柔性控制、视觉伺服控制、学习智能控制及多机协同控制。

（4）智能机器人产业升级：智能机器人产业正迎来升级换代、跨越发展的窗口期，其中深度智能驱动、高效以虚驭实、泛在敏捷操作及多元感知交互是技术发展的四大趋势。

（5）数字孪生技术：数字孪生技术在机器人领域的应用，使得机器人能够在虚拟空间内通过深入分析优化和大规模虚拟训练，从而提升性能。

（6）人机交互技术：人机交互技术的进步，如语音识别、自然语言处理、手势识别等，提升了机器人的交互能力，使机器人能更好地理解用户需求。

（7）预防性维护：随着机器人技术的发展，预防性维护技术受到关注，通过物联网传感器等技术监控机器人性能，预防故障发生，确保机器人的可靠性和稳定性。

（8）教育机器人：在非结构化环境中提供个性化学习和实时反馈，帮助学生理解知识，培养学生创造力和解决问题的能力。

（9）政策支持与产业布局：各国政府积极出台政策，支持智能机器人产业的发展，推动技术融合、产业发展和应用创新。

（10）特种机器人发展：特种机器人在专业领域的应用需求不断增长，如医疗手术、深海探测、航天维修等，这类机器人需要具备高度的感知能力、适应性和执行能力。

这些趋势展示了智能机器人技术的快速发展以及其在各个领域的广泛应用前景。随着现代人工智能技术的不断进步，智能机器人预计将在更多领域得到应用，一定会为人类社会带来更多便利。

6.8　本 章 小 结

本章从人工智能的各个研究方向上分别讨论了其应用领域。首先，在计算机视觉（CV）方向介绍了十大计算机视觉算法模型，以及以 YOLO 模型进行目标检测的 CV 典型应用案例。对于非常热门的自然语言处理，因其应用面非常广，单一具体实例并不能涵盖，故仅介绍了NLP 的典型应用。其次，介绍了语音识别实现的关键部分与步骤、所采用的模型及其改进模型、应用示例等。再次，对传统人工智能研究内容中的专家系统和知识图谱方向的经典应用案例也进行了介绍，其对现代人工智能方法下专家系统和知识图谱的构架具有启迪作用。最后，介绍了多智能体和智能机器人的应用案例。

习　题　6

一、单选题

1. 关于计算机视觉（CV）的描述正确的是＿＿＿＿＿＿＿。

    A. 计算机视觉是用摄影机和计算机代替人眼进行识别、跟踪和测量的机器视觉

    B. 计算机视觉是研究如何让计算机听懂人类语言的科学

    C. 计算机视觉专注于开发能够与人类进行情感交流的智能机器人

    D. 计算机视觉是研究如何通过计算机程序控制机械设备的运动

2. 卷积神经网络（CNN）在计算机视觉中主要被用于＿＿＿＿＿＿＿。

    A. 自然语言处理　　　　　　　　　　B. 图像识别和分类

    C. 语音识别　　　　　　　　　　　　D. 机器翻译

3. 目标检测领域的常用算法是＿＿＿＿＿＿＿。

    A. LeNet　　　　　B. YOLO　　　　　C. VAE　　　　　D. DenseNet

4. SAM 模型是由＿＿＿＿＿＿＿公司开发的。

    A. Google　　　　B. Apple　　　　　C. Meta AI　　　　D. Microsoft

5. ＿＿＿＿＿＿＿主要用于图像生成和风格迁移。

    A. YOLO　　　　B. GAN（生成对抗网络）　C. SSD　　　　D. DenseNet

6. YOLO v8 在速度和准确性方面的表现是＿＿＿＿＿＿＿。

    A. 速度慢，准确性高　　　　　　　　B. 速度快，准确性低

    C. 速度慢，准确性低　　　　　　　　D. 速度快，准确性高

7. 若要利用 YOLO v8 的跟踪功能，则应使用＿＿＿＿＿＿＿命令。

    A. yolo detect　　　　　　　　　　B. yolo train

    C. yolo track　　　　　　　　　　　D. yolo classify

8. 自然语言处理（NLP）是人工智能的一个分支，它主要关注＿＿＿＿＿＿＿技术。

    A. 计算机视觉与图像处理

    B. 让计算机理解、解释和生成人类语言

    C. 机器人运动与控制

    D. 数据挖掘与机器学习算法优化

9. 以下不是自然语言处理的典型应用案例的是_____。
    A. 机器翻译   B. 情感分析
    C. 图像处理   D. 语音识别

10. ChatGPT 属于自然语言处理的_____应用案例。
    A. 机器翻译   B. 聊天机器人
    C. 文本摘要   D. 问答系统

11. 自然语言处理技术涉及_____学科的交叉。
    A. 语言学和心理学   B. 数学和物理
    C. 语言学、数学和计算机   D. 生物学和化学

12. 基于规则的专家系统主要模仿的是人类的_____。
    A. 生理过程   B. 心理过程   C. 学习过程   D. 决策过程

13. 基于案例的专家系统_____求解当前问题。
    A. 通过逻辑推理   B. 采用以前的案例
    C. 依赖专家输入   D. 使用数学模型

14. 下列_____不是基于模型的专家系统的主要优点。
    A. 知识重用性   B. 知识共享性
    C. 依赖专家输入   D. 问题模型化

15. MYCIN 系统使用_____语言编写。
    A. Python   B. Java   C. INTER LISP   D. C++

16. 知识图谱的核心在于将现实世界的对象和概念以及它们之间的多种关系以_____方式组织起来。
    A. 列表   B. 图形   C. 表格   D. 树形结构

17. 自动语音识别（ASR）技术的主要目标是_____。
    A. 将人类语音转化为图像
    B. 让计算机能够"听明白"人类的语音，并提取语音中的文字信息
    C. 替代人类的听觉系统
    D. 实现计算机与人类的心灵感应

18. 下列选项中，_____不是知识图谱的应用领域。
    A. 搜索引擎优化   B. 智能问答系统
    C. 智能家居控制   D. 推荐系统

19. 在构建知识图谱时，_____能识别出文本中的实体。
    A. 数据清洗   B. 关系抽取   C. 属性赋值   D. 实体识别

20. 多智能体系统是_____学科的重要分支。
    A. 分布式人工智能   B. 集中式人工智能
    C. 深度学习   D. 机器学习

二、填空题

1. YOLO v8 支持全方位的视觉 AI 任务，包括检测、分割、姿态估计、_____。

2. 用户可以通过_____平台免费下载各种格式的数据集，进行数据预处理和增强。

3. 语音识别技术也称为自动语音识别，其研究内容属于_____技术范畴。

4. 在语音识别技术的三个关键部分中，_____阶段将语音信号转化为适合机器理解的形式。

5. 深度神经网络隐马尔可夫模型（DNN-HMM）混合系统利用了 DNN 的_____能力和 HMM 的序列化建模能力。

6. 知识图谱不只是一种数据结构，更是一种_____的表达和存储方式。

7. 知识图谱根据其内容和应用领域可以分为通用知识图谱和_____知识图谱。

8. 实体识别通常依赖于自然语言处理技术，特别是_____。

9. 多智能体系统通过_____技术成为进行复杂系统分析与模拟的思想方法和工具。

10. 采用多智能体系统解决实际应用问题，具有很强的_____、可靠性和问题求解效率。

三、简答题

1. 列举自动语音识别（ASR）技术的几个主要应用领域。

2. 专家系统经历了哪 5 个发展阶段？

3. 构建知识图谱的过程大致分为哪几个流程？

4. 多智能体系统的主要特性有哪些？

5. 简述智能机器人与多智能体在功能上的主要区别。

第 7 章　新一代人工智能技术

内容关键词：

- 新一代人工智能技术的发展现状
- ChatGPT 的工作原理和演进、其他 LLM 模型
- 通用人工智能所面临的风险和挑战

从 1958 年麦卡锡在达特茅斯提出人工智能的命名开始，人工智能的发展经历了几起几落。时至今日，人工智能的应用已广泛走进人们的生活，我们终于迎来了通用人工智能触手可及的时代。

7.1　人工智能技术的现状

如今人工智能是整个科学界发展最快的领域之一，也是社会上讨论最广泛的主题之一。近年来人工智能的发展、人们对人工智能的兴趣，很大程度上是因为深度学习的进展和某些领域的成果，如今这些技术已被数十亿人使用。通过手机，人们就可以体验到 10 年前不可能体验的自然语言处理和计算机视觉技术。除了这些每天使用的产品，深度学习的一些最新进展也为医疗、天文、材料科学等各个领域的科学家带来了强大的新型工具。ChatGPT（一种聊天机器人）的横空出世，彻底消除了人与机器交互上冷冰冰的距离感，甚至让我们看到了触手可及的通用人工智能曙光。

7.1.1　ChatGPT

艾伦·图灵在他那篇著名论文 *Computing Machinery and Intelligence* 中提出，与其问机器能否思考，不如问机器能否通过行为测试，即图灵测试。对图灵来说，关键不是测试的具体细节，而是智能应该通过某种开放式行为任务上的表现而不是通过哲学上的推测来衡量。图灵曾预言到 2000 年，拥有 10 亿存储单元的计算机可以通过图灵测试，但 2000 年时我们仍不能就是否有程序通过图灵测试达成一致。许多人不知道是在和计算机聊天时，他们被计算机程序欺骗了。Eliza 程序、网络聊天机器人多次欺骗了与它们交谈的人，而聊天机器人 Cyberlover 引起了执法部门的注意，因为它热衷于诱导聊天对象泄露足够多的个人信息，致使他们的身份被盗用。2014 年，一款名为 Eugene Goostman 的聊天机器人在图灵测试中令 33% 未受过训练的业余评测者做出误判。这款机器人声称自己是一名来自乌克兰的男孩，英语水平有限。这点为它出现语法错误做了解释。或许图灵测试其实是关于人类易受骗性的测试。到目前为止，聊天机器人还不能骗过受过良好训练的评测者。

图灵测试竞赛带来了更优秀的聊天机器人，但这还没成为人工智能领域的研究重点。相反，追逐竞赛的研究者更倾向于下国际象棋、下围棋、玩《星际争霸 Ⅱ》游戏、参加八年级科学考试或在图像中识别物体。在许多这类竞赛中，程序已经达到或超过人类水平，但这并

不意味着程序在这些特定任务之外也能像人类一样。人工智能研究的关键点在于改进基础科学技术和提供有用的工具，而不是让评测者上当。

然而，2022 年 11 月 30 日，OpenAI 发布了名为 ChatGPT 的自然语言生成式模型，以对话方式进行交互的聊天机器人，在一个多月的时间里，月活用户突破 1 亿，成为史上用户增长速度最快的 App，以前也出现过很多智能聊天机器人，但都没有 ChatGPT 这样神奇。ChatGPT 可以进行长时间、流畅的对话，以回答人们的问题，并能撰写人们要求的几乎任何类型书面材料，不限于商业计划、广告活动方案、计算机代码和电影剧本乃至笑话、小说、诗歌等，并且用时很短，质量也不错。ChatGPT 采用一对一的生成式对话方式，用户可以直接得到结果，而不需要二次人工筛选。ChatGPT 有多轮对话功能，用户可以专注于这个对话，直到得到满意的结果，使用户体验大幅提升。

ChatGPT 之所以让大家感到震撼，是因为其用户体验大大超越以往的人机对话产品，ChatGPT 对问题的理解很深入，生成的文本也很流畅。ChatGPT 作为一种先进的大型语言模型，已经引起了广泛的关注和应用。

1. 发展历程

ChatGPT 是由 OpenAI 公司开发的一种基于深度学习的大型语言模型。它的发展历程可以追溯到 2015 年，当时 OpenAI 公司由一群领先的人工智能专家创立，旨在推动人工智能技术的进步。在随后的几年中，OpenAI 不断深入研究，提出了许多先进的技术和方法。2018 年，OpenAI 发布了 GPT（Generative Pre-trained Transformer）第一代模型，这是一种基于自注意力机制的深度学习架构，可以用于生成自然语言文本。在性能方面，GPT-1 有着一定的泛化能力，能够用于和监督任务无关的 NLP 任务，其常用任务包括以下 4 个。

（1）自然语言推理：判断两个句子的关系（包含、矛盾、中立）。

（2）问答与常识推理：输入为文章及若干答案，输出为每个答案的预测准确率。

（3）语义相似度识别：判断两个句子的语义是否相关。

（4）分类：判断输入的文本属于指定的哪个类别。

显然，GPT-1 还只能算一个语言理解工具，而非对话式人工智能产品。

2019 年，OpenAI 推出 GPT-2，但并没有对原有网络进行过多创新和设计，只使用了更多的网络参数与更大的数据集。GPT-2 模型有 48 层，参数达 15 亿个之多，学习目标使用无监督学习预训练模型。在性能上，表现出强大的生成内容能力和理解能力；在特定语言建模上，达到当时的最佳性能。

2020 年 5 月，GPT-3 训练参数量多达 1750 亿，预训练数据量为 45TB，自动生成的文本正确率虽然只有 52%，但在诸多任务上表现卓越，如在两位数加减运算中正确率接近 100%，可以根据人物描述自动生成代码，反映出比 GPT-2 更强的性能、更多的参数、更多的主题文本。其不完美的地方在于，它可能会不分好坏地对网络上的所有文本进行学习，进而产生错误、恶意、冒犯或攻击性语言。

2022 年年初，OpenAI 发布 InstructGPT，即 GPT-3.5，训练出更真实、无害、遵循用户意图的语言模型，即可以通过微调，将有害、不真实、偏差的输出最小化。通过用户反馈获得的强化学习，提高输出质量。其中，Prompt（提示词）和近端策略优化（Proximal Policy Optimization，PPO）的强化学习方法进一步微调了 GPT 模型。

2023 年 3 月 14 日，ChatGPT-4 发布，与之前的模型相比，GPT-4 不仅能够处理图像内容，而且显著提高了回复的准确性。此外，GPT-4 的发布不仅向 ChatGPT Plus 的付费订阅用户及企业和开发者开放，还被集成到 Office 全家桶中，成为一场与微软公司革命性的合作。

2024 年 4 月 9 日，OpenAI 称，经过大幅改进的 GPT-4 Turbo 模型现已在 API 中提供，并在 ChatGPT 中推出。

2024 年 4 月，GPT-4 升级被曝引入 Q*，推理和数学计算能力更强、废话更少，在 LLM 竞技场中重夺王位。

2024 年 5 月 14 日凌晨 1 点，自年初"文生视频模型"Sora 发布后许久未给市场带来惊喜的 OpenAI 举行春季发布会。OpenAI 推出新旗舰模型 GPT-4o，至此多模态大语言模型的竞争再次白热化。

2．原理

ChatGPT 的原理是基于 TransFormer 架构，它是一种基于自注意力机制的神经网络结构，通过多层的自注意力机制，可以实现对长文本的上下文理解。

ChatGPT 通过大量的语料库进行训练，从而学习到语言的规律和模式。它使用了深度学习技术中的强化学习算法，通过对输出的结果进行反馈，不断调整模型的参数，从而提高模型的准确性和稳定性。

截至当前的版本，GPT-4 的回答准确性不仅大幅提高，还具备更高水平的识图能力，并且能够生成歌词、创意文本，实现风格变化。此外，GPT-4 的文字输入限制也提升至 2.5 万字，并且对除英语外的语种有更多的优化。

3．技术架构

ChatGPT 的技术架构包括数据预处理、模型训练和模型评估三个阶段。在数据预处理阶段，ChatGPT 会从大量的文本数据中提取有用的信息，并进行相应的预处理，以便于模型训练。在模型训练阶段，ChatGPT 会利用训练数据对模型进行反复的训练和调整，以实现最优的输出结果。在模型评估阶段，ChatGPT 会对输出的结果进行评估，从而判断模型的准确性和稳定性。

直到 GPT-4，其技术报告称："鉴于 GPT-4 等大型模型面临激烈的竞争环境，以及基于安全考量，我们的报告没有包含关于架构（包括模型大小）、硬件、数据集构建、训练方法等方面的进一步细节。"

2024 年 6 月，来自加利福尼亚大学圣迭戈分校（University of California in San Diego）认知科学家本杰明·伯根（Benjamin Bergen）和卡梅隆·琼斯（Cameron Jones）的最新研究结果表明，越来越多的人难以在图灵测试中区分 GPT-4 和人类。

在上述科学家所做的一项实验中，500 名人类与 4 种人工智能语言模型进行了 5 分钟的对话，其中 GPT-4 在 54%的时间里被误认为是人类，这个比例超过了此前版本 GPT-3.5 的相应比例（50%）。这一结果表明，GPT-4 已通过图灵测试。

4．产业未来

ChatGPT 作为一种先进的大型语言模型，具有广泛的应用前景。在教育、医疗、金融等领域，ChatGPT 可以帮助人们更好地理解语言，提高沟通效率。例如，在教育领域，ChatGPT 可以帮助学生更好地理解复杂的科学概念和数学问题；在医疗领域，ChatGPT 可以帮助医生进行初步的病情诊断和健康咨询；在金融领域，ChatGPT 可以提供智能的投资咨询和风险管理服务。

随着技术的不断进步和应用场景的不断扩展，ChatGPT 在未来将会得到更广泛的应用和推广。同时，ChatGPT 面临着一些挑战和问题，如数据隐私和安全问题、模型的可靠性和稳定性问题等。作为一种先进的大型语言模型，在未来的发展中，需要进一步加强相关人工智能技术研究和应用实践，以推动 ChatGPT 技术的不断进步和发展。

7.1.2　DeepSeek

DeepSeek 是杭州幻方旗下深度求索人工智能基础技术研究有限公司，于 2024 年年底推出的开源新一代大语言模型 V3，测试结果显示，它在多项测评成绩上超越了一些主流的大模型开源模型，实现了与闭源 OpenAI 的 GPT-4 和 Claude Sonnet3.5 等顶尖模型相媲美的性能，且具有成本优势。在发布 DeepSeek LLM V3 不到一个月更是推出新模型 DeepSeek-R1（又称深度求索智能助手），不仅性能对标 OpenAI GPT-1 级别的表现，而且算力成本仅为 OpenAI 成本的十分之一或更少，在技术上有了大幅提升，实在令人惊艳。甚至 2025 年 4 月 5 日，美国财长贝森特将美股崩盘也归咎于 DeepSeek 的火爆，足见其影响之大。

DeepSeek 作为一家专注通用人工智能（AGI）的中国科技公司，主攻大模型研发与应用。DeepSeek-R1 是其开源的推理模型，擅长处理复杂任务且可免费商用。它直接面向用户或者支持开发者，提供智能对话、文本生成、语义理解、计算推理、代码生成补全等应用场景，支持联网搜索与深度思考模式，同时支持文件上传，可扫描读取各类文件及图片中的文字内容。它使用的推理大模型在传统的大语言模型基础之上，强化了推理、逻辑分析和决策能力，通过如强化学习、神经符号推理、元学习等增强其推理和问题解决能力。不同于 OpenAI 的 GPT-3、GPT-4，Google 公司的 BERT 侧重于语言生成、上下文理解和自然语言处理的非推理大语言模型，DeepSeek 在复杂推理和决策能力上更强调深度推理能力。

DeepSeek-R1 专注于通过自然语言交互提供精准、高效的信息服务与解决方案。基于先进的深度学习技术和多领域知识库，能够处理复杂问题、生成创意内容，并适配多样化场景需求。DeepSeek 的特点主要有：多语言与多领域支持，即覆盖科技、教育、文化、生活等领域，支持中英文等多语言交互；实时信息整合，即可联网搜索最新信息，结合知识库提供动态更新的答案（需联网模式下使用）；逻辑与推理能力，即擅长数学计算、代码编写、数据分析等需要逻辑处理的场景；隐私与安全，即对话内容默认不存储，用户隐私保护严格遵循行业规范；个性化交互，即支持上下文理解与长对话，根据用户需求调整回复风格，如简洁或者详细、正式或者幽默等。

1. DeepSeek 爆火时间线

DeepSeek 从开源到全球领先的关键节点时间线可以归纳如下：

2024 年 1 月发布 DeepSeek LLM，包含 670 亿个参数，初步展现显著的泛化能力，其在中文表现上超越 GPT-3.5，并在月底发布了 DeepSeek-Coder。

2024 年 2 月，以 Coder-v1.5 7B 为基础发布 DeepSeekMath，在未依赖外部工具包和投票技术基础上，在 MATH 基准测试中接近 Gemini-Ultra 和 GPT-4 性能水平。

2024 年 3 月，发布 DeepSeek-VL，一个开源的视觉-语言模型，在相同尺寸下的基准测试中，达到最先进或可竞争的性能。

2024 年 4 月，DeepSeek 大语言模型算法备案通过并上线。

2024 年 5 月，发布 DeepSeek-V2 第二代开源 Mixture-of-Experts（MoE）模型，总参数达

2360 亿个，API 定价低至每百万 tokens 输入仅需 1 元，在多项基准评测中表现优异，超越同类开源模型，迅速吸引市场关注。

2024 年 6 月，发布 DeepSeek-Coder-V2。

2024 年 12 月，发布用于高级多模态理解的专家混合视觉语言模型 DeepSeek-VL2，相较于 DeepSeek-VL 有显著改进，包括但不限于视觉问答、光学字符识别、文档/表格/图表理解以及视觉定位，在相似或更少激活参数下实现了具有竞争力或最先进的性能。至 12 月 26 日，DeepSeek-V3 正式发布，总参数达 6710 亿个，训练成本仅为 557.6 万美元，在多项评测中超越 Qwen2.5-72B 和 LLaMA3.1-405B，开源策略促进技术社区的合作和创新。

2025 年 1 月，DeepSeek-R1 发布，在国际大模型排名中升至第三，性能与 OpenAI-o1 正式版相媲美，App 下载量迅速飙升，在风格控制类模型中与 OpenAI 并列第一，引发国际社会广泛关注。

2．DeepSeek 算法原理

DeepSeek LLM 也是以 TransFormer 架构为基础，为自主研发的深度神经网络模型。模型算法主要基于大规模强化学习（Reinforcement Learning，RL）和混合专家模型（Mixture of Experts，MoE）架构。通过使用自主创新的强化学习策略 GRPO（Group Relative Policy Optimization，组相对策略优化）优化学习过程，而不是依赖传统的批评者模型 Critic Model 来评估每个动作的价值，取消价值网络，采用分组相对奖励，专门优化数学推理任务，减少计算资源消耗。采用 MoE 模型训练多个专家模块，每个专家针对特定的数据分布或任务进行优化。通过门控机制动态选择最合适的专家模块进行处理，从而提高模型的推理能力和效率。

DeepSeek-R1-Zero 采用纯粹的强化学习训练，其模型效果逼近 OpenAI-o1 模型，证明了大语言模型仅通过强化学习，无 SFT（Supervised Fine-Tuning，监督微调，即一种常见的深度学习策略，主要用于在预训练的模型上进行进一步训练，以适应特定的任务或领域），大模型也可以有强大的推理能力。该模型的问题有：可读性差和语言混合的问题，在进一步的优化过程中，DeepSeek-V3-Base 经历两次微调和两次强化学习得到 R1 模型，主要包括冷启动阶段、面向推理的强化学习、拒绝采样与监督微调、面向全场景的强化学习四个阶段，R1 在推理任务上表现出色，特别在 AIME2024、MATH-500 和 Codeforces 等任务上，取得了与 OpenAI-o1-1217 相媲美甚至超越的成绩。基准测试上 R1-Zero 的 pass@1 指标从 15.6% 提升至 71.0%，经过投票策略（Majority Voting）后更是提升到 86.7%，与 OpenAI-o1-0912 相当。

在训练过程中，DeepSeek-R1 采用拒绝采样方法（Rejection Sampling），只保留最优质的推理答案用于后续训练，从而提升整体推理能力。这种方法使得模型能够逐步学会生成更高质量的推理链。通过知识蒸馏技术（Knowledge Distillation），让小模型从大模型中学习推理能力，从而在保持较低计算成本的同时，提升小模型的推理性能。

R1-Zero 完全基于强化学习进行训练，未使用任何监督训练或人类反馈，能够通过自我学习来提高性能。R1 在 R1-Zero 基础上，通过少量冷启动数据进行微调，提高了输出质量和可读性。

总结来讲，DeepSeek-R1 通过较少算力实现高性能模型表现的主要原因有：实现算法、框架和硬件的优化协同在诸多维度上进行了大量优化，即算法层面引入专家混合模型、多头隐式注意力、多 token 预测；在框架层面，实现 FP8 混合精度训练（显存占用减半、算力翻倍、能效更高，适合大规模模型部署）；在硬件层面，采用优化的流水线并行策略，同时高效配置专家分发与跨节点通信，实现最优效率配置。

DeepSeek 的创新使得人工智能终端推动端侧模型和端侧算力需求增加，小参数量模型需求爆发也会推动算法变革到来。

3．DeepSeek 技术架构

DeepSeek 具有以下技术特点。

（1）MoE

DeepSeek 的 MoE 架构通过将模型分成多个专家，并在每个特定任务中只激活少量合适的专家，从而在推理过程中减少参数量，提升效率。DeepSeek-V3 对 MoE 框架进行了重要创新，新框架包含细粒度多数量的专业专家和更通用的共享专家。

（2）多头潜在注意力机制（Multi-Head Latent Attention，MLA）

MLA 是 DeepSeek 最关键的技术突破之一，它显著降低了模型推理成本。MLA 通过低秩压缩技术减少了推理时的 Key-Value 缓存，显著提升了推理效率。相比传统的注意力机制，它能让模型在训练时同时预测更远位置的 token，增强了对未来的感知能力，有助于模型更好地捕捉文本中的长距离依赖关系，提升对语义的理解和生成能力。

（3）DeepSeekMoE 架构

DeepSeekMoE 架构融合了 MoE、MLA 和 RMSNorm 三个核心组件。通过专家共享机制、动态路由算法和潜在变量缓存技术，该模型在保持性能水平的同时，实现了相较传统 MoE 模型 40% 的计算开销降低。

（4）训练方式

DeepSeek 采用了基于大规模强化学习（RL）与高质量合成数据（Synthetic Data）结合的技术路径，可在不依赖标注数据、监督微调（SFT）的情况下，获得高水平推理能力。

（5）数据策略

DeepSeek 采用高质量合成数据的数据策略与其训练方式、推理任务相匹配，极大降低了数据成本。

4．DeepSeek 低成本的缘由

DeepSeek 能够实现低成本，主要得益于以下 5 个方面的优化和创新。

（1）高度稀疏的模型架构

MoE 在专家模型的设计上引入了"共享专家+路由专家"的架构，采用无辅助损失的负载均衡策略，使得计算资源分配更加高效，即由 256 个路由专家组成，每个 token 在路由过程中会选择 8 个专家，共享专家始终被选中，其余 7 个专家通过门控机制选择。模型的核心优化点有：多头隐式注意力显著降低了训练和推理成本，比稠密模型节约了 42.5% 的训练成本，实现了高推理速度，减少了推理时 93.3% 的 KV-Cache 显存占用，将生成的吞吐量提升到了原来的 5.76 倍。

（2）FP8 混合精度训练框架

在不同计算步骤中使用 FP8、FP16、FP32 三种不同的数值格式，以在计算效率和数值稳定性之间取得平衡。大多数计算密集型操作以 FP8 进行，与线性算子相关的所有三个核心计算内核操作，如 Fprop 前向传播、Dgrad 激活反向传播、Wgrad 权重反向传播均以 FP8 执行，少数关键操作则策略性地保持其原始数据格式，如嵌入模块、输出头、MoE 门控模块、归一

化算子和注意力算子，以平衡训练效率和数值稳定性；对提升低精度训练的准确性，引入多种策略，包括细粒度量化、提供累进精度、尾数优先于指数、在线量化等策略。

不同于传统方法基于整个张量进行缩放，细粒度量化采用更小的分组单位，使得量化过程能够更好地适应离群值，从而提高训练的稳定性和精度。

（3）流水线并行策略提升训练效率

采用 16 路管道并行（PP）、跨越 8 个节点的 64 路专家并行（EP）以及 Zero-1 数据并行（DP）

DualPipe 是一种新型的流水线并行方法，旨在缩短计算和通信之间的等待时间，提高训练效率。让前向传播和反向传播的计算任务被重新排序，使得它们能够互相重叠，手动调整 GPU 计算单元在通信和计算之间的分配比例，隐藏通信开销，使得模型在大规模分布式环境下的训练更加高效。

（4）跨节点无阻通信设计

高效配置专家分发与跨节点通信，实现最优效率。采用定制的 PTX（并行线程执行）指令，并自动调整通信块大小，显著减少了 L2 缓存的使用和对其他 SM 的干扰，实现了最佳的计算和通信资源配比。

（5）多 token 预测（MTP）

DeepSeek-V3 通过 MTP 技术不仅预测下一个 token，还预测接下来的 2 个 token，第二个 token 预测的接受率在不同生成主题中介于 85% 到 90% 之间。

MTP 增加了训练信号的密度，可提高数据使用效率；其次 MTP 可使模型能够预先规划其表示，以更好地预测未来 token。

5. 对行业的影响

DeepSeek 的高性价比有望解锁对具身智能的理解与推理，DeepSeek 不仅在推理模型上实现了突破，在多模态方面也保持了进步，并于近日开源发布了 Janus-Pro 多模态模型。

基于算法工程方面的优化，DeepSeek 能够实现性价比更高的模型推理能力：价格低、效率高、性能强、可部署在端侧平台。

DeepSeek 有望以强大的推理能力和多模态感知能力，重塑机器人交互与决策，同时通过低成本、高效率的解决方案，加速具身智能的普及与应用。

推理成本的颠覆性降低，将会推动 C 端产品的大多数应用场景进入实际落地阶段。正因为 DeepSeek 的开源，大模型的价格正在快速下降，而开放权重也在加速，并为开发者提供更多选择。OpenAI-o1 模型每输出 100 万令牌收费 60 美元，而 DeepSeek-R1 只需 2.19 美元。这将近 30 倍的价差，让算力成本不再是模型门槛，正在让基础模型层"平民化"。也正因如此，百度的文心一言和 OpenAI 的 ChatGPT 开始对普通使用者提供免费使用策略。

推理成本的颠覆性降低，将会推动 C 端产品在大多数应用场景得到落地。尤其是在星云象限和星团象限之中的应用场景，将会得到全面的落地。

DeepSeek 的出现和美国政商各界的反应将成为特朗普政府制定人工智能政策计划的重要参考，预示着人工智能进入 G2 竞争时代。

6. 同行评价

埃隆·马斯克（Tesla CEO，全球首富）：对硬件配置与资源分配进行质疑。Elon Musk

质疑 DeepSeek 的成功是否完全依赖技术突破，他认为资源分配不透明，暗示人工智能行业内部资源分配存在不透明性，对 DeepSeek 宣称的成本和性能真实性提出疑问，怀疑 DeepSeek 背后有强大算力支持。（注，还好 DeepSeek 开源，欧洲和其他非北美的企业和广大网友可以实践证明）。

Sam Altman（萨姆·奥特曼，OpenAI CEO，2023 时代周刊评选的全球 AI 领袖之一）的赞赏：DeepSeek 是一个非常好的模型，乐见对手的出现，在技术领先和模型实力上给予了非常正面的评价，并反思 OpenAI 站在开源的对立面，已采用降价和免费策略，加快退出新的 o3 模型上线。

Alexandr Wang（Scale AI 初创公司 CEO，2023 时代周刊评选的全球 AI 领袖之一）的对比：认为中美 AI 竞赛的新局面，承认 DeepSeek 的 AI 大模型与美国最好模型性能相当，提出要加大对中国的技术封锁。

Dario Amodei（达里奥·阿莫迪，美国 AI 初创公司 Anthropic 创始人，CEO，2023 时代周刊评选的全球 AI 领袖之一）的深入分析：对 DeepSeek 训练细节的质疑，包括芯片使用数量、训练时间差。但他尊重 DeepSeek 的训练模型方法，强调 Anthropic 在技术上的领先。（注，这仅是一家之言）

马克·贝尼奥夫（Salesforce 公司创始人）的惊叹：突破了 ChatGPT 的技术成就，不需要英伟达超级计算机即可实现，低成本、高性能模式的积极意义在于经济高效，感叹 DeepSeek 的惊人技术成就。

蒂姆·库克（苹果 CEO）的高度评价：DeepSeek 是推动效率的 AI 创新，对行业有积极进步的贡献，认可 DeepSeek 的开源性，高度评价推理时间计算效率的超高。

马克·安德森（原网景公司创始人、Mosaic 浏览器发明者、投资人）的惊叹：DeepSeek-R1 是最令人惊叹的技术突破之一，其开源决定是送给世界的厚礼，对 AI 行业未来有深远影响，称赞其技术的先进性。

Satya Nadella（萨提亚·纳德拉，微软 CEO）的认可：DeepSeek 是开源与创新的结合，新模型极为出色，AI 成本下降是必然趋势，DeepSeek 为行业带来新的启示。

唐纳德·特朗普（美国现任总统）的警示：DeepSeek 是对美国产业的警钟，强调美国需要集中精力赢得竞争，认为这是一种积极的发展。

马克·扎克伯格（Facebook 创始人）的谨慎态度：DeepSeek 有许多值得学习之处，对 AI 未来的意义判断为时尚早，认为 DeepSeek 技术非常先进，担忧开源模型影响美国科技的领先地位。

乔恩·斯图尔特（美国政治讽刺家，电视主持人，喜剧演员和作家）的夸赞：吐槽美国 AI 工具，夸赞中国 AI 在命名上远超美国，中国 AI 技术进步显著，调侃 AI 能抢走另一个 AI 的饭碗。

亚历克斯·迪马基（加州大学伯克利分校教授）的见解：达到顶尖性能不一定需要巨额投入，DeepSeek 的技术路线值得借鉴，这是对硅谷烧钱竞赛的冲击，这种技术路线的新启示，引发了行业对技术路线的反思。

吉姆·范（英伟达资深科学家）的赞赏：DeepSeek 是践行 OpenAI 初心（开源和公益）的典范，有着非凡的技术实力，为行业带来了新的启示。

阿尔文·王·格雷林（HTC 全球企业发展副总裁）的观察：美国在 AI 领域领先优势正在缩小，DeepSeek 的进展显示了技术进步，各国应采取合作方式发展 AI 技术，应强调国际合作的重要性。

周鸿祎（奇虎 360 软件公司 CEO，著名投资人）的展望：DeepSeek 及其创始人梁文峰非常低调，中国 AI 的技术能力和未来前景被市场严重低估，在面对美国技术霸权的对抗中，中国大模型技术必有一席之地，DeepSeek 的横空出世标志着中国 AI 的崛起。

7．总结

在 DeepSeek 的技术路线中，藏着一条重要启示：用户根本不关心模型参数是 6850 亿个还是 1 万亿个，他们要的是"开箱即用"的解决方案。例如，某跨境电商企业用 V30324 改造客服系统后，首次实现俄语差评自动分析预警回复闭环，整个过程无须专业算法团队支持。这种"去技术化"的落地能力，才是 AI 渗透实体经济的关键。

7.1.3　其他大模型

自 2022 年 11 月 OpenAI 发布 ChatGPT 以来，全球各大 IT 公司都快速做出响应，触发了大型语言模型在自然语言处理领域的激烈竞争，应该说，其实早在 2016 年谷歌 DeepMind 团队开发的 AlphaGo 打败人类的围棋高手时，各信息技术头部公司、世界各国政府都早已未雨绸缪，将人工智能的发展写入企业和国家的战略发展纲要中并开始布局人工智能研究，ChatGPT 的出现，只是在激烈的竞争中添了一把火。在 ChatGPT 横空出世之后的这两年里，市场上涌现了不少大型语言模型，也从最初的文本到文本进化到文本到图片、文本到视频等多模态大型语言模型，真可谓"群模乱舞"。下面就市场上比较知名的大型语言模型进行简单介绍。

1．Claude 3

Claude 3 是一款在评测中表现优异的重要 LLM 产品，Claude 3 是由法国人工智能研究公司 Anthropic 开发的一系列大型语言模型，它们在多项性能基准测试中全面超越了 GPT-4，成为当前市场上领先的人工智能模型之一。Claude 3 模型家族包括三种型号：Claude 3 Haiku、Claude 3 Sonnet 和 Claude 3 Opus，分别代表不同层次的智能、速度和成本平衡，以满足不同应用场景的需求。Claude 3 模型在多模态功能和长文本处理能力上进行了全面升级，支持图像和文档上传功能，能处理包括照片、图表、图形和技术图纸在内的多种视觉格式数据。此外，Claude 3 模型的交互窗口扩展至 200kB 对话长度，相较于 GPT-4 Turbo 的 128kB 对话窗口，Claude 3 能够单次输入更多的文本量，相当于能处理超过 150000 个英文单词。

在安全性方面，Claude 3 模型减少了不必要的拒绝回答情况，并在问题回答偏见基准（Bias Benchmark for Question Answering，BBQA）上表现出的偏见比之前的模型要少。Anthropic 公司致力于提高模型的安全性和透明度，并调整模型以减轻新模态可能引发的隐私问题。

Claude 3 模型的使用方法简单，用户可以在 Claude.AI 网站上通过电子邮件注册成功后开启对话，并选择不同的 Claude 模型进行沟通。不过，目前国内还无法访问 Claude 的官网。

2．文心大模型 4.0

国内百度公司开发的多模态大型语言模型，已闯入第一梯队，显示出强大的竞争力。它在理解、生成、逻辑和记忆四大能力上取得了跨越式进步，综合水平已与 OpenAI 的 GPT-4 模型比肩。

文心大模型 4.0 通过数据标注、基础模型、对齐技术等关键技术的持续创新优化，以及与飞桨等深度学习平台的协同，实现了更快的处理速度和更优的性能表现。特别地，文心大模型 4.0 将输入 tokens 长度从 2kB 提升至 128kB，人工智能生成图像分辨率从 512 像素×512 像素提高到 1024 像素×1024 像素。此外，百度还推出了面向各类开发者的文心智能体平台 AgentBuilder，这个平台上线仅一个月就吸引了 2.7 万家开发者入驻，覆盖法律、教育、办公等 20 多个领域。

3. GLM-4

GLM-4 是由智谱 AI（智谱华章）发布的新一代基座大模型，其整体性能相比上一代大幅提升，特别在中文能力上可以比肩 GPT-4。GLM-4 支持更长的上下文，推理速度更快，大大降低了推理成本。它还能够实现自主根据用户意图，自动理解、规划复杂指令，自由调用网页浏览器、代码解释器和多模态文生图大模型来完成复杂的任务。例如，GLM-4 可以支持 128kB 的上下文窗口长度，单次提示词可以处理的文本可以达到 300 页。在"大海捞针"测试中，GLM-4 模型可做到在 128kB 文本长度内几乎 100%的精度召回。此外，智谱 AI 还推出了 GLMs 个性化智能体定制功能，允许用户通过简单指令描述应用需求，快速获得定制化的智能体，这使得即使没有编程基础的用户也能便捷地开发大模型应用。作为国内首批大型语言模型，智谱 AI 也已闯入第一梯队，显示出强大的竞争力。

4. Google BARD

Google BARD 最初称为 Gemini，是 Google 发布的一款智能聊天机器人，旨在改善用户的搜索体验。BARD 是 Bidirectional Encoder Representations from Data 的编写，它基于 Google 的 LaMDA（Language Model for Dialogue Applications）技术构建，使用自然语言处理和机器学习技术来理解、查询并生成回答。Google BARD 目前主要面向美国和英国的用户提供英文服务，支持多种用途，包括搜索信息、回答问题、翻译任务等，能够提供个性化和优质的搜索体验。

Google BARD 在发布初期，被设计为一个实验性项目，由 LaMDA 的一个轻量化和优化版本驱动。用户可以向 BARD 提出问题，如询问某个话题的现状或请求解释复杂概念，BARD 会尝试提供有用的回答和建议。然而，BARD 在某些情况下可能无法提供准确的信息，如在测试中，当被要求为用户订购机票时，它给出了错误的航班号，但 Google 后来纠正了这一错误。

Google BARD 的一个显著特点是它能够提供多个版本的答复供用户选择，这有助于用户从不同的表述中选择最符合他们需求的答案。但是，BARD 目前并不支持中文指令，也存在一些局限性。例如，在编程能力方面，一些用户反馈 BARD 可能不如 ChatGPT 那样能满足程序员的需求。

尽管 Google BARD 在某些方面可能还有待完善，但它的发布标志着 Google 在人工智能领域的一次重要尝试，并且是公司内部"Code Red"优先级项目的一部分，直接对标 OpenAI 的 ChatGPT。随着人工智能技术的不断发展，Google BARD 有潜力在未来提供更加丰富和准确的服务。

5. IBM Watson Assistant

IBM Watson Assistant 是 IBM Watson 技术家族的一部分，IBM Watson 在人工智能领域的研究可以追溯到 1950 年，并在 2011 年因在 Jeopardy 游戏中击败了人类冠军而声名大噪。它通过对答案的准确性进行置信度排序来比较可能的答案，并在 3 秒内做出回应，从而帮助企业和开发者快速找到与理解问题中的线索。

IBM Watson Assistant 是 IBM Cloud 提供的一项服务,它利用人工智能技术帮助企业和开发者构建智能的会话助手。IBM Watson Assistant 可以集成到各种应用程序中,包括聊天机器人、虚拟助手和客户服务工具,以提供更自然、更智能的用户体验。它的功能包括理解自然语言、提供准确的回答、学习和适应用户行为等。

此外,作为 IBM Cloud 的一部分,IBM Watson Assistant 提供了丰富的文档和帮助资源,以便用户能够更好地了解和使用这项服务。通过 IBM Cloud Docs,用户可以访问到 IBM Watson Assistant 的详细文档,包括如何使用、集成指南、API 参考等。这使得 IBM Watson Assistant 成为一个功能强大且易于使用的 AI 助手,适用于多种商业场景和应用。

6. Meta LLama 3

2024 年 4 月,Meta 发布了其研发的第三代开源大型语言模型——LLama 3,并宣称 LLama 3 是迄今为止的最强开源大型语言模型,包含 8B 和 70B 两种参数规模的模型,它们在性能上实现了重大飞跃,特别是在预训练和后训练的改进使得它们成为当前 8B 和 70B 参数规模中的最佳模型。LLama 3 的训练数据集比 LLama 2 大了 7 倍,包含超过 15 万亿个 token,其中包括 4 倍的代码数据,这使得 LLama 3 在理解和生成代码方面更加出色。此外,LLama 3 采用了更高效的分词器和分组查询注意力(Grouped Query Attention,GQA)技术,提高了模型的推理效率和处理长文本的能力。

LLama 3 的改进还包括安全性的提升,引入了 LLama Guard 2 等新的信任和安全工具,以及 Code Shield 和 CyberSec Eval 2,增强了模型的安全性和可靠性。LLama 3 在预训练数据中加入了超过 30 种语言的高质量非英语数据,为未来的多语言能力打下了基础。

Meta 还提到,LLama 3 的多模态版本将在未来几个月内推出,体量更大的模型是 400B+ 参数,这将是 Meta 在大模型领域的进一步探索。

在实际应用方面,LLama 系列模型在文本生成、阅读理解、代码编写等多个领域展现出巨大潜力。例如,在代码生成方面,LLama 3 能够通过输入简单的指令或描述生成符合要求的代码片段,极大地提高了开发效率。

此外,Meta 还发布了支持 1000 多种语言的文本转语音与语音识别大型语言模型,这表明 Meta 在多语言处理能力上的重视和发展,预示着 LLama 系列模型将在全球化交流中发挥更大作用。

7. 阿里巴巴公司的大型语言模型系列

阿里巴巴在大型语言模型领域有显著的进展和贡献,推出了多个值得关注的大模型产品,具体如下。

(1)通义千问(Qwen):是阿里云自主研发的大型语言模型,具备强大的语言处理能力,能够提供文字创作、翻译服务、对话模拟等多种语言服务。通义千问模型在 ACL 2024 年会上受到广泛关注,展示了其在大模型 SFT(Supervised Fine-Tuning)技术、角色扮演能力、多模态模型测评基准等方面的前沿技术。

(2)Qwen 系列开源模型:自 2023 年 8 月以来,通义千问已经开源了数十款大模型,下载量超过了 2000 万次。特别地,Qwen-72B 模型是目前国内最大参数规模的开源模型,具有 720 亿个参数,并在 3 万亿个 tokens 数据上训练,支持多种语言和代码、数学等数据。

(3)AliceMind:是阿里达摩院机器智能技术实验室推出的深度语言模型体系,包括通用语言模型 StructBERT,并拓展到多语言、生成式、多模态、结构化、知识驱动等方面。AliceMind

工作台提供了线上免费训练和部署、特色功能试用、GitHub 开源项目等功能。

（4）大模型服务平台百炼（Model Studio）：阿里云百炼是一个一站式大模型开发平台，提供模型服务工具和全链路应用开发套件，支持灵活的应用开发和模型服务，帮助用户高效构建大模型应用。

8．其他大型语言模型

其他公司如科大讯飞、华为公司也都有自己的大型语言模型，不仅在技术上取得了突破，而且在教育、办公、汽车、医疗等多个行业领域实现了应用落地，展现了大模型技术的广泛潜力和实用价值。

7.2　人工智能技术展望

2023 年，世人见证了 ChatGPT 在全球范围的大火，由此引发以生成式人工智能为代表的新一代人工智能的激烈竞争，改变了人工智能技术与应用的发展轨迹，也加速了人与人工智能的互动进程，是人工智能发展史上新的里程碑。下一波人工智能该向哪个方向走，有哪些发展趋势，是人们比较关注的问题。趋势一，从百"模"（人工智能模型）大战方面，人工智能将从大模型迈向通用人工智能，也必然引起一直有争议的弱人工智能和强人工智能之争。趋势二，合成数据打破人工智能训练数据瓶颈，训练人工智能高质量数据的有限性，一直是机器学习模型有效性的瓶颈，当然合成数据也必然导致数据安全的重要性和紧迫性日益凸显。趋势三，计算算力的不足一直是困扰人工智能发展的因素之一，量子计算机可能率先应用于人工智能。趋势四，人工智能代理和无代码软件开发给劳动力结构的冲击，必然对社会产生深刻影响，也是人类必须面对的社会性挑战。

7.2.1　弱人工智能与强人工智能

1980 年，哲学家约翰·希尔勒（John Searle）提出了弱人工智能（Weak AI）和强人工智能（Strong AI）的区别。弱人工智能的机器可以表现得智能，而强人工智能的机器是真正地、有意识地在思考（而非仅仅是模拟思考）。随着时间的推移，强人工智能的定义转而成为指代"人类级别的人工智能"或"通用人工智能"，即可以完成各种各样的任务，包括各种新奇的任务，并且可以完成得像人类一样好。人工智能的等级是评估机器或系统智能水平的标准。这些级别代表了从特定领域的应用到全面智能的发展，再到超越人类智能的能力。

弱人工智能也称为狭义人工智能（Narrow AI），专注于特定任务或领域。弱人工智能系统只能执行一种任务，如语音识别、图像识别或自然语言处理等。它们通过大量数据和算法训练来优化特定任务，从而提高效率和准确性。尽管在特定领域表现出色，但弱人工智能缺乏对其他领域的适应能力和自我学习能力。弱人工智能观点认为不可能制造出能真正地推理和解决问题的智能机器，这些机器只不过看起来像是智能的，但是并不真正拥有智能，也不会有自主意识。

弱人工智能的说法是对比强人工智能才出现的，因为人工智能的研究一度处于停滞不前的状态，直到类神经网络有了强大的运算能力加以模拟后，才开始改变并大幅超前。但人工智能研究者不一定同意弱人工智能，也不一定在乎或了解强人工智能和弱人工智能的内容与差别，对两者的定义也争论不休。

就现下的人工智能研究领域来看，研究者已大量创造出看起来像是智能的机器，并获取相当丰硕的理论上和实质上的成果，如 2009 年康乃尔大学教授 Hod Lipson 和其博士研究生 Michael Schmidt 研发出的 Eureqa 计算机程序，只要给予一些数据，该计算机程序自己只用几十个小时计算就能推论出牛顿花费多年研究才发现的牛顿力学公式，等于只用几十个小时就自己重新发现了牛顿力学公式，该计算机程序也能用来研究很多其他领域的科学问题。这些所谓的弱人工智能在神经网络发展下已有巨大进步，但对于要如何集成强人工智能，现在还没有明确定论。需要指出的是，弱人工智能并非和强人工智能完全对立，也就是说，即使强人工智能是可能的，弱人工智能仍然是有意义的。

强人工智能也称为广义人工智能（General AI），旨在模仿人类的全面智能。强人工智能系统能够像人类一样进行感知、理解、推理、决策和学习，并可以在任何领域或任务中表现出超越人类的智能。它们具备自我意识和情感，能够在没有明确编程的情况下适应新环境和任务。强人工智能目前仍处于研究和开发阶段，其实现需要大量的计算资源和先进的技术。此外，也有专家认为，即使强人工智能被证明为可能的，也不代表强人工智能必定能被研制出来。

在实际应用中，弱人工智能是最常见的应用形式。人们日常生活中使用的许多智能助手、语音识别软件和推荐系统等都是基于弱人工智能技术实现的。强人工智能的应用相对较少，但随着技术的不断进步，越来越多的领域开始探索强人工智能的应用潜力，如医疗、金融和交通等，尤其随着 ChatGPT 的演化升级，各种多模态大型语言模型在各个领域中的应用，人们似乎看到了强人工智能的影子，甚至有人提出超人工智能（Super Intelligence）概念。超人工智能是指机器或系统在所有领域和任务中都具备超越人类的智能，其实不然，这是需要克服许多技术和伦理挑战的。

自人工智能技术问世以来，关于强人工智能和弱人工智能的争论从未停止。支持强人工智能的人认为，只有拥有足够智能的机器才能真正服务于人类，并为人类社会带来真正的改变。他们对于人工智能技术的潜力深信不疑，坚信其能在医疗、交通、环保等领域创造奇迹。然而，持怀疑态度的人认为，强人工智能带来的潜在风险不容忽视。人工智能若是超越了人类，是否会对人类社会造成威胁？是否会失去对人工智能的控制权？这些问题牵动着人们的心弦。此外，人工智能的发展是否可能导致大量工作岗位的消失，也是争议的焦点之一。但显然，人工智能不同于过去的革命性技术，即使将印刷术、管道工程、航空旅行和电话通信系统的技术提高到其逻辑极限，也不会对人类的世界霸权产生任何威胁，但是人工智能会，如 Alphago、ChatGPT 的演进已经做了注释。

伴随着人工智能技术的发展，未来人工智能之战的走向仍然扑朔迷离。科技领域的专家学者就此展开激烈的讨论，他们努力预测人工智能的未来，但现实充满了不确定性。有的人认为强人工智能发展只是时间问题，而有的人持保守态度，认为要实现强人工智能仍然任重道远。在人工智能的世界里，似乎充斥着无限可能。但也应该看到，人工智能技术的发展与应用，需要我们去平衡技术的推动和社会的承受能力，不能盲目迷信技术，也不能过度恐惧。

面对争论，我们不能简单地将强人工智能和弱人工智能视为对立面。两者各有其适用领域，彼此之间并非完全竞争关系。未来的人工智能世界，或许是强人工智能与弱人工智能共同发展的和谐景象。我们可以通过合理的规划和管理，让人工智能技术为人类社会带来更多福祉。无论强弱，人工智能都不应取代人类，而应成为我们的得力助手。我们应该正确看待人工智能技术，以科学的态度、开放的心态，理性看待和迎接人工智能技术发展的新篇章，并且明智地引导人工智能的进步，让科技与人类共同进步，构建更加美好的未来。

总之，从弱人工智能到强人工智能，乃至超人工智能的发展是一个不断演进的过程。人工智能虽然在其短暂的历史中取得了巨大的进步，但艾伦·图灵在 1950 年发表的论文 *Computing Machinery and Intelligence* 中的最后一句话时至今日依然让人沉思："我们只能看到前方的一小段距离，但我们知道依然有很长一段路要走。"

随着技术的进步和理论的完善，我们有理由相信未来会有更多的智能系统涌现出来，为人类带来更广泛和深入的应用。然而，我们也需要注意到其中的挑战和风险，如数据隐私、伦理问题和技术失控等问题。因此，在发展人工智能的过程中，需要平衡技术创新与道德伦理两者的关系，确保人工智能的发展能够真正造福于人类。

7.2.2　人工智能的风险与挑战

OpenAI 公司在 2022 年发布的生成式人工智能（AIGC）产品 ChatGPT，凭借拥有高质量文本内容的输出能力，能够精确、高效地完成分析、翻译、撰写代码等工作，引发了广泛关注。大国在人工智能的赛道上已经展开了激烈的角逐，以便抢占未来新兴技术的制高点和主导权。但是在技术的背后，人工智能的发展和应用所带来的安全风险同样成为国际社会关注的焦点话题。可以说，人工智能的颠覆性特征及其发展现状凸显了监管和治理的紧迫性，也带来了许多风险和挑战，这些风险和挑战可以从多个维度进行探讨。

1．人工智能技术层面的风险

人工智能技术的进步很大程度上得益于大数据技术的进步。随着大数据时代的到来，人工智能算法通过对海量数据的挖掘、训练和学习使其得到快速迭代，取得了非常良好的效果。然而，在数据隐私安全方面，人工智能既存在算法黑箱的缺陷，也存在虚假数据和数据确权、数据隐私和数据泄露问题，成为人工智能技术层面的主要风险。

2．人工智能应用层面的风险

人工智能的军事化应用可能引发误伤平民和非军事目标的人道主义风险、系统稳定性风险以及加剧持续冲突的战略风险。此外，人工智能的军事化应用可能引发军备竞赛，增加陷入"安全困境"的风险。人工智能技术可能被用于提高网络攻击能力，如利用人工智能生成网络钓鱼信息或辅助黑客发现系统漏洞。人工智能的自动编程能力也可能被用于编写恶意代码。

3．人工智能滥用风险

人工智能技术若被不当使用或滥用，则可能对国家安全、政治安全、社会稳定等造成严重影响。例如，人工智能技术可能基于用户画像进行情报收集和政治主张的深度引导，甚至辅助军事决策和打击。人工智能技术的扩散增加了被非国家行为体滥用和非法使用的风险。例如，极端分子可能利用人工智能工具进行犯罪活动，包括策划恐怖袭击和制造大规模杀伤性武器。

4．竞争和监管的挑战

人工智能引发了新一轮的国际竞争，中国、美国在人工智能领域的全面竞争较为激烈。同时，人工智能的颠覆性特征和扩散加剧了黑客群体与恐怖主义分子对该技术的学习和使用，使人工智能的合理使用和监管面临挑战。

5. 伦理和道德的挑战

人工智能的发展也引发了伦理和道德问题。例如，自动驾驶汽车在紧急情况下的决策问题，以及人工智能系统是否应该拥有决策权等；人工智能应用可能引发失业恐慌、知识产权以及影响正常社会秩序等一系列问题，小到人工智能代写作业、作弊等行为，大到人工智能换脸诈骗等社会性问题。

6. 就业市场变革的社会性挑战

人工智能技术的发展可能导致部分传统岗位被取代，引发就业市场的变革。劳动者需要不断学习新技能、提升综合素质以适应人工智能时代下新的就业市场需求。

7. 人工智能技术的发展与普及不平衡挑战

在全球范围内，高收入国家能够充分利用人工智能技术带来的优势，而中低收入国家可能因缺乏必要的投资、基础设施建设不足和人工智能人才匮乏而陷入发展困境，加剧全球经济和社会不平等。

8. 国际合作的重要性

人工智能在核武器、网络、太空等领域的跨域应用可能带来新的风险和挑战，如核武器系统的人工智能应用可能增加核战风险，在人工智能发展与治理专题研讨会上，中外专家共同研讨如何利用好人工智能的机遇，应对好人工智能的挑战，大家一致同意并强调了国际合作的重要性，以及在安全、技术、治理等方面国际社会需要共同努力，一起来面对这些风险和挑战，让人工智能安全、可控地造福人类。

为了应对这些风险和挑战，需要从国家层面、产业层面、行业层面、企业层面和公众层面多管齐下，构建全面的人工智能安全治理体系。这包括但不限于制定法规政策、建立标准规范、加强技术支撑、实施管理措施和开展检测评估等。

7.3　本章小结

本章探讨了当代人工智能技术的发展现状，尤其对自然语言处理领域出现的具有里程碑意义的 ChatGPT，从其起源、目标、发展时间线、原理和技术架构、产业未来进行了介绍，同时介绍了因此而引发的、日益激烈的 LLM 模型竞争对手及其产品。本章还通过阐述弱人工智能和强人工智能（通用人工智能）在行业内的争论，从宏观上对未来人工智能技术的发展路径进行展望，提出了人工智能发展道路上面对的风险与挑战。

习　题　7

一、单选题

1. ChatGPT 是由_____公司开发的。
　　A. Google　　　　　B. Facebook　　　　C. OpenAI　　　　D. Microsoft
2. ChatGPT 的技术架构包括_____三个阶段。
　　A. 数据收集、模型训练和模型发布

  B．数据预处理、模型训练和模型评估

  C．数据清洗、模型优化和模型部署

  D．数据挖掘、模型测试和模型反馈

3．图灵测试是由_____提出的。

  A．艾伦·麦卡锡

  B．艾伦·图灵

  C．约翰·冯·诺依曼

  D．赫伯特·西蒙

4．图灵测试的核心思想是_____。

  A．测试机器能否通过哲学推测来判断智能

  B．测试机器能否在特定任务上超越人类

  C．测试机器能否通过行为表现来模拟人类智能

  D．测试机器能否理解复杂的科学概念

5．ChatGPT 通过_____机制实现对长文本的上下文理解。

  A．RNN   B．LSTM   C．Transformer D．CNN

6．Google BARD 基于_____技术构建。

  A．LaMDA   B．GPT   C．BERT   D．T5

7．Meta 发布的第三代开源大型语言模型是_____。

  A．GPT-4   B．Claude-3 C．LLama 3 D．AliceMind

8．以下选项中，_____大型语言模型是由阿里云研发的。

  A．文心一言 B．讯飞星火 C．通义千问 D．鹏城云脑

9．弱人工智能（Weak AI）也称为_____。

  A．广义人工智能   B．狭义人工智能

  C．超人工智能   D．通用人工智能

10．强人工智能（Strong AI）是_____。

  A．专注于特定任务或领域的人工智能

  B．模仿人类的全面智能，可以在任何领域或任务中表现出超越人类的智能

  C．仅通过大量数据和算法训练来优化特定任务的人工智能

  D．仅能在有明确编程的情况下适应新环境和任务的人工智能

11．关于强人工智能和弱人工智能的争论，以下观点错误的是_____。

  A．强人工智能可能对人类社会造成威胁

  B．弱人工智能已经取得了丰硕的理论和实质成果

  C．强人工智能必然能被研制出来

  D．弱人工智能和强人工智能各有其适用领域

12．弱人工智能与强人工智能的主要区别在于_____。

  A．是否具备学习能力

  B．是否具备自我意识

  C．是否只能执行特定任务

  D．是否需要人类干预

13．以下选项中，_____不属于人工智能技术层面的主要风险。

    A．算法黑箱

    B．数据确权问题

    C．系统稳定性风险

    D．数据隐私和数据泄露问题

14．人工智能的滥用可能对＿＿＿＿造成影响。

    A．网络安全　　　　　B．国家安全　　　　C．政治安全　　　　　D．以上都是

15．自动驾驶汽车在紧急情况下的决策问题属于＿＿＿＿的挑战。

    A．技术层面　　　　　　　　　　　　　B．伦理和道德层面

    C．竞争和监管层面　　　　　　　　　　D．就业市场变革层面

二、填空题

1．ChatGPT 的原理是基于＿＿＿＿架构，通过多层的自注意力机制，可以实现对长文本的上下文理解。

2．ChatGPT 的技术架构包括数据预处理、＿＿＿＿和模型评估三个阶段。

3．哲学家约翰·希尔勒（John Searle）提出了弱人工智能和＿＿＿＿的区别。

4．在实际应用中，＿＿＿＿是最常见的应用形式，如智能助手、语音识别软件等。

5．强人工智能旨在模仿人类的＿＿＿＿智能。

三、简答题

1．ChatGPT 相比之前的聊天机器人有哪些显著的改进和优势？

2．谈谈你对 ChatGPT 未来发展的看法，包括其潜在的应用领域和面临的挑战。

3．简述弱人工智能与强人工智能的区别。

4．人工智能的发展带来了哪些风险和挑战？

5．如何应对人工智能带来的风险和挑战？

附录 A　与本书相关的软件及其需独立安装的第三方库列表

与本书相关的软件如下。（可选编辑器）

- Anaconda 64 bit。
- PyCharm。
- VScode。
- Sublime Text。
- Python。

第三方库如下。

- jieba。
- WordCloud。
- TensorFlow。
- PyTorch。
- Scikit-learn。
- YOLO。

附录 B   机器学习的数学基础

B.1   高 等 数 学

1. 导数的定义

导数和微分的定义

$$f'(x_0) = \lim_{\Delta x \to 0} \frac{f(x_0 + \Delta x) - f(x_0)}{\Delta x}$$

或者

$$f'(x_0) = \lim_{x \to x_0} \frac{f(x) - f(x_0)}{x - x_0}$$

2. 左右导数的几何意义和物理意义

函数 $f(x)$ 在 x_0 处的左、右导数分别定义如下。

左导数为

$$f'_-(x_0) = \lim_{\Delta x \to 0^-} \frac{f(x_0 + \Delta x) - f(x_0)}{\Delta x} = \lim_{x \to x_0^-} \frac{f(x) - f(x_0)}{x - x_0}, (x = x_0 + \Delta x)$$

右导数为

$$f'_+(x_0) = \lim_{\Delta x \to 0^+} \frac{f(x_0 + \Delta x) - f(x_0)}{\Delta x} = \lim_{x \to x_0^+} \frac{f(x) - f(x_0)}{x - x_0}$$

3. 函数的可导性与连续性之间的关系

定理 1：函数 $f(x)$ 在 x_0 处可微 $\Leftrightarrow f(x)$ 在 x_0 处可导。

定理 2：若函数在点 x_0 处可导，则 $y = f(x)$ 在点 x_0 处连续；反之，则不成立，即函数连续不一定可导。

定理 3：$f'(x_0)$ 存在 $\Leftrightarrow f'_-(x_0) = f'_+(x_0)$。

4. 平面曲线的切线和法线

切线方程为

$$y - y_0 = f'(x_0)(x - x_0)$$

法线方程为

$$y - y_0 = -\frac{1}{f'(x_0)}(x - x_0), f'(x_0) \neq 0$$

5. 四则运算法则

设函数 $u = u(x)$ 和 $v = v(x)$ 在点 x 处可导，则有

（1）$(u \pm v)' = u' \pm v'$。

（2）$(uv)' = uv' + u'v$，$\mathrm{d}(uv) = u\mathrm{d}v + v\mathrm{d}u$。

（3）$\left(\dfrac{u}{v}\right)' = \dfrac{vu' - uv'}{v^2}(v \neq 0)$，$\mathrm{d}\left(\dfrac{u}{v}\right) = \dfrac{v\mathrm{d}u - u\mathrm{d}v}{v^2}$。

6．基本导数与微分表

（1）$y = c$（常数），则 $y' = 0$，$\mathrm{d}y = 0$。

（2）$y = x^{\alpha}$（α 为实数），则 $y' = ax^{a-1}$，$\mathrm{d}y = ax^{a-1}\mathrm{d}x$。

（3）$y = a^x$，则 $y' = a^x \ln a$，$\mathrm{d}y = a^x \ln a\mathrm{d}x$。

特例：$(\mathrm{e}^x)' = \mathrm{e}^x$，$\mathrm{d}(\mathrm{e}^x) = \mathrm{e}^x\mathrm{d}x$。

（4）$y' = \dfrac{1}{x \ln a}$，则 $\mathrm{d}y = \dfrac{1}{x \ln a}\mathrm{d}x$。

特例：$y = \ln x$，$y' = (\ln x)' = \dfrac{1}{x}$，$\mathrm{d}(\ln x) = \dfrac{1}{x}\mathrm{d}x$。

（5）$y = \sin x$，则 $y' = \cos x$，$\mathrm{d}(\sin x) = \cos x\mathrm{d}x$。

（6）$y = \cos x$，则 $y' = -\sin x$，$\mathrm{d}(\cos x) = -\sin x\mathrm{d}x$。

（7）$y = \tan x$，则 $y' = \dfrac{1}{\cos^2 x} = \sec^2 x$，$\mathrm{d}(\tan x) = \sec^2 x\mathrm{d}x$。

（8）$y = \cot x$，则 $y' = -\dfrac{1}{\sin^2 x} = -\csc^2 x$，$\mathrm{d}(\cot x) = -\csc^2 x\mathrm{d}x$。

（9）$y = \sec x$，则 $y' = \sec x \tan x$，$\mathrm{d}(\sec x) = \sec x \tan x\mathrm{d}x$。

（10）$y = \csc x$，则 $y' = -\csc x \cot x$，$\mathrm{d}(\csc x) = -\csc x \cot x\mathrm{d}x$。

（11）$y = \arcsin x$，则 $y' = \dfrac{1}{\sqrt{1-x^2}}$，$\mathrm{d}(\arcsin x) = \dfrac{1}{\sqrt{1-x^2}}\mathrm{d}x$。

（12）$y = \arccos x$，则 $y' = -\dfrac{1}{\sqrt{1-x^2}}$，$\mathrm{d}(\arccos x) = -\dfrac{1}{\sqrt{1-x^2}}\mathrm{d}x$。

（13）$y = \arctan x$，则 $y' = \dfrac{1}{1+x^2}$，$\mathrm{d}(\arctan x) = \dfrac{1}{1+x^2}\mathrm{d}x$。

（14）$y = \operatorname{arccot} x$，则 $y' = -\dfrac{1}{1+x^2}$，$\mathrm{d}(\operatorname{arccot} x) = -\dfrac{1}{1+x^2}\mathrm{d}x$。

（15）$y = \mathrm{sh}x$，则 $y' = \mathrm{ch}x$，$\mathrm{d}(\mathrm{sh}x) = \mathrm{ch}x\mathrm{d}x$。

（16）$y = \mathrm{ch}x$，则 $y' = \mathrm{sh}x$，$\mathrm{d}(\mathrm{ch}x) = \mathrm{sh}x\mathrm{d}x$。

7．复合函数、反函数、隐函数及参数方程所确定的函数的微分法

（1）反函数的运算法则：设 $y = f(x)$ 在点 x 处的某邻域内单调连续，在点 x 处可导且 $f'(x) \neq 0$，则其反函数在点 x 所对应的 y 处可导，并且有 $\dfrac{\mathrm{d}y}{\mathrm{d}x} = \dfrac{1}{\dfrac{\mathrm{d}x}{\mathrm{d}y}}$。

（2）复合函数的运算法则：若 $\mu = \varphi(x)$ 在点 x 可导，而 $y = f(\mu)$ 在对应点 $\mu(\mu = \varphi(x))$ 可导，则复合函数 $y = f(\varphi(x))$ 在点 x 可导，且 $y' = f'(\mu) \cdot \varphi'(x)$。

（3）隐函数导数 $\dfrac{\mathrm{d}y}{\mathrm{d}x}$ 的求法一般有以下三种方法。

① 方程两边同时对 x 求导，要记住 y 是 x 的函数，则 y 的函数是 x 的复合函数。例如，$\dfrac{1}{y}$、y^2、$\ln y$、e^y 等均是 x 的复合函数，对 x 求导应按复合函数连锁法则操作。

② 公式法。由 $F(x,y)=0$ 可知，$\dfrac{\mathrm{d}y}{\mathrm{d}x}=-\dfrac{F'_x(x,y)}{F'_y(x,y)}$，其中 $F'_x(x,y)$ 和 $F'_y(x,y)$ 分别表示对 x 和 y 的偏导数。

③ 利用微分形式不变性求解。

8. 常用的高阶导数公式

（1）$(a^x)^{(n)}=a^x\ln^n a$，其中 $a>0$，　$(\mathrm{e}^x)^{(n)}=\mathrm{e}^x$。

（2）$(\sin kx)^{(n)}=k^n\sin\left(kx+n\cdot\dfrac{\pi}{2}\right)$。

（3）$(\cos kx)^{(n)}=k^n\cos\left(kx+n\cdot\dfrac{\pi}{2}\right)$。

（4）$(x^m)^{(n)}=m(m-1)\cdots(m-n+1)x^{m-n}$。

（5）$(\ln x)^{(n)}=(-1)^{(n-1)}\dfrac{(n-1)!}{x^n}$。

（6）莱布尼茨公式：若 $u(x),v(x)$ 均 n 阶可导，则

$$(uv)^{(n)}=\sum_{i=0}^{n}c_n^i u^{(i)}v^{(n-i)}$$

其中，$u^{(0)}=u$，$v^{(0)}=v$。

9. 微分中值定理、泰勒公式

Th1：（费马定理）
若函数 $f(x)$ 满足条件：

（1）函数 $f(x)$ 在点 x_0 处的某邻域内有定义，并且在此邻域内恒有 $f(x)\leqslant f(x_0)$ 或 $f(x)\geqslant f(x_0)$。

（2）$f(x)$ 在 x_0 处可导，则有 $f'(x_0)=0$。

Th2：（罗尔定理）
设函数 $f(x)$ 满足条件：
（1）在闭区间 $[a,b]$ 上连续；
（2）在区间 (a,b) 内可导；
（3）$f(a)=f(b)$；
则在区间 (a,b) 内存在一个 ξ，使 $f'(\xi)=0$。

Th3：（拉格朗日定理）
设函数 $f(x)$ 满足条件：
（1）在闭区间 $[a,b]$ 上连续；
（2）在区间 (a,b) 内可导；

则在区间 (a,b) 内存在一个 ξ，使 $\dfrac{f(b)-f(a)}{b-a}=f'(\xi)$。

Th4：（柯西中值定理）

设函数 $f(x)$，$g(x)$ 满足条件：

（1）在闭区间 $[a,b]$ 上连续；

（2）在区间 (a,b) 内可导且 $f'(x)$、$g'(x)$ 均存在，且 $g'(x)\neq 0$；

则在区间 (a,b) 内存在一个 ξ，使 $\dfrac{f(b)-f(a)}{g(b)-g(a)}=\dfrac{f'(\xi)}{g'(\xi)}$。

10．洛必达法则

法则 I：$\dfrac{0}{0}$ 型不定式极限。

设函数 $f(x)$、$g(x)$ 满足条件：$\lim\limits_{x\to x_0}f(x)=0,\lim\limits_{x\to x_0}g(x)=0$；$f(x)$、$g(x)$ 在点 x_0 处的邻域内可导（点 x_0 处可除外）且 $g'(x)\neq 0$；$\lim\limits_{x\to x_0}\dfrac{f'(x)}{g'(x)}$ 存在或 ∞，则 $\lim\limits_{x\to x_0}\dfrac{f(x)}{g(x)}=\lim\limits_{x\to x_0}\dfrac{f'(x)}{g'(x)}$。

法则 I′：$\dfrac{0}{0}$ 型不定式极限。

设函数 $f(x)$、$g(x)$ 满足条件：$\lim\limits_{x\to\infty}f(x)=0,\lim\limits_{x\to\infty}g(x)=0$；存在一个 $X>0$，当 $|x|>X$ 时，$f(x)$、$g(x)$ 可导，且 $g'(x)\neq 0$；$\lim\limits_{x\to x_0}\dfrac{f'(x)}{g'(x)}$ 存在或 ∞，则 $\lim\limits_{x\to x_0}\dfrac{f(x)}{g(x)}=\lim\limits_{x\to x_0}\dfrac{f'(x)}{g'(x)}$。

法则 II：$\dfrac{\infty}{\infty}$ 型不定式极限。

设函数 $f(x)$、$g(x)$ 满足条件：$\lim\limits_{x\to x_0}f(x)=\infty,\lim\limits_{x\to x_0}g(x)=\infty$；$f(x)$、$g(x)$ 在点 x_0 处的邻域内可导（点 x_0 处可除外）且 $g'(x)\neq 0$；$\lim\limits_{x\to x_0}\dfrac{f'(x)}{g'(x)}$ 存在或 ∞，则 $\lim\limits_{x\to x_0}\dfrac{f(x)}{g(x)}=\lim\limits_{x\to x_0}\dfrac{f'(x)}{g'(x)}$。

法则 II′：（$\dfrac{\infty}{\infty}$ 型不定式极限）仿法则 I′可写出。

11．泰勒公式

设函数 $f(x)$ 在点 x_0 处的某邻域内具有 $n+1$ 阶导数，则对该邻域内异于 x_0 的任意点 x，在 x_0 与 x 之间至少存在一个 ξ，使得

$$f(x)=f(x_0)+f'(x_0)(x-x_0)+\frac{1}{2!}f''(x_0)(x-x_0)^2+\cdots+\frac{f^{(n)}(x_0)}{n!}(x-x_0)^n+R_n(x)$$

其中，$R_n(x)=\dfrac{f^{(n+1)}(\xi)}{(n+1)!}(x-x_0)^{n+1}$ 称为 $f(x)$ 在点 x_0 处的 n 阶泰勒余项。

令 $x_0=0$，则泰勒公式为

$$f(x)=f(0)+f'(0)x+\frac{1}{2!}f''(0)x^2+\cdots+\frac{f^{(n)}(0)}{n!}x^n+R_n(x)$$

其中，$R_n(x)=\dfrac{f^{(n+1)}(\xi)}{(n+1)!}x^{n+1}$，$\xi$ 在 0 与 x 之间。此公式称为麦克劳林公式。

常用的 5 种函数在 $x_0=0$ 处的泰勒公式如下。

（1） $e^x = 1 + x + \dfrac{1}{2!}x^2 + \cdots + \dfrac{1}{n!}x^n + \dfrac{x^{n+1}}{(n+1)!}e^\xi$ 。

或 $e^x = 1 + x + \dfrac{1}{2!}x^2 + \cdots + \dfrac{1}{n!}x^n + o(x^n)$ 。

（2） $\sin x = x - \dfrac{1}{3!}x^3 + \cdots + \dfrac{x^n}{n!}\sin\dfrac{n\pi}{2} + \dfrac{x^{n+1}}{(n+1)!}\sin\left(\xi + \dfrac{n+1}{2}\pi\right)$ 。

或 $\text{six } x = x - \dfrac{1}{3!}x^3 + \cdots + \dfrac{x^n}{n!}\sin\dfrac{n\pi}{2} + o(x^n)$ 。

（3） $\cos x = 1 - \dfrac{1}{2!}x^2 + \cdots + \dfrac{x^n}{n!}\cos\dfrac{n\pi}{2} + \dfrac{x^{n+1}}{(n+1)!}\cos\left(\xi + \dfrac{n+1}{2}\pi\right)$ 。

或 $\cos x = 1 - \dfrac{1}{2!}x^2 + \cdots + \dfrac{x^n}{n!}\cos\dfrac{n\pi}{2} + o(x^n)$ 。

（4） $\ln(1+x) = x - \dfrac{1}{2}x^2 + \dfrac{1}{3}x^3 - \cdots + (-1)^{n-1}\dfrac{x^n}{n} + \dfrac{(-1)^n x^{n+1}}{(n+1)(1+\xi)^{n+1}}$ 。

或 $\ln(1+x) = x - \dfrac{1}{2}x^2 + \dfrac{1}{3}x^3 - \cdots + (-1)^{n-1}\dfrac{x^n}{n} + o(x^n)$ 。

（5） $(1+x)^m = 1 + mx + \dfrac{m(m-1)}{2!}x^2 + \cdots + \dfrac{m(m-1)\cdots(m-n+1)}{n!}x^n + \dfrac{m(m-1)\cdots(m-n+1)}{(n+1)!}$

$\qquad\qquad x^{n+1}(1+\xi)^{m-n-1}$

或 $(1+x)^m = 1 + mx + \dfrac{m(m-1)}{2!}x^2 + \cdots + \dfrac{m(m-1)\cdots(m-n+1)}{n!}x^n + o(x^n)$ 。

12. 函数单调性的判断

Th1： 设函数 $f(x)$ 在区间 (a,b) 内可导，如果对 $\forall x \in (a,b)$，都有 $f'(x) > 0$（或 $f'(x) < 0$），则函数 $f(x)$ 在 (a,b) 内是单调增加的（或单调减少的）。

Th2：（取极值的必要条件）设函数 $f(x)$ 在点 x_0 处可导，且在点 x_0 处取极值，则 $f'(x_0) = 0$。

Th3：（取极值的第一充分条件）设函数 $f(x)$ 在点 x_0 处的某邻域内可微，且 $f'(x_0) = 0$（或 $f(x)$ 在 x_0 处连续，但 $f'(x_0)$ 不存在）。

（1）若当 x 经过 x_0 时，$f'(x)$ 由 "+" 变 "−"，则 $f(x_0)$ 为极大值。

（2）若当 x 经过 x_0 时，$f'(x)$ 由 "−" 变 "+"，则 $f(x_0)$ 为极小值。

（3）若 $f'(x)$ 经过 $x = x_0$ 的两侧不变号，则 $f(x_0)$ 不是极值。

Th4：（取极值的第二充分条件）设函数 $f(x)$ 在 x_0 处有 $f''(x) \neq 0$，且 $f'(x_0) = 0$，则当 $f''(x_0) < 0$ 时，$f(x_0)$ 为极大值；当 $f''(x_0) > 0$ 时，$f(x_0)$ 为极小值。注意，若 $f''(x) = 0$，则此方法前提不满足，不能判定。

13. 渐近线的求法

（1）水平渐近线。

若 $\lim\limits_{x \to +\infty} f(x) = b$ 或 $\lim\limits_{x \to -\infty} f(x) = b$，则 $y = b$ 称为函数 $y = f(x)$ 的水平渐近线。

（2）铅直渐近线。

若 $\lim\limits_{x \to x_0^-} f(x) = \infty$ 或 $\lim\limits_{x \to x_0^+} f(x) = \infty$，则 $x = x_0$ 称为函数 $y = f(x)$ 的铅直渐近线。

（3）斜渐近线。

若 $a = \lim\limits_{x \to \infty} \dfrac{f(x)}{x}$、$b = \lim\limits_{x \to \infty}[f(x) - ax]$，则 $y = ax + b$ 称为函数 $y = f(x)$ 的斜渐近线。

14．函数凹凸性的判断

Th1：（凹凸性的判别定理）若在 I 上 $f''(x) < 0$（或 $f''(x) > 0$），则 $f(x)$ 在 I 上是凸的（或凹的）。

Th2：（拐点的判别定理 1）若在 x_0 处 $f''(x) = 0$（或 $f''(x)$ 不存在），当 x 变动经过 x_0 时，$f''(x)$ 变号，则 $(x_0, f(x_0))$ 为拐点。

Th3：（拐点的判别定理 3）若 $f(x)$ 在点 x_0 处的某邻域内有三阶导数，且 $f''(x) = 0$，$f'''(x) \neq 0$，则 $(x_0, f(x_0))$ 为拐点。

15．弧微分

$$\mathrm{d}S = \sqrt{1 + y'^2}\,\mathrm{d}x$$

16．曲率

曲线 $y = f(x)$ 在点 (x, y) 处的曲率 $k = \dfrac{|y''|}{(1 + y'^2)^{3/2}}$，对于参数方程，有

$$\begin{cases} x = \varphi(t) \\ y = \psi(t) \end{cases}, k = \frac{|\varphi'(t)\psi''(t) - \varphi''(t)\psi'(t)|}{[\varphi'^2(t) + \psi'^2(t)]^{3/2}}$$

17．曲率半径

曲线在点 M 处的曲率 k（$k \neq 0$）与曲线在点 M 处的曲率半径 ρ 有如下关系：

$$\rho = \frac{1}{k}$$

B.2　线　性　代　数

1．行列式

行列式按行（列）展开定理如下。

① 设 $A = (a_{ij})_{n \times n}$，则 $a_{i1}A_{j1} + a_{i2}A_{j2} + \cdots + a_{in}A_{jn} = \begin{cases} |A|, i = j \\ 0, i \neq j \end{cases}$

或 $\quad\quad a_{1i}A_{1j} + a_{2i}A_{2j} + \cdots + a_{ni}A_{nj} = \begin{cases} |A|, i = j \\ 0, i \neq j \end{cases}$

即 $AA^* = A^*A = |A|E$，其中 $A^* = \begin{pmatrix} A_{11} & A_{12} & \cdots & A_{1n} \\ A_{21} & A_{22} & \cdots & A_{2n} \\ \vdots & \vdots & & \vdots \\ A_{n1} & A_{n2} & \cdots & A_{nn} \end{pmatrix} = (A_{ji}) = (A_{ij})^{\mathrm{T}}$

②设 A、B 为 n 阶方阵，则 $|AB| = |A||B| = |B||A| = |BA|$，但 $|A \pm B| = |A| \pm |B|$ 不一定成立。

③ $|k\boldsymbol{A}| = k^n |\boldsymbol{A}|$，$\boldsymbol{A}$ 为 n 阶方阵。

④ 设 $\boldsymbol{A}$ 为 n 阶方阵，$|\boldsymbol{A}^{\mathrm{T}}| = |\boldsymbol{A}|$，$|\boldsymbol{A}^{-1}| = |\boldsymbol{A}|^{-1}$（若 $\boldsymbol{A}$ 可逆），$|\boldsymbol{A}^*| = |\boldsymbol{A}|^{n-1}$ $n \geqslant 2$

⑤ $\begin{vmatrix} \boldsymbol{A} & \boldsymbol{O} \\ \boldsymbol{O} & \boldsymbol{B} \end{vmatrix} = \begin{vmatrix} \boldsymbol{A} & \boldsymbol{C} \\ \boldsymbol{O} & \boldsymbol{B} \end{vmatrix} = \begin{vmatrix} \boldsymbol{A} & \boldsymbol{O} \\ \boldsymbol{C} & \boldsymbol{B} \end{vmatrix} = |\boldsymbol{A}||\boldsymbol{B}|$，$\boldsymbol{A}$、$\boldsymbol{B}$ 为方阵，但 $\begin{vmatrix} \boldsymbol{O} & \boldsymbol{A}_{m\times m} \\ \boldsymbol{B}_{n\times n} & \boldsymbol{O} \end{vmatrix} = (-1)^{mn} |\boldsymbol{A}||\boldsymbol{B}|$。

⑥ 范德蒙行列式如下。

$$D_n = \begin{vmatrix} 1 & 1 & \cdots & 1 \\ x_1 & x_2 & \cdots & x_n \\ \vdots & \vdots & & \vdots \\ x_1^{n-1} & x_2^{n-1} & \cdots & x_n^{n-1} \end{vmatrix} = \prod_{1 \leqslant j < i \leqslant n} (x_i - x_j)$$

设 $\boldsymbol{A}$ 是 n 阶方阵，$\lambda_i (i = 1, 2, \cdots, n)$ 是 $\boldsymbol{A}$ 的 n 个特征值，则 $|\boldsymbol{A}| = \prod_{i=1}^{n} \lambda_i$ 矩阵。

矩阵：$m \times n$ 个数 a_{ij} 排成 m 行 n 列的表格 $\begin{bmatrix} a_{11} & a_{12} & \cdots & a_{1n} \\ a_{21} & a_{22} & \cdots & a_{2n} \\ \vdots & \vdots & & \vdots \\ a_{m1} & a_{m2} & \cdots & a_{mn} \end{bmatrix}$ 称为矩阵，简记为 $\boldsymbol{A}$，或者 $(a_{ij})_{m\times n}$。若 $m = n$，则称 $\boldsymbol{A}$ 为 n 阶矩阵或 n 阶方阵。

2．矩阵的线性运算

（1）矩阵的加法。

假设 $\boldsymbol{A} = (a_{ij})$、$\boldsymbol{B} = (b_{ij})$ 是两个 $m \times n$ 矩阵，则 $m \times n$ 矩阵 $\boldsymbol{C} = (c_{ij}) = a_{ij} + b_{ij}$ 称为矩阵 $\boldsymbol{A}$ 与 $\boldsymbol{B}$ 的和，记为 $\boldsymbol{A} + \boldsymbol{B} = \boldsymbol{C}$。

（2）矩阵的数乘。

假设 $\boldsymbol{A} = (a_{ij})$ 是 $m \times n$ 矩阵，k 是一个常数，则 $m \times n$ 矩阵 (ka_{ij}) 称为数 k 与矩阵 $\boldsymbol{A}$ 的数乘，记为 $k\boldsymbol{A}$。

（3）矩阵的乘法。

设 $\boldsymbol{A} = (a_{ij})$ 是 $m \times n$ 矩阵、$\boldsymbol{B} = (b_{ij})$ 是 $n \times s$ 矩阵，则 $m \times s$ 的矩阵为 $\boldsymbol{C} = (c_{ij})$，其中 $c_{ij} = a_{i1}b_{1j} + a_{i2}b_{2j} + \cdots + a_{in}b_{nj} = \sum_{k=1}^{n} a_{ik}b_{kj}$ 称为 $\boldsymbol{AB}$ 的乘积，记为 $\boldsymbol{C} = \boldsymbol{AB}$。

（4）$\boldsymbol{A}^{\mathrm{T}}$、$\boldsymbol{A}^{-1}$、$\boldsymbol{A}^*$ 三者之间的关系。

① $(\boldsymbol{A}^{\mathrm{T}})^{\mathrm{T}} = \boldsymbol{A}$，$(\boldsymbol{AB})^{\mathrm{T}} = \boldsymbol{B}^{\mathrm{T}}\boldsymbol{A}^{\mathrm{T}}$，$(k\boldsymbol{A})^{\mathrm{T}} = k\boldsymbol{A}^{\mathrm{T}}$，$(\boldsymbol{A} \pm \boldsymbol{B})^{\mathrm{T}} = \boldsymbol{A}^{\mathrm{T}} \pm \boldsymbol{B}^{\mathrm{T}}$。

② $(\boldsymbol{A}^{-1})^{-1} = \boldsymbol{A}$，$(\boldsymbol{AB})^{-1} = \boldsymbol{B}^{-1}\boldsymbol{A}^{-1}$，$(k\boldsymbol{A})^{-1} = \frac{1}{k}\boldsymbol{A}^{-1}$，但 $(\boldsymbol{A} \pm \boldsymbol{B})^{-1} = \boldsymbol{A}^{-1} \pm \boldsymbol{B}^{-1}$ 不一定成立。

③ $(\boldsymbol{A}^*)^* = |\boldsymbol{A}|^{n-2}\boldsymbol{A}$ $(n \geqslant 3)$，$(\boldsymbol{AB})^* = \boldsymbol{B}^*\boldsymbol{A}^*$，$(k\boldsymbol{A})^* = k^{n-1}\boldsymbol{A}^*$ $(n \geqslant 2)$ 但 $(\boldsymbol{A} \pm \boldsymbol{B})^* = \boldsymbol{A}^* \pm \boldsymbol{B}^*$ 不一定成立。

④ $(\boldsymbol{A}^{-1})^{\mathrm{T}} = (\boldsymbol{A}^{\mathrm{T}})^{-1}$，$(\boldsymbol{A}^{-1})^* = (\boldsymbol{A}^*)^{-1}$，$(\boldsymbol{A}^*)^{\mathrm{T}} = (\boldsymbol{A}^{\mathrm{T}})^*$。

（5）有关 $\boldsymbol{A}^*$ 的结论。

① $\boldsymbol{A}\boldsymbol{A}^* = \boldsymbol{A}^*\boldsymbol{A} = |\boldsymbol{A}|\boldsymbol{E}$。

② $|\boldsymbol{A}^*| = |\boldsymbol{A}|^{n-1}$ $(n \geqslant 2)$，$(k\boldsymbol{A})^* = k^{n-1}\boldsymbol{A}^*$，$(\boldsymbol{A}^*)^* = |\boldsymbol{A}|^{n-2}\boldsymbol{A}$ $(n \geqslant 3)$。

③ 若 A 可逆，则 $A^* = |A|A^{-1}$，$(A^*)^* = \dfrac{1}{|A|}A$。

④ 若 A 为 n 阶方阵，则

$$r(A^*) = \begin{cases} n, & r(A) = n \\ 1, & r(A) = n-1 \\ 0, & r(A) < n-1 \end{cases}$$

（6）有关 A^{-1} 的结论。

A 可逆 $\Leftrightarrow AB = E$；$\Leftrightarrow |A| \neq 0$；$\Leftrightarrow r(A) = n$；$\Leftrightarrow A$ 可以表示为初等矩阵的乘积；$\Leftrightarrow A$ 无零特征值；$\Leftrightarrow Ax = 0$ 只有零解。

（7）有关矩阵秩的结论。

① 秩 $r(A)$ = 行秩 = 列秩。

② $r(A_{m \times n}) \leqslant \min(m, n)$。

③ $A \neq 0 \Rightarrow r(A) \geqslant 1$。

④ $r(A \pm B) \leqslant r(A) + r(B)$。

⑤ 初等变换不改变矩阵的秩。

⑥ $r(A) + r(B) - n \leqslant r(AB) \leqslant \min(r(A), r(B))$，特别地，若 $AB = 0$ 则 $r(A) + r(B) \leqslant n$。

⑦ 若 A^{-1} 存在 $\Rightarrow r(AB) = r(B)$；若 B^{-1} 存在 $\Rightarrow r(AB) = r(A)$；若 $r(A_{m \times n}) = n \Rightarrow r(AB) = r(B)$；若 $r(A_{m \times s}) = n \Rightarrow r(AB) = r(A)$。

⑧ $r(A_{m \times s}) = n \Leftrightarrow Ax = 0$ 只有零解。

（8）分块求逆公式。

$$\begin{pmatrix} A & O \\ O & B \end{pmatrix}^{-1} = \begin{pmatrix} A^{-1} & O \\ O & B^{-1} \end{pmatrix}; \quad \begin{pmatrix} A & C \\ O & B \end{pmatrix}^{-1} = \begin{pmatrix} A^{-1} & -A^{-1}CB^{-1} \\ O & B^{-1} \end{pmatrix};$$

$$\begin{pmatrix} A & O \\ C & B \end{pmatrix}^{-1} = \begin{pmatrix} A^{-1} & O \\ -B^{-1} & CA^{-1}B^{-1} \end{pmatrix}; \quad \begin{pmatrix} O & A \\ B & O \end{pmatrix}^{-1} = \begin{pmatrix} O & B^{-1} \\ A^{-1} & O \end{pmatrix}。$$

这里 A、B 均为可逆方阵。

3．向量

（1）有关向量组的线性表示。

① $\alpha_1, \alpha_2, \cdots, \alpha_s$ 线性相关 $\Leftrightarrow$ 至少有一个向量可以用其他向量线性表示。

② $\alpha_1, \alpha_2, \cdots, \alpha_s$ 线性无关，$\alpha_1, \alpha_2, \cdots, \alpha_s$，$\beta$ 线性相关 $\Leftrightarrow \beta$ 可以由 $\alpha_1, \alpha_2, \cdots, \alpha_s$ 唯一线性表示。

③ β 可以由 $\alpha_1, \alpha_2, \cdots, \alpha_s$ 线性表示 $\Leftrightarrow r(\alpha_1, \alpha_2, \cdots, \alpha_s) = r(\alpha_1, \alpha_2, \cdots, \alpha_s, \beta)$。

（2）有关向量组的线性相关性。

① 部分相关，整体相关；整体无关，部分无关。

② n 个 n 维向量 $\alpha_1, \alpha_2, \cdots, \alpha_n$ 线性无关 $\Leftrightarrow |[\alpha_1 \alpha_2 \cdots \alpha_n]| \neq 0$，$n$ 个 n 维向量 $\alpha_1, \alpha_2, \cdots, \alpha_n$ 线性相关 $\Leftrightarrow |[\alpha_1, \alpha_2, \cdots, \alpha_n]| = 0$；$n+1$ 个 n 维向量线性相关；若 $\alpha_1, \alpha_2, \cdots, \alpha_s$ 线性无关，则添加分量后仍线性无关；或者一组向量线性相关，去掉某些分量后仍线性相关。

（3）向量组的秩与矩阵的秩之间的关系。

设 $r(A_{m \times n}) = r$，则 A 的秩 $r(A)$ 与 A 的行列向量组的线性相关性关系如下。

① 若 $r(A_{m \times n}) = r = m$，则 A 的行向量组线性无关。

② 若 $r(A_{m \times n}) = r < m$，则 A 的行向量组线性相关。

③ 若 $r(A_{m \times n}) = r = n$，则 A 的列向量组线性无关。

④ 若 $r(A_{m \times n}) = r < n$，则 A 的列向量组线性相关。

（4）n 维向量空间的基变换公式及过渡矩阵。

若 $\alpha_1, \alpha_2, \cdots, \alpha_n$ 与 $\beta_1, \beta_2, \cdots, \beta_n$ 是向量空间 V 的两组基，则基变换公式为

$$(\beta_1, \beta_2, \cdots, \beta_n) = (\alpha_1, \alpha_2, \cdots, \alpha_n) \begin{bmatrix} c_{11} & c_{12} & \cdots & c_{1n} \\ c_{21} & c_{22} & \cdots & c_{2n} \\ \vdots & \vdots & & \vdots \\ c_{n1} & c_{n2} & \cdots & c_{nn} \end{bmatrix} = (\alpha_1, \alpha_2, \cdots, \alpha_n)C$$

其中，C 是可逆矩阵，称为由基 $\alpha_1, \alpha_2, \cdots, \alpha_n$ 到基 $\beta_1, \beta_2, \cdots, \beta_n$ 的过渡矩阵。

（5）坐标变换公式。

若向量 r 在基 $\alpha_1, \alpha_2, \cdots, \alpha_n$ 与基 $\beta_1, \beta_2, \cdots, \beta_n$ 的坐标分别是 $X = (x_1, x_2, \cdots, x_n)^T$ 与 $Y = (y_1, y_2, \cdots, y_n)^T$，即 $\gamma = x_1\alpha_1 + x_2\alpha_2 + \cdots + x_n\alpha_n = y_1\beta_1 + y_2\beta_2 + \cdots + y_n\beta_n$，则向量坐标变换公式为

$$X = CY \text{ 或 } Y = C^{-1}X$$

其中 C 是从基 $\alpha_1, \alpha_2, \cdots, \alpha_n$ 到基 $\beta_1, \beta_2, \cdots, \beta_n$ 的过渡矩阵。

（6）向量的内积为

$$(\alpha, \beta) = a_1b_1 + a_2b_2 + \cdots + a_nb_n = \alpha^T \beta = \beta^T \alpha$$

（7）Schmidt 正交化。

若 $\alpha_1, \alpha_2, \cdots, \alpha_s$ 线性无关，则可构造 $\beta_1, \beta_2, \cdots, \beta_s$ 使其两两正交，且 β_i 仅是 $\alpha_1, \alpha_2, \cdots, \alpha_i$ 的线性组合 $(i = 1, 2, \cdots, n)$，再把 β_i 单位化，记 $\gamma_i = \dfrac{\beta_i}{|\beta_i|}$，则 $\gamma_1, \gamma_2, \cdots, \gamma_i$ 是规范正交向量组。其中

$$\beta_1 = \alpha_1, \quad \beta_2 = \alpha_2 - \frac{(\alpha_2, \beta_1)}{(\beta_1, \beta_1)}\beta_1, \quad \beta_3 = \alpha_3 - \frac{(\alpha_3, \beta_1)}{(\beta_1, \beta_1)}\beta_1 - \frac{(\alpha_3, \beta_2)}{(\beta_2, \beta_2)}\beta_2,$$

$$\beta_s = \alpha_s - \frac{(\alpha_s, \beta_1)}{(\beta_1, \beta_1)}\beta_1 - \frac{(\alpha_s, \beta_2)}{(\beta_2, \beta_2)}\beta_2 - \cdots - \frac{(\alpha_s, \beta_{s-1})}{(\beta_{s-1}, \beta_{s-1})}\beta_{s-1}$$

（8）正交基及规范正交基。

向量空间一组基中的向量如果两两正交，就称为正交基；若正交基中每个向量都是单位向量，就称其为规范正交基。

4．线性方程组

（1）克莱姆法则。

线性方程组 $\begin{cases} a_{11}x_1 + a_{12}x_2 + \cdots + a_{1n}x_n = b_1 \\ a_{21}x_1 + a_{22}x_2 + \cdots + a_{2n}x_n = b_2 \\ \quad\quad\quad\quad\quad \vdots \\ a_{n1}x_1 + a_{n2}x_2 + \cdots + a_{nn}x_n = b_n \end{cases}$，若系数行列式 $D = |A| \neq 0$，则方程组有唯一解，

$x_1 = \dfrac{D_1}{D}, x_2 = \dfrac{D_2}{D}, \cdots, x_n = \dfrac{D_n}{D}$，其中 D_j 是把 D 中第 j 列元素换成方程组右端的常数列所得的行

列式。

（2）n 阶矩阵 A 可逆 $\Leftrightarrow Ax = 0$ 只有零解。$\Leftrightarrow \forall b, Ax = b$ 总有唯一解，一般地，$r(A_{m \times n}) = n \Leftrightarrow Ax = 0$ 只有零解。

（3）非奇次线性方程组有解的充分必要条件，线性方程组解的性质和解的结构。

① 设 A 为 $m \times n$ 矩阵，若 $r(A_{m \times n}) = m$，则对 $Ax = b$ 而言必有 $r(A) = r(A \vdots b) = m$，从而 $Ax = b$ 有解。

② 设 $x_1, x_2, \cdots, x_s$ 为 $Ax = b$ 的解，则 $k_1 x_1 + k_2 x_2 + \cdots + k_s x_s$，当 $k_1 + k_2 + \cdots + k_s = 1$ 时，仍为 $Ax = b$ 的解；当 $k_1 + k_2 + \cdots + k_s = 0$ 时，为 $Ax = 0$ 的解。特别是 $\dfrac{x_1 + x_2}{2}$ 为 $Ax = b$ 的解；$2x_3 - (x_1 + x_2)$ 为 $Ax = 0$ 的解。

③ 非齐次线性方程组 $Ax = b$ 无解 $\Leftrightarrow r(A) + 1 = r(\bar{A}) \Leftrightarrow b$ 不能由 A 的列向量 $\alpha_1, \alpha_2, \cdots, \alpha_n$ 线性表示。

（4）奇次线性方程组的基础解系和通解、解空间、非奇次线性方程组的通解。

① 齐次方程组 $Ax = 0$ 恒有解（必有零解）。当有非零解时，由于解向量的任意线性组合仍是该齐次方程组的解向量，因此 $Ax = 0$ 的全体解向量构成一个向量空间，称为该方程组的解空间，解空间的维数是 $n - r(A)$，解空间的一组基称为齐次方程组的基础解系。

② $\eta_1, \eta_2, \cdots, \eta_t$ 是 $Ax = 0$ 的基础解系，即 $\eta_1, \eta_2, \cdots, \eta_t$ 是 $Ax = 0$ 的解；$\eta_1, \eta_2, \cdots, \eta_t$ 线性无关；$Ax = 0$ 的任一解都可以由 $\eta_1, \eta_2, \cdots, \eta_t$ 线性表示。$k_1 \eta_1 + k_2 \eta_2 + \cdots + k_t \eta_t$ 是 $Ax = 0$ 的通解，其中 $k_1, k_2, \cdots, k_t$ 是任意常数。

5. 矩阵的特征值和特征向量

（1）矩阵的特征值和特征向量的概念及性质。

① 设 λ 是 A 的一个特征值，则 kA、$aA + bE$、A^2、A^m、$f(A)$、A^T、A^{-1}、A^* 有一个特征值分别为 $k\lambda$、$a\lambda + b$、λ^2、λ^m、$f(\lambda)$、λ、λ^{-1}、$\dfrac{|A|}{\lambda}$，且对应特征向量相同（A^T 例外）。

② 若 $\lambda_1, \lambda_2, \cdots, \lambda_n$ 为 A 的 n 个特征值，则 $\sum\limits_{i=1}^{n} \lambda_i = \sum\limits_{i=1}^{n} a_{ii}$，$\prod\limits_{i=1}^{n} \lambda_i = |A|$，从而 $|A| \neq 0 \Leftrightarrow A$ 没有特征值。

③ 设 $\lambda_1, \lambda_2, \cdots, \lambda_s$ 为 A 的 s 个特征值，对应特征向量为 $\alpha_1, \alpha_2, \cdots, \alpha_s$，

若 $= k_1 \alpha_1 + k_2 \alpha_2 + \cdots + k_s \alpha_s$，则 $A^n \alpha = k_1 A^n \alpha_1 + k_2 A^n \alpha_2 + \cdots + k_s A^n \alpha_s = k_1 \lambda_1^n \alpha_1 + k_2 \lambda_2^n \alpha_2 + \cdots + k_s \lambda_s^n \alpha_s$。

（2）相似变换、相似矩阵的概念及性质。

若 $A \sim B$，则有

① $A^T \sim B^T$，$A^{-1} \sim B^{-1}$，$A^* \sim B^*$；

② $|A| = |B|$，$\sum\limits_{i=1}^{n} A_{ii} = \sum\limits_{i=1}^{n} b_{ii}$，$r(A) = r(B)$；

③ $|\lambda E - A| = |\lambda E - B|$，对 $\forall \lambda$ 成立。

（3）矩阵可相似对角化的充分必要条件。

① 设 A 为 n 阶方阵，则 A 可对角化 $\Leftrightarrow$ 对每个 k_i 重根特征值 λ_i，有 $n - r(\lambda_i E - A) = k_i$。

② 设 A 可对角化，则由 $P^{-1}AP = \Lambda$，有 $A = P\Lambda P^{-1}$，从而 $A^n = P\Lambda^n P^{-1}$。

③ 重要结论。

a. 若 $A \sim B, C \sim D$，则 $\begin{bmatrix} A & O \\ O & C \end{bmatrix} \sim \begin{bmatrix} B & O \\ O & D \end{bmatrix}$。

b. 若 $A \sim B$，则 $f(A) \sim f(B)$，$|f(A)| \sim |f(B)|$，其中 $f(A)$ 为关于 n 阶方阵 A 的多项式。

c. 若 A 为可对角化矩阵，则其非零特征值的个数（重根重复计算）＝秩（A）。

（4）实对称矩阵的特征值、特征向量及相似对角阵。

① 相似矩阵。设 A、B 为两个 n 阶方阵，如果存在一个可逆矩阵 P，使得 $B = P^{-1}AP$ 成立，就称矩阵 A 与 B 相似，记为 $A \sim B$。

② 相似矩阵的性质。若 $A \sim B$，则有

a. $A^T \sim B^T$；

b. $A^{-1} \sim B^{-1}$（若 A、B 均可逆）；

c. $A^k \sim B^k$（k 为正整数）；

d. $|\lambda E - A| = |\lambda E - B|$，从而 A、B 有相同的特征值；

e. $|A| = |B|$，从而 A、B 同时可逆或不可逆；

f. 秩$(A) = $秩$(B)$，$|\lambda E - A| = |\lambda E - B|$，$A$、$B$ 不一定相似。

6. 二次型

（1）n 个变量 $x_1, x_2, \cdots, x_n$ 的二次齐次函数

$$f(x_1, x_2, \cdots, x_n) = \sum_{i=1}^{n}\sum_{j=1}^{n} a_{ij}x_i y_j$$，其中 $a_{ij} = a_{ji}(i, j = 1, 2, \cdots, n)$，称为 n 元二次型，简称二次

型。若令 $x = \begin{bmatrix} x_1 \\ x_1 \\ \vdots \\ x_n \end{bmatrix}$, $A = \begin{bmatrix} a_{11} & a_{12} & \cdots & a_{1n} \\ a_{21} & a_{22} & \cdots & a_{2n} \\ \vdots & \vdots & & \vdots \\ a_{n1} & a_{n2} & \cdots & a_{nn} \end{bmatrix}$，这二次型 f 可改写成矩阵向量形式 $f = x^T A x$。

其中，A 为二次型矩阵，因为 $a_{ij} = a_{ji}(i, j = 1, 2, \cdots, n)$，所以二次型矩阵均为对称矩阵，且二次型与对称矩阵一一对应，并把矩阵 A 的秩称为二次型的秩。

（2）惯性定理、二次型的标准形和规范形。

① 惯性定理。

对于任意一个二次型，不论选取怎样的合同变换使它化为仅含平方项的标准型，其正负惯性指数与所选变换无关，这就是惯性定理。

② 标准形。

二次型 $f = (x_1, x_2, \cdots, x_n) = x^T A x$ 经过合同变换 $x = Cy$ 化为 $f = x^T A x = y^T C^T A C$。

$y = \sum_{i=1}^{r} d_i y_i^2$ 称为 $f(r \leq n)$ 的标准形。在一般的数域内，二次型的标准形不是唯一的，与所做的合同变换有关，但系数不为零的平方项的个数由 r（A 的秩）唯一确定。

③ 规范形。

任意一个实二次型 f 都可经过合同变换为规范形 $f = z_1^2 + z_2^2 + \cdots + z_p^2 - z_{p+1}^2 - \cdots - z_r^2$，其中

r 为 A 的秩，p 为正惯性指数，$r-p$ 为负惯性指数，且规范型唯一。

（3）用正交变换和配方法将二次型化为标准形，二次型及其矩阵的正定性。

设 A 正定 $\Rightarrow kA(k>0), A^{\mathrm{T}}$、$A^{-1}$、$A^{*}$ 正定；$|A|>0$，A 可逆；$a_{ii}>0$，且 $|A_{ii}|>0$。

A、B 正定 $\Rightarrow A+B$ 正定，但 AB、BA 不一定正定。

A 正定 $\Leftrightarrow f(x)=x^{\mathrm{T}}Ax>0, \forall x \neq 0$。

$\Leftrightarrow A$ 的各阶顺序主子式全大于零。

$\Leftrightarrow A$ 的所有特征值大于零。

$\Leftrightarrow A$ 的正惯性指数为 n。

$\Leftrightarrow$ 存在可逆阵 P 使 $A=P^{\mathrm{T}}P$。

$\Leftrightarrow$ 存在正交矩阵 Q，使 $Q^{\mathrm{T}}AQ=Q^{-1}AQ=\begin{pmatrix} \lambda_1 & & \\ & \ddots & \\ & & \lambda_n \end{pmatrix}$，其中 $\lambda_i>0, i=1,2,\cdots,n$。正定

$\Rightarrow kA(k>0), A^{\mathrm{T}}$、$A^{-1}$、$A^{*}$ 正定；$|A|>0$，A 可逆；$a_{ii}>0$，且 $|A_{ii}|>0$。

B.3　概率论和数理统计

1. 随机事件和概率

（1）事件的关系与运算。

① 子事件：$A \subset B$，若 A 发生，则 B 发生。

② 相等事件：$A=B$，即 $A \subset B$，且 $B \subset A$。

③ 和事件：$A \cup B$（或 $A+B$），A 与 B 中至少有一个发生。

④ 差事件：$A-B$，A 发生但 B 不发生。

⑤ 积事件：$A \cap B$（或 AB），A 与 B 同时发生。

⑥ 互斥事件（互不相容）：$A \cup B=\varnothing$。

⑦ 互逆事件（对立事件）：$A \cap B=\varnothing$，$A \cup B=\Omega$，$A=\bar{B}$，$B=\bar{A}$。

（2）运算律。

① 交换律：$A \cup B=B \cup A$，$A \cap B=B \cap A$。

② 结合律：$(A \cup B) \cup C=A \cup (B \cup C)$；$(A \cap B) \cap C=A \cap (B \cap C)$。

③ 分配律：$(A \cup B) \cap C=(A \cap C) \cup (B \cap C)$。

（3）德·摩根律。

$\overline{A \cup B}=\bar{A} \cap \bar{B}$，$\overline{A \cap B}=\bar{A} \cup \bar{B}$。

（4）完全事件组。

$A_1 A_2 \cdots A_n$ 两两互斥，并且和事件为必然事件，即 $A_i \cap A_j=\varnothing$，$i \neq j$，$\bigcup\limits_{i=1}^{n}=\Omega$。

（5）概率的基本概念。

① 概率：事件发生的可能性大小的度量，其严格定义如下。

概率 $P(g)$ 为定义在事件集合上的满足下面三个条件的函数。

a. 对任何事件 A ，$P(A) \geqslant 0$ 。

b. 对必然事件 Ω ，$P(\Omega) = 1$ 。

c. 对 $A_1 A_2 \cdots A_n$ ，若 $A_i A_j = \varnothing (i \neq j)$ ，则 $P\left(\bigcup\limits_{i=1}^{\infty} A_i\right) = \sum\limits_{i=1}^{\infty} P(A)$ 。

② 概率的基本性质。

a. $P(\bar{A}) = 1 - P(A)$ 。

b. $P(A - B) = P(A) - P(AB)$ 。

c. $P(A \cup B) = P(A) + P(B) - P(AB)$ 。特别地，当 $B \subset A$ 时，$P(A - B) = P(A) - P(B)$ 且 $P(B) \leqslant P(A)$ ；$P(A \cup B \cup C) = P(A) + P(B) + P(C) - P(AB) - P(BC) - P(AC) + P(ABC)$ 。

d. 若 $A_1, A_2, \cdots, A_n$ 两两互斥，则 $P\left(\bigcup\limits_{i=1}^{n} A_i\right) = \sum\limits_{i=1}^{n} (P(A_i))$ 。

③ 古典型概率：实验的所有结果只有有限个，且每个结果发生的可能性相同，其概率计算公式为：$P(A) = \dfrac{\text{事件}A\text{发生的基本事件数}}{\text{基本事件总数}}$ 。

④ 几何型概率：样本空间 Ω 为欧氏空间中的一个区域，且每个样本点的出现具有等可能性，其概率计算公式为：$P(A) = \dfrac{A\text{的度量（长度、面积、体积）}}{\Omega\text{的度量（长度、面积、体积）}}$ 。

（6）概率的基本公式。

① 条件概率：$P(B \mid A) = \dfrac{P(AB)}{P(A)}$ ，表示 A 发生的条件下，B 发生的概率。

② 全概率公式：$P(A) = \sum\limits_{i=1}^{n} P(A \mid B_i) P(B_i)$ ，$B_i B_j = \varnothing$ ，$i \neq j$ ，$\bigcup\limits_{i=1}^{n} B_i = \Omega$ 。

③ 贝叶斯公式：$P(B_j \mid A) = \dfrac{P(A \mid B_j) P(B_j)}{\sum\limits_{i=1}^{n} P(A \mid B_i) P(B_i)}$ ，$j = 1, 2, \cdots, n$ 。

注：上述公式中事件 B_i 的个数可为有限个。

④乘法公式：$P(A_1 A_2) = P(A_1) P(A_2 \mid A_1) = P(A_2) P(A_1 \mid A_2)$ ，$P(A_1 A_2 \cdots A_n) = P(A_1) P(A_2 \mid A_1) P(A_3 \mid A_1 A_2) \cdots P(A_n \mid A_1 A_2 \cdots A_{n-1})$ 。

（7）事件的独立性。

① A 与 B 相互独立 $\Leftrightarrow P(AB) = P(A) P(B)$ 。

② A、B、C 两两独立 $\Leftrightarrow P(AB) = P(A) P(B)$ ；$P(BC) = P(B) P(C)$ ；$P(AC) = P(A) P(C)$ 。

③ A、B、C 相互独立 $\Leftrightarrow P(AB) = P(A) P(B)$ ；$P(BC) = P(B) P(C)$ ；$P(AC) = P(A) P(C)$ ；$P(ABC) = P(A) P(B) P(C)$ 。

（8）独立重复试验。

将某试验独立重复 n 次，若每次实验中事件 A 发生的概率为 p ，则 n 次试验中 A 发生 k 次的概率为：$P(X = k) = C_n^k p^k (1-p)^{n-k}$ 。

（9）重要公式与结论。

① $P(\bar{A}) = 1 - P(A)$ 。

② $P(A\bigcup B)=P(A)+P(B)-P(AB)$，$P(A\bigcup B\bigcup C)=P(A)+P(B)+P(C)-P(AB)-P(BC)-P(AC)+P(ABC)$。

③　$P(A-B)=P(A)-P(AB)$。

④ $P(A\bar{B})=P(A)-P(AB),P(A)=P(AB)+P(A\bar{B})$，$P(A\bigcup B)=P(A)+P(\bar{A}B)=P(AB)+P(A\bar{B})+P(\bar{A}B)$。

⑤　条件概率 $P(.\,|\,B)$ 满足概率的所有性质，

例如，$P(\bar{A}_1\,|\,B)=1-P(A_1\,|\,B)$，$P(A_1\bigcup A_2\,|\,B)=P(A_1\,|\,B)+P(A_2\,|\,B)-P(A_1A_2\,|\,B)$，$P(A_1A_2\,|\,B)=P(A_1\,|\,B)P(A_2\,|\,A_1B)$。

⑥　若 $A_1,A_2,\cdots,A_n$ 相互独立，则 $P\left(\bigcup_{i=1}^{n}A_i\right)=\prod_{i=1}^{n}P(A_i)$，$P\left(\bigcup_{i=1}^{n}A_i\right)=\prod_{i=1}^{n}(1-P(A_i))$。

⑦　互斥、互逆与独立性之间的关系：A 与 B 互逆 $\Rightarrow A$ 与 B 互斥，反之不成立，A 与 B 互斥（或互逆）且均非零概率事件 $\Rightarrow A$ 与 B 不独立。

⑧　若 $A_1,A_2,\cdots,A_m$，$B_1,B_2,\cdots,B_n$ 相互独立，则 $f(A_1,A_2,\cdots,A_m)$ 与 $g(B_1,B_2,\cdots,B_n)$ 也相互独立，其中 $f(\ )$、$g(\ )$ 分别表示对相应事件做任意事件运算后所得的事件。另外，概率为 1（或 0）的事件与任何事件相互独立。

2．随机变量及其概率分布

（1）随机变量及概率分布。

取值带有随机性的变量，严格地说是定义在样本空间上，取值于实数的函数称为随机变量，概率分布通常是指分布函数或分布律。

（2）分布函数的概念与性质。

定义：$F(x)=P(X\leq x),-\infty<x<+\infty$。

性质：

①　$0\leq F(x)\leq 1$；

②　$F(x)$ 单调不减；

③　右连续 $F(x+0)=F(x)$；

④　$F(-\infty)=0,F(+\infty)=1$。

（3）离散型随机变量的概率分布。

$$P(X=x_i),\quad i=1,2,\cdots,n,\quad p_i\geq 0,\quad \sum_{i=1}^{\infty}p_i=1$$

（4）连续型随机变量的概率密度。

概率密度 $f(x)$；非负可积，且 $f(x)\geq 0$，$\int_{-\infty}^{+\infty}f(x)\,\mathrm{d}x=1$，$x$ 为 $f(x)$ 的连续点，则

$f(x)=F'(x)$ 分布函数 $F(x)=\int_{-\infty}^{x}f(t)\,\mathrm{d}t$。

（5）常见分布。

①　0–1 分布：$P(X=k)=p^k(1-p)^{1-k},k=0,1$。

②　二项分布：$B(n,p)$：$P(X=k)=C_n^k p^k(1-p)^{n-k},k=0,1,\cdots,n$。

③　泊松分布：$p(\lambda)$：$P(X=k)=\dfrac{\lambda^k}{k!}\mathrm{e}^{-\lambda},\lambda>0,k=0,1,2,\cdots$。

④ 均匀分布：$U(a,b)$：$f(x)=\begin{cases}\dfrac{1}{b-a}, & a<x<b\\ 0, & 其他\end{cases}$

⑤ 正态分布：$N(\mu,\sigma^2)$：$\varphi(x)=\dfrac{1}{\sqrt{2\pi}\sigma}\mathrm{e}^{-\frac{(x-\mu)^2}{2\sigma^2}}$　$\sigma>0,-\infty<x<+\infty$。

⑥ 指数分布：$E(\lambda)$：$f(x)=\begin{cases}\lambda\mathrm{e}^{-\lambda x}, & x>0,\lambda>0\\ 0, & 其他\end{cases}$

⑦ 几何分布：$G(p)$：$P(X=k)=(1-p)^{k-1}p,0<p<1,k=1,2,\cdots$。

⑧ 超几何分布：$H(N,M,n)$：$P(X=k)=\dfrac{C_M^k C_{N-M}^{n-k}}{C_N^n},k=0,1,\cdots,\min(n,M)$。

（6）随机变量函数的概率分布。

① 离散型：$P(X=x_1)=p_i,Y=g(X)$，

则 $P(Y=y_j)=\sum\limits_{g(x_i)=y_i}P(X=x_i)$。

② 连续型：$X\sim f_X(x),Y=g(x)$，

则 $F_y(y)=P(Y\leq y)=P(g(X)\leq y)=\int_{g(x)\leq y}f_x(x)\,\mathrm{d}x$，　$f_Y(y)=F_Y'(y)$。

（7）重要公式与结论。

① $X\sim N(0,1)\Rightarrow\varphi(0)=\dfrac{1}{\sqrt{2\pi}}$，　$\Phi(0)=\dfrac{1}{2}$，　$\Phi(-a)=P(X\leq -a)=1-\Phi(a)$。

② $X\sim N(\mu,\sigma^2)\Rightarrow\dfrac{X-\mu}{\sigma}\sim N(0,1)$，　$P(X\leq a)=\Phi\left(\dfrac{a-\mu}{\sigma}\right)$。

③ $X\sim E(\lambda)\Rightarrow P(X>s+t\,|\,X\rangle s)=P(X>t)$。

④ $X\sim G(p)\Rightarrow P(X=m+k\,|\,X\rangle m)=P(X=k)$。

⑤ 离散型随机变量的分布函数为阶梯间断函数；连续型随机变量的分布函数为连续函数，但不一定为处处可导函数。

⑥ 存在既非离散又非连续型随机变量。

3．多维随机变量及其分布

（1）二维随机变量及其联合分布。
由两个随机变量构成的随机向量 (X,Y)，联合分布为 $F(x,y)=P(X\leq x,Y\leq y)$。

（2）二维离散型随机变量的分布。

① 联合概率分布律：$P\{X=x_i,Y=y_j\}=p_{ij};i,j=1,2,\cdots$。

② 边缘分布律：$p_{i\cdot}=\sum\limits_{j=1}^{\infty}p_{ij},i=1,2,\cdots$，　$p_{\cdot j}=\sum\limits_{i}^{\infty}p_{ij},j=1,2,\cdots$。

③ 条件分布律：$P\{X=x_i\,|\,Y=y_j\}=\dfrac{p_{ij}}{p_{\cdot j}}$，　$P\{Y=y_j\,|\,X=x_i\}=\dfrac{p_{ij}}{p_{i\cdot}}$。

（3）二维连续性随机变量的密度。

① 联合概率密度 $f(x,y)$：$f(x,y) \geqslant 0$；$\displaystyle\int_{-\infty}^{+\infty}\int_{-\infty}^{+\infty} f(x,y)\,\mathrm{d}x\mathrm{d}y = 1$。

② 分布函数：$F(x,y) = \displaystyle\int_{-\infty}^{x}\int_{-\infty}^{y} f(u,v)\,\mathrm{d}u\mathrm{d}v$。

③ 边缘概率密度：$f_X(x) = \displaystyle\int_{-\infty}^{+\infty} f(x,y)\,\mathrm{d}y$，$f_Y(y) = \displaystyle\int_{-\infty}^{+\infty} f(x,y)\,\mathrm{d}x$。

④ 条件概率密度：$f_{X|Y}(x|y) = \dfrac{f(x,y)}{f_Y(y)}$，$f_{Y|X}(y|x) = \dfrac{f(x,y)}{f_X(x)}$。

（4）常见二维随机变量的联合分布。

① 二维均匀分布：$(x,y) \sim U(D)$，$f(x,y) = \begin{cases} \dfrac{1}{S(D)}, & (x,y) \in D \\ 0, & \text{其他。} \end{cases}$

② 二维正态分布：$(X,Y) \sim N(\mu_1, \mu_2, \sigma_1^2, \sigma_2^2, \rho)$

$$f(x,y) = \frac{1}{2\pi\sigma_1\sigma_2\sqrt{1-\rho^2}} \exp\left\{ \frac{-1}{2(1-\rho^2)} \left[\frac{(x-\mu_1)^2}{\sigma_1^2} - 2\rho\frac{(x-\mu_1)(y-\mu_2)}{\sigma_1\sigma_2} + \frac{(y-\mu_2)^2}{\sigma_2^2} \right] \right\}$$

（5）随机变量的独立性和相关性。

① X 和 Y 的相互独立。

$\Leftrightarrow F(x,y) = F_X(x)F_Y(y)$：$\Leftrightarrow p_{ij} = p_{i\cdot} \cdot p_{\cdot j}$（离散型）；$\Leftrightarrow f(x,y) = f_X(x)f_Y(y)$（连续型）。

② X 和 Y 的相关性。当相关系数 $\rho_{XY} = 0$ 时，称 X 和 Y 不相关，否则称 X 和 Y 相关。

（6）两个随机变量简单函数的概率分布。

离散型：$P(X = x_i, Y = y_i) = p_{ij}, Z = g(X,Y)$，则

$$P(Z = z_k) = P\{g(X,Y) = z_k\} = \sum_{g(x_i,y_i)=z_k} P(X = x_i, Y = y_j)。$$

连续型：$(X,Y) \sim f(x,y), Z = g(X,Y)$，则

$$F_z(z) = P\{g(X,Y) \leqslant z\} = \iint_{g(x,y)\leqslant z} f(x,y)\,\mathrm{d}x\mathrm{d}y，\quad f_z(z) = F_z'(z)。$$

（7）重要公式与结论。

① 边缘密度公式：$f_X(x) = \displaystyle\int_{-\infty}^{+\infty} f(x,y)\,\mathrm{d}y$，$f_Y(y) = \displaystyle\int_{-\infty}^{+\infty} f(x,y)\,\mathrm{d}x$。

② $P\{(X,Y) \in D\} = \iint_D f(x,y)\,\mathrm{d}x\mathrm{d}y$。

③ 若 (X,Y) 服从二维正态分布 $N(\mu_1, \mu_2, \sigma_1^2, \sigma_2^2, \rho)$，则有

a. $X \sim N(\mu_1, \sigma_1^2), Y \sim N(\mu_2, \sigma_2^2)$；

b. X 与 Y 相互独立 $\Leftrightarrow \rho = 0$，即 X 与 Y 不相关；

c. $C_1 X + C_2 Y \sim N(C_1\mu_1 + C_2\mu_2, C_1^2\sigma_1^2 + C_2^2\sigma_2^2 + 2C_1C_2\sigma_1\sigma_2\rho)$；

d. X 关于 $Y = y$ 的条件分布为　$N\left(\mu_1 + \rho\dfrac{\sigma_1}{\sigma_2}(y - \mu_2), \sigma_1^2(1-\rho^2)\right)$；

e. Y 关于 $X = x$ 的条件分布为　$N\left(\mu_2 + \rho\dfrac{\sigma_2}{\sigma_1}(x - \mu_1), \sigma_2^2(1-\rho^2)\right)$。

④ 若 X 与 Y 独立，且分别服从 $N(\mu_1, \sigma_1^2), N(\mu_1, \sigma_2^2)$，则 $(X,Y) \sim N(\mu_1, \mu_2, \sigma_1^2, \sigma_2^2, 0)$，

$C_1X + C_2Y \sim N(C_1\mu_1 + C_2\mu_2, C_1^2\sigma_1^2 + C_2^2\sigma_2^2)$。

⑤ 若 X 与 Y 相互独立，$f(x)$ 和 $g(x)$ 为连续函数，则 $f(X)$ 和 $g(Y)$ 也相互独立。

4．随机变量的数字特征

（1）数学期望。

离散型：$P\{X = x_i\} = p_i, E(X) = \sum_i x_i p_i$。

连续型：$X \sim f(x), E(X) = \int_{-\infty}^{+\infty} xf(x)\,\mathrm{d}x$。

性质如下：

① $E(C) = C, E[E(X)] = E(X)$；

② $E(C_1X + C_2Y) = C_1E(X) + C_2E(Y)$；

③ 若 X 和 Y 独立，则 $E(XY) = E(X)E(Y)$；

④ $[E(XY)]^2 \leqslant E(X^2)E(Y^2)$。

（2）方差为

$$D(X) = E[X - E(X)]^2 = E(X^2) - [E(X)]^2$$

（3）标准差为

$$\sqrt{D(X)}$$

（4）离散型为

$$D(X) = \sum_i [x_i - E(X)]^2 p_i$$

（5）连续型为

$$D(X) = \int_{-\infty}^{+\infty} [x - E(X)]^2 f(x)\mathrm{d}x$$

性质如下：

① $D(C) = 0, D[E(X)] = 0, D[D(X)] = 0$；

② X 与 Y 相互独立，则 $D(X \pm Y) = D(X) + D(Y)$；

③ $D(C_1X + C_2) = C_1^2 D(X)$；

④ 一般有 $D(X \pm Y) = D(X) + D(Y) \pm 2\mathrm{Cov}(X,Y) = D(X) + D(Y) \pm 2\rho\sqrt{D(X)}\sqrt{D(Y)}$；

⑤ $D(X) < E(X - C)^2, C \neq E(X)$；

⑥ $D(X) = 0 \Leftrightarrow P\{X = C\} = 1$。

（6）随机变量函数的数学期望。

① 对于函数 $Y = g(x)$，则有

X 为离散型：$P\{X = x_i\} = p_i, E(Y) = \sum_i g(x_i) p_i$。

X 为连续型：$X \sim f(x), E(Y) = \int_{-\infty}^{+\infty} g(x)f(x)\,\mathrm{d}x$。

② $Z = g(X,Y)$；$(X,Y) \sim P\{X = x_i, Y = y_j\} = p_{ij}$；$E(Z) = \sum_i \sum_j g(x_i, y_j)p_{ij}$ $(X,Y) \sim f(x,y)$；

$E(Z) = \int_{-\infty}^{+\infty} \int_{-\infty}^{+\infty} g(x,y)f(x,y)\,\mathrm{d}x\mathrm{d}y$。

（7）协方差为

$$\text{Cov}(X,Y) = E[(X - E(X)(Y - E(Y))]$$

（8）相关系数为 $\rho_{XY} = \dfrac{\text{Cov}(X,Y)}{\sqrt{D(X)}\sqrt{D(Y)}}$，$k$ 阶原点矩 $E(X^k)$；k 阶中心矩 $E\{[X - E(X)]^k\}$。

性质如下：

① $\text{Cov}(X,Y) = \text{Cov}(Y,X)$；

② $\text{Cov}(aX,bY) = ab\text{Cov}(Y,X)$；

③ $\text{Cov}(X_1 + X_2,Y) = \text{Cov}(X_1,Y) + \text{Cov}(X_2,Y)$；

④ $|\rho(X,Y)| \leqslant 1$；

⑤ $\rho(X,Y) = 1 \Leftrightarrow P(Y = aX + b) = 1$，其中 $a > 0$；$\rho(X,Y) = -1 \Leftrightarrow P(Y = aX + b) = 1$，其中 $a < 0$。

（9）重要公式与结论。

① $D(X) = E(X^2) - E^2(X)$。

② $\text{Cov}(X,Y) = E(XY) - E(X)E(Y)$。

③ $|\rho(X,Y)| \leqslant 1$，且 $\rho(X,Y) = 1 \Leftrightarrow P(Y = aX + b) = 1$，其中 $a > 0$；$\rho(X,Y) = -1 \Leftrightarrow P(Y = aX + b) = 1$，其中 $a < 0$。

④下面 5 个条件互为充要条件：$\rho(X,Y) = 0 \Leftrightarrow \text{Cov}(X,Y) = 0 \Leftrightarrow E(X,Y) = E(X)E(Y) \Leftrightarrow D(X + Y) = D(X) + D(Y) \Leftrightarrow D(X - Y) = D(X) + D(Y)$。

注：X 与 Y 独立为上述 5 个条件中任何一个成立的充分条件，但非必要条件。

5．数理统计的基本概念

（1）基本概念。

总体：研究对象的全体，它是一个随机变量，用 X 表示。

个体：组成总体的每个基本元素。

简单随机样本：来自总体 X 的 n 个相互独立且与总体同分布的随机变量 $X_1, X_2, \cdots, X_n$，称为容量为 n 的简单随机样本，简称样本。

统计量：设 $X_1, X_2, \cdots, X_n$ 是来自总体 X 的一个样本，$g(X_1, X_2, \cdots, X_n)$ 是样本的连续函数，且 $g()$ 中不含任何未知参数，则称 $g(X_1, X_2, \cdots, X_n)$ 为统计量。

样本均值：$\bar{X} = \dfrac{1}{n}\sum_{i=1}^{n} X_i$。

样本方差：$S^2 = \dfrac{1}{n-1}\sum_{i=1}^{n}(X_i - \bar{X})^2$。

样本矩如下：

样本 k 阶原点矩：$A_k = \dfrac{1}{n}\sum_{i=1}^{n} X_i^k, k = 1, 2, \cdots$。

样本 k 阶中心矩：$B_k = \dfrac{1}{n}\sum_{i=1}^{n}(X_i - \bar{X})^k, k = 1, 2, \cdots$。

（2）分布。

χ^2 分布：$\chi^2 = X_1^2 + X_2^2 + \cdots + X_n^2 \sim \chi^2(n)$，其中 $X_1, X_2, \cdots, X_n$ 相互独立，且同服从 $N(0,1)$。

t 分布：$T = \dfrac{X}{\sqrt{Y/n}} \sim t(n)$，其中 $X \sim N(0,1), Y \sim \chi^2(n)$，且 X、Y 相互独立。

F 分布：$F = \dfrac{X/n_1}{Y/n_2} \sim F(n_1, n_2)$，其中 $X \sim \chi^2(n_1), Y \sim \chi^2(n_2)$，且 X、Y 相互独立。

分位数：若 $P(X \le x_\alpha) = \alpha$，则称 x_α 为 X 的 α 分位数。

（3）正态总体的常用样本分布。

设 $X_1, X_2, \cdots, X_n$ 为来自正态总体 $N(\mu, \sigma^2)$ 的样本，$\bar{X} = \dfrac{1}{n}\sum_{i=1}^{n} X_i$，$S^2 = \dfrac{1}{n-1}$，则

① $\bar{X} \sim N\left(\mu, \dfrac{\sigma^2}{n}\right)$ 或 $\dfrac{\bar{X} - \mu}{\dfrac{\sigma}{\sqrt{n}}} \sim N(0,1)$；

② $\dfrac{(n-1)S^2}{\sigma^2} = \dfrac{1}{\sigma^2}\sum_{i=1}^{n}(X_i - \bar{X})^2 \sim \chi^2(n-1)$；

③ $\dfrac{1}{\sigma^2}\sum_{i=1}^{n}(X_i - \mu)^2 \sim \chi^2(n)$；

④ $\dfrac{\bar{X} - \mu}{S/\sqrt{n}} \sim t(n-1)$。

（4）重要公式与结论。

① 对于 $\chi^2 \sim \chi^2(n)$，有 $E(\chi^2(n)) = n, D(\chi^2(n)) = 2n$。

② 对于 $T \sim t(n)$，有 $E(T) = 0, D(T) = \dfrac{n}{n-2}(n > 2)$。

③ 对于 $F \sim F(m,n)$，有 $\dfrac{1}{F} \sim F(n,m)$，$F_{a/2}(m,n) = \dfrac{1}{F_{1-a/2}(n,m)}$。

④ 对于任意总体 X，有 $E(\bar{X}) = E(X)$，$E(S^2) = D(X), D(\bar{X}) = \dfrac{D(X)}{n}$。

参 考 文 献

[1] STUARD J RUSSELL, PETER NORVIG 著. 人工智能：现代方法[M]. 4 版. 张博雅，等译. 北京：人民邮电出版社，2023.

[2] 皮埃罗·斯加鲁菲著. 人工智能通识课[M]. 张瀚文，译. 北京：人民邮电出版社，2020.

[3] 安东尼奥·古利著. 深度学习实战：基于 TensorFlow 2 和 Keras[M]. 刘尚峰，刘冰，译. 北京：机械工业出版社，2021.

[4] 雷明. 机器学习的数学[M]. 北京：人民邮件出版社，2021.

[5] 周志华. 机器学习[M]. 北京：清华大学出版社，2016.

[6] 李德毅. 人工智能导论[M]. 北京：中国科学技术出版社，2018.

[7] 李公法，陶波，熊禾根. 人工智能与计算智能及其应用[M]. 武汉：华中科技大学出版社，2020.

[8] 蔡自兴. 人工智能及其应用[M]. 北京：清华大学出版社，2020.

[9] 王万良. 人工智能及其应用[M]. 北京：高等教育出版社，2020.

[10] 安德鲁·格拉斯纳著. 深度学习：从基础到实践[M]. 罗家佳，译. 北京：人民邮电出版社，2022.

[11] SWAROOP C H. A byte of Python[M]. GitBook Open Source Book，2015.

[12] 沈洁元. 简明 Python 教程[M]. 来自 GitBook 开源，2005.

[13] 李航. 统计学习方法[M]. 北京：清华大学出版社，2012.